计算机应用基础教程

景小文　主编

苏 州 大 学 出 版 社

图书在版编目(CIP)数据

计算机应用基础教程 / 景小文主编. —苏州：苏州大学出版社，2021. 8
ISBN 978-7-5672-3523-6

Ⅰ. ①计… Ⅱ. ①景… Ⅲ. ①电子计算机-中等专业学校-教材 Ⅳ. ①TP3

中国版本图书馆 CIP 数据核字(2021)第 132666 号

计算机应用基础教程
景小文 主编
责任编辑 马德芳

苏州大学出版社出版发行
(地址:苏州市十梓街 1 号 邮编:215006)
丹阳兴华印务有限公司印装
(地址:丹阳市胡桥镇 邮编:212313)

开本 787mm×1 092mm 1/16 印张 18 字数 411 千
2021 年 8 月第 1 版 2021 年 8 月第 1 次印刷
ISBN 978-7-5672-3523-6 定价：48.00 元

若有印装错误，本社负责调换
苏州大学出版社营销部 电话:0512-67481020
苏州大学出版社网址 http://www.sudapress.com
苏州大学出版社邮箱 sdcbs@suda.edu.cn

《计算机应用基础教程》编写组

主　编　景小文

主　审　贡国忠

参　编　汤丽花　俞银花　杨　莉

　　　　姚　琴　郦发仲

PREFACE /前 言

本书在《计算机基础应用及 MS Office 2010 教程》(贡国忠、景小文主编)的基础上进行了修订与升级,主要做了以下几个方面的工作:

首先,由于全国计算机等级考试环境的升级,本书所讲解的软件也升级至 Windows 10和 Office 2016 版本,因此,在使用本书进行教学或自学时,请使用相应的版本,以确保书中分析、讲解相关例题操作步骤时,所使用的命令、按钮等与各位读者使用的软件相同。

其次,根据使用本书的教师所反馈的意见,调整和更新了本书部分例题,使本书的实训涵盖面更广,更贴近考试大纲。

最后,为了便于教师在授课中使用本书分析、讲解、实训,本书配有相关操作素材,能够从很大程度上方便读者理解和掌握本书所讲述的种种知识。同时,还会逐步完善相应的学习网站上配套的视频资源,便于读者学习。

本书由多年从事计算机基础教学工作、具有丰富教学经验的教师编写,具体分工为:汤丽花(第 1 章)、俞银花(第 2 章)、杨莉(第 3 章)、姚琴(第 4 章)、景小文(第 5 章)、郦发仲(第 6 章)。全书由景小文担任主编,贡国忠担任主审。

本书既可作为全国计算机等级考试一级培训用书和自学用书,又可作为学习计算机基础知识和 MS Office 的参考书。本书配有电子教案及模拟软件等资料,需要的读者可以到苏大教育平台(http://www.sudajy.com)下载,或发送邮件至 382729636@qq.com 索取。由于作者水平有限,编写时间仓促,书中难免有不足之处,请读者不吝赐教。

编 者

2021 年 7 月

CONTENTS / 目 录

第1章 计算机基础知识

第2章 Windows 10 操作系统的基本应用

第3章 因特网基础及应用

第4章 Word 2016 的使用

第5章 Excel 2016 的使用

第6章 PowerPoint 2016 的使用

第 1 章

计算机基础知识

【本章导读】

无论是在人们的学习、工作还是生活中，计算机已然成为一个不可或缺的工具。掌握以计算机为核心的信息技术的基础知识和应用能力，是当下信息社会中人们必备的技能之一。本章主要介绍计算机的发展与应用、信息的表示与存储、计算机软硬件系统、多媒体技术以及计算机病毒与防治等。

【教学目标】

- 熟悉计算机发展的四个阶段。
- 掌握计算机的特点、分类和应用。
- 掌握计算机中的数据与数据单位。
- 掌握进位计数制及转换方法。
- 掌握字符的编码。
- 掌握计算机硬件系统的五大组成部件。
- 熟悉计算机软件系统的组成。
- 熟悉操作系统的发展和种类。
- 熟悉多媒体的特征与数据压缩方式。
- 掌握计算机病毒的特征、分类与防治措施。
- 了解计算机发展新技术。

【考核目标】

- 考点 1:计算机的特点及应用。
- 考点 2:指令和程序设计语言。
- 考点 3:各种数制间的转换。
- 考点 4:计算机系统的组成。
- 考点 5:汉字及西文字符的编码。
- 考点 6:计算机病毒及其防治。

1.1 计算机概述

知识技能目标

- 掌握计算机的发展简史。
- 掌握计算机的特点与应用。
- 熟悉计算机的分类。

1.1.1 计算机发展简史

世界上第一台数字式电子计算机诞生于1946年2月，它是由美国宾夕法尼亚大学物理学家莫克利(J. Mauchly)和工程师埃克特(J. P. Eckert)等人共同开发的电子数值积分计算机(Electronic Numerical Integrator and Calculator，简称ENIAC)。ENIAC体积非常庞大，其占地面积为170 m^2，总重量达30 t，如图1.1所示。机器中约有18 800只电子管、1 500个继电器、70 000只电阻以及其他各种电气元件，每小时耗电量约为140 kW。这样一台"巨大"的计算机每秒钟可以进行5 000次加减运算，相当于手工计算的20万倍、机电式计算机的1 000倍。这台计算机的功能虽然无法与今天的计算机相比，但它的诞生却是科学技术发展史上一次意义重大的事件，展现出新技术革命的曙光。

图1.1 ENIAC(电子数值积分计算机)

自第一台电子计算机ENIAC问世以来，以构成计算机硬件的逻辑元件为标志，计算机的发展大致经历了从电子管、晶体管、中小规模集成电路到超大规模集成电路计算机四个发展阶段，通常称为"四代计算机"。

表1.1展示了四代计算机的主要特点,图1.2是四代计算机使用的逻辑元件代表。

表1.1　计算机发展代次及特点

代次	起讫年份	代表机器	硬件		软件	应用领域
			逻辑元件	主存储器		
第一代	1946—1957年	ENIAC ADVAC	电子管	水银延迟线、磁鼓、磁芯	机器语言、汇编语言	科学计算
第二代	1958—1964年	IBM-7090 ATLAS	晶体管	普遍采用磁芯	高级语言、管理程序、监控程序、简单的操作系统	科学计算、数据处理、事务管理
第三代	1965—1970年	IBM-360 PDP-11	集成电路	磁芯、半导体	多种功能较强的操作系统、会话式语言	实现标准化、系列化,应用于各个领域
第四代	1970年至今	VAX-11 IBM-PC	超大规模集成电路	半导体	可视化操作系统、数据库、多媒体、网络软件	广泛应用于所有领域

电子管

晶体管

小规模集成电路

超大规模集成电路

图1.2　四代计算机使用的逻辑元件

从20世纪80年代起,美国、日本等国家都开始了新一代计算机的研制开发。第五代计算机被认为是"智能化"的,即能模拟人的感觉和思维能力,模拟人的智能行为,人们可以通过自然语言、图像、图形等与之对话。相信第五代智能计算机的诞生必将对人类的发展产生更加深远的影响。

我国从1956年开始进行计算机研制。

1958年研制出第一台电子计算机。

1964年研制出第二代晶体管计算机。

1971年研制出第三代集成电路计算机。

1977年研制出第一台微机DJS-050。

1983年研制成功"银河-I"超级计算机,运算速度超过1亿次/秒。

2003年12月,我国自主研发出运算速度达到10万亿次/秒的曙光4000A高性能计算机。

2009年,国防科大研制出"天河一号",其峰值运算速度每秒达到千万亿次。

2013年5月,国防科大研制出"天河二号",其峰值运算速度每秒达到亿亿次。

2016年6月,由国家并行计算机工程技术研究中心研制的“神威·太湖之光”成为世界上第一台突破10亿亿次/秒的超级计算机,创造了速度、持续性、功耗比三项指标世界第一。

1.1.2 计算机的特点

曾有人说,机械可使人类的体力得以放大,计算机则可使人类的智慧得以放大。作为人类智力劳动的工具,计算机具有以下主要特征。

1. 高速、精准的运算能力

2016年6月公布的全球超级计算机500强排名显示,我国的“神威·太湖之光”以最快的速度排名世界第一,其实测运算速度最快可以达到12.54亿亿次/秒,是排名第二的“天河二号”超级计算机速度的2.28倍。2018年,美国的Summit超级计算机运算速度达20亿亿次/秒。

2. 准确的逻辑判断能力

计算机能够进行逻辑处理,这是计算机科学界一直为之努力实现的。虽然现在计算机还不具备人类所拥有的思考能力,但在信息查询等方面,已经能够根据要求进行匹配检索。

3. 强大的存储能力

计算机能存储大量数字、文字、图像、视频、声音等各种信息,这使计算机具有了“记忆”功能。计算机强大的存储能力不仅表现在容量大,而且表现在“长久”。对于需要长期保存的数据和资料,无论是以文字形式还是以图像的形式,计算机都可以长期保存。

4. 自动功能

计算机的工作方式是将预先编好的一组指令(称为程序)先“记”下来,然后自动地逐条取出这些指令并执行,工作过程完全自动化,不需要人的干预,而且可以反复进行,因而自动化程度高。

5. 网络与通信功能

计算机技术发展到今天,不仅可以将各个城市的计算机连成一个网络,而且能将各个国家的计算机连在一个计算机网络上。目前最大、应用范围最广的“国际互联网”连接了全世界200多个国家和地区数亿台的各种计算机。在网上的所有计算机用户可共享资料、交流信息、互相学习。计算机网络功能的重要意义是,它改变了人类交流的方式和获取信息的途径。

1.1.3 计算机的应用

计算机具有存储容量大、处理速度快、工作全自动、可靠性高以及很强的逻辑推理和判断能力等特点,所以已被广泛应用于各种学科领域,并迅速渗透到人类社会生活的各个方面。

1. 科学计算(数值计算)

计算机是为满足科学计算的需要而发明的。科学计算所解决的大多是从科学研究和

工程技术中所提出的一些复杂的数学问题，计算量大而且精度要求高，只有运算速度快和存储量大的计算机系统才能完成。例如，在高能物理方面的分子、原子结构分析，可控热核反应的研究，反应堆的研究和控制；在水利、农业方面的水利设施的设计计算；在地球物理方面的气象预报、水文预报、大气环境的研究；在宇宙空间探索方面的人造卫星轨道计算、宇宙飞船的研制和制导。如果没有计算机系统高速而又精确的计算，许多近代科学都是难以发展的。

2. 信息处理

信息处理是目前计算机应用最广泛的领域之一。信息处理是指用计算机对各种形式的信息（如文字、图像、声音等）进行收集、存储、加工、分析和传送的过程。当今社会，计算机用于信息处理，对办公自动化、管理自动化乃至社会信息化都有积极的促进作用。

3. 过程控制

过程控制是指用计算机对生产过程、制造过程或运行过程进行检测与控制，即通过实时监控目标对象的状态，及时调整被控对象，使被控对象能够正确地完成生产、制造或运行。过程控制被广泛应用于各种工业环境中。

4. 计算机辅助设计和计算机辅助制造

计算机辅助设计和计算机辅助制造分别简称为CAD（Computer Aided Design）和CAM（Computer Aided Manufacturing）。在CAD系统与设计人员的相互作用下，能够实现最佳化设计的判定和处理，能自动将设计方案转变成生产图纸。CAD技术提高了设计质量和自动化程度，大大缩短了新产品的设计与试制周期，从而成为生产现代化的重要手段。CAM是利用CAD的输出信息控制、指挥生产和装配产品。CAD/CAM使产品的设计、制造过程都能在高度自动化的环境中进行，具有提高产品质量、降低成本、缩短生产周期和减轻管理强度等特点。将CAD、CAM和数据库技术集成在一起，形成CIMS（计算机集成制造系统）技术，可实现设计、制造和管理完全自动化。

5. 现代教育

（1）计算机辅助教学CAI

目前，流行的计算机辅助教学模式有练习与测试模式和交互的教课模式。计算机辅助教学适用于很多课程，更适用于学生个别化、自主化的学习。为了适应各年龄段不同水平人员学习的需要，相继出现了各种各样的CAI课件。

（2）计算机模拟

除了计算机辅助教学外，计算机模拟是另一种重要的教学辅助手段。例如，在电工电子教学中，让学生利用计算机设计电子线路实验并模拟，查看是否达到预期的结果，这样可以避免不必要的电子器件的损坏，节省费用。同样，飞行模拟器训练飞行员、汽车模拟器训练汽车驾驶员都是利用计算机模拟进行教学、训练的例子。

（3）多媒体教室

利用多媒体计算机和相应的配套设备建立的多媒体教室可以演示文字、图形、图像、动画和声音，给教师提供了强有力的现代化教学手段，使得课堂教学变得图文并茂，生动直观。

（4）网上教学和电子大学

利用计算机网络将大学校园内开设的课程传送到校园以外的各个地方，使得更多的人能有机会受到高等教育。网上教学和电子大学将有诱人的发展前景。

6. 人工智能(智能模拟)

人工智能(Artificial Intelligence，简称 AI)是计算机模拟人类的智能活动，诸如感知、判断、理解、学习、问题求解和图像识别等。现在，人工智能的研究已取得不少成果，有些已开始走向实用阶段。例如，能模拟高水平医学专家进行疾病诊疗的专家系统，具有一定思维能力的智能机器人，等等。

7. 电子商务

电子商务(Electronic Commerce，简称 EC)是在互联网开放的网络环境下，基于浏览器/服务器(B/S)应用方式，实现消费者的网上购物、商户之间的网上交易和在线电子支付的一种新型的商业运营模式。电子商务涵盖的范围很广，泛指通过网络进行的交易或信息交换，像网络购物、公司间的账务支付或电子公文通信等均为电子商务的重要环节，一般可分为企业对企业(B2B)和企业对消费者(B2C)两种。随着国内 Internet 用户的增加，利用Internet进行网络购物并以信用卡付款的消费方式已逐渐流行。

8. 家庭管理与娱乐

越来越多的人已经认识到计算机是一个多才多艺的助手。对于家庭，计算机通过各种各样的软件可以从不同方面为家庭生活和事务提供服务，如家庭理财、家庭教育、家庭娱乐、家庭信息管理等。对于在职的各类人员，也可以通过运行专用软件或计算机网络在家里办公。

1.1.4 计算机的分类

计算机发展到今天，已是琳琅满目、种类繁多，并表现出各自不同的特点。可以从不同的角度对计算机进行分类。

1. 按数据类型分类

按数据类型分类，电子计算机可以分为数字计算机、模拟计算机和数模混合计算机三种。在数字计算机中，所处理的数据都是以“0”“1”数字代码的数据形式来表示的，这些数据在时间上是离散的，称为数字量，经过算术与逻辑运算后仍以数字量的形式输出；在模拟计算机中，要处理的数据都是以电压或电流量等的大小来表示的，这些数据在时间上是连续的，称为模拟量，处理后仍以连续的数据(图形或图表形式)输出；在混合计算机中，要处理的数据用数字量与模拟量两种数据形式混合表示，它既能处理数字量，又能处理模拟量，并具有在数字量和模拟量之间相互转换的能力。目前的电子计算机绝大多数都是数字计算机。

2. 按元件分类

按元件分类，电子计算机可以分为电子管计算机、晶体管计算机、集成电路计算机和大

规模集成电路计算机等。随着计算机的发展,电子元件也在不断更新,将来的计算机将发展成为利用超导电子元件的超导计算机,利用光学器件及光路代替电子器件电路的光学计算机,利用某些有机化合物作为元件的生物计算机,等等。

3. 按规模分类

按规模分类,电子计算机可以分为巨型机、大型机、中型机、小型机和微型机等。“规模”主要是指计算机所配置的设备数量、输入/输出量、存储量和处理速度等多方面的综合规模能力。

4. 按用途分类

按用途分类,电子计算机可以分为通用计算机和专用计算机两种。通用计算机的用途广泛,可以完成不同的应用任务,个人计算机就是典型的通用计算机;专用计算机是为完成某些特定任务而专门设计研制的计算机,用途单纯,结构较简单,工作效率也较高,像银行取款机、电信资费查询机、MP3 下载机等都属于专用计算机。

1.1.5 计算机的发展趋势

计算机技术一直保持着高速发展的趋势,在21 世纪,将会不断地有越来越多被世人瞩目的新产品研发出来,计算机的发展越来越向功能巨型化、体积微型化、资源网络化和处理智能化方向发展。

1. 功能巨型化

功能巨型化是指具有高速运算能力、大存储容量和强功能的巨型计算机。其运算能力一般在每秒百亿次以上、内存容量在几百兆字节以上。巨型计算机主要用于尖端科学技术和军事国防系统的研究开发。

2. 体积微型化

微型计算机已应用于不同种类的小型仪器设备,作为工业控制过程的心脏,使仪器设备实现“智能化”是微型计算机的特点。随着微电子技术的进一步发展,笔记本型、掌上型等微型计算机必将以更优的性价比受到人们的欢迎。

3. 资源网络化

资源网络化是指利用通信技术和计算机技术,把分布在不同地点的计算机互联起来,按照网络协议相互通信,以达到所有用户都可共享软件、硬件和数据资源的目的。现在,计算机网络在各行各业中都得到了广泛的应用。

目前开发的三网合一系统工程,便是将计算机网、电信网、有线电视网合为一体。将来人们通过网络能更好地传送数据、文本资料、声音、图形和图像,用户可随时随地在全世界范围拨打可视电话或收看任意国家的电视和电影。

4. 处理智能化

处理智能化是计算机发展的一个重要方向,新一代计算机,将可以模拟人的感觉行为和思维过程的机理,进行“看”“听”“说”“想”“做”,具有逻辑推理、学习与证明的能力。

展望未来,计算机的发展必然要经历很多新的突破。从目前的发展趋势来看,未来的计算机将是微电子技术、光学技术、超导技术和电子仿生技术相互结合的产物。第一台超高速全光数字计算机,已由欧盟的英国、法国、德国、意大利和比利时等国的70多名科学家和工程师合作研制成功,光子计算机的运算速度比电子计算机快1 000倍。在不久的将来,超导计算机、神经网络计算机等全新的计算机也会诞生。届时计算机将发展到一个更高、更先进的水平。

1.1.6 计算思维

1. 计算思维的概念

计算思维是运用计算机科学的基础概念进行问题求解、系统设计以及人类行为理解的涵盖了计算机科学之广度的一系列思维活动。

2006年3月,计算思维的倡导者之一,美国亚裔女科学家(原美国卡内基·梅隆大学计算机科学系主任,现任美国国家计算机与信息科学与工程学部负责人,美国国家科学院计算机科学与通信部门主席)周以真(Jeannette M. Wing)教授给出了计算思维更详细的表述。

① 计算思维是通过约简、嵌入、转化和仿真等方法,把一个看起来困难的问题重新阐释成一个我们知道问题怎样解决的思维方法。

② 计算思维是一种递归思维,是一种并行处理,是一种把代码译成数据又能把数据译成代码,是一种多维分析推广的类型检查方法。

③ 计算思维是一种采用抽象和分解来控制庞杂的任务或进行巨大复杂系统设计的方法,是基于关注点分离的方法(SoC方法)。

④ 计算思维是一种选择合适的方式去陈述一个问题,或对一个问题的相关方面建模使其易于处理的思维方法。

⑤ 计算思维是按照预防、保护及通过冗余、容错、纠错的方式,并从最坏情况进行系统恢复的一种思维方法。

⑥ 计算思维是利用启发式推理寻求解答,也即在不确定情况下的规划、学习和调度的思维方法。

⑦ 计算思维是利用海量数据来加快计算,在时间和空间之间,在处理能力和存储容量之间进行折中的思维方法。

2. 三大科学思维

科学界一般认为,科学方法分为理论、实验和计算三大类。与三大科学方法相对的是三大科学思维,理论思维以数学为基础,实验思维以物理等学科为基础,计算思维以计算机科学为基础。

三大科学思维构成了科技创新的三大支柱。作为三大科学思维支柱之一,并具有鲜明时代特征的计算思维,尤其应当引起我们国家的重视。

3. 计算思维的用途

计算思维是每个人的基本技能,不仅仅属于计算机科学家。我们应当使每个学生在培养解析能力时不仅掌握阅读、写作和算术(3R),还要学会计算思维。正如印刷出版促进了3R的普及,计算和计算机也以类似的正反馈促进了计算思维的传播。

当我们必须求解一个特定的问题时,首先会问:解决这个问题有多么困难?什么才是最佳的解决方法?当我们以计算机解决问题的视角来看待这个问题时,我们需要根据计算机科学坚实的理论基础来准确地回答这些问题。同时,我们还要考虑工具的基本能力,考虑机器的指令系统、资源约束和操作环境等问题。

为了有效地求解一个问题,我们可能要进一步问:一个近似解是否就够了,是否有更简便的方法,是否允许误报和漏报?计算思维就是通过约简、嵌入、转化和仿真等方法,把一个看起来困难的问题重新阐释成一个我们知道怎样解决的问题。

计算思维与生活密切相关:当你早晨上学时,把当天所需要的东西放进背包,这就是"预置和缓存";当有人丢失自己的物品时,你建议他沿着走过的路线去寻找,这就叫"回推";在对自己租房还是买房做出决策时,这就是"在线算法";在超市付费时,决定排哪个队,这就是"多服务器系统"的性能模型;为什么停电时你的电话还可以使用,这就是"失败无关性"和"设计冗余性"。由此可见,计算思维与人们的工作与生活密切相关,计算思维应当成为人类不可或缺的一种生存能力。

1.2　信息的表示与存储

- 掌握计算机中的数据与数据单位。
- 掌握各种数制间的转换。
- 掌握汉字及西文字符的编码。

计算机科学的研究主要包括:信息的采集、存储、处理和传输,而这些与信息的量化和表示紧密相连。下面将通过信息的含义,对数据的表示、转换、处理以及存储方法进行介绍。

1.2.1　数据与信息

数据是对客观事物的符号表示,如数值、文字、语言、图形、图像等都是不同形式的数据。而信息既是对各种事物变化和特征的反映,又是事物之间相互作用、相互联系的表征。信息必须采用数字化编码,才能被计算机传送、存储和处理。信息具有针对性和时效性特征。

计算机科学中的信息通常被认为是能够用计算机处理的有意义的内容或消息，它们以数据的形式出现。数据是信息的载体，信息是数据处理之后产生的结果。信息有意义，而数据没有意义。

例如，1,3,5,7,9 是一组数据，本身没有意义，但从中可以分析出，这是一组等差数列，更可清楚地得到后面的数字，因此，赋予了相应意义的数据就是信息。该组数据就是有用的。

1.2.2 计算机中的数据与数据单位

计算机中的数据最早采用十进制进行存储和计算，最后改用二进制的形式。而在计算机中最常用的数据单位包括位、字节、字长 3 种，下面将分别介绍。

1. 计算机中的数据

ENIAC 是一台十进制的计算机，它采用十个真空管来表示一位十进制数。然而，冯·诺依曼在研制 IAS 时，感觉这种十进制的表示和显示方式很麻烦，故提出了二进制的表示方法。

二进制只有“0”和“1”两个数码。计算机中的数是用二进制表示的，最高位如果用来表示符号（“0”表示“ + ”，“1”表示“ - ”），这个数就是带符号数；最高位如果不用来表示符号，而是和后面的数字一起表示数值，这个数就是无符号数。相对十进制而言，采用二进制表示不但运算简单、易于物理实现、通用性强，更重要的是所占用的空间和消耗的能量很小，机器可靠性也高。计算机内部均用二进制来表示各种信息，但计算机与外部交互仍采用人们熟知和便于阅读的形式，如十进制数据、文字显示以及图形描述等。

2. 计算机中的单位

计算机中数据的最小单位是位（bit），存储容量的基本单位是字节（Byte，简称 B）。此外，存储容量的常用单位还有 KB、MB、GB、TB 等。

（1）位

位（bit）是度量数据的最小单位。用多个数码(0 和 1 的组合)来表示一个数，其中的每一个数码称为 1 位。

（2）字节

一个字节（Byte，简称 B）由 8 位二进制数字组成。字节是信息组织和存储的基本单位，也是计算机体系结构的基本单位。存储器容量通常以字节为单位来表示。

1 KB（千字节）= 1 024 B = 2^{10} B

1 MB（兆字节）= 1 024 KB = 2^{20} B

1 GB（吉字节）= 1 024 MB = 2^{30} B

1 TB（太字节）= 1 024 GB = 2^{40} B

（3）字长

字长是指计算机一次能够并行处理的二进制位，也称为计算机的一个“字”。字长是

计算机(CPU)的一个重要指标,直接反映一台计算机的计算能力和计算精度。字长越长,计算机的数据处理速度越快。计算机的字长通常是字节的整倍数,如 8 位、16 位、32 位,发展到今天,微型机分为 64 位,大型机已达 128 位。

1.2.3　进位计数制及转换

计算机只能使用二进制工作,但在解决实际问题时人们通常使用的是十进制。因此,使用计算机处理十进制的运算时,会遇到数制转换的问题,下面将介绍数制的基本概念及不同数制之间的转换方法。

1. 进位计数制

多位数码中每一位的构成方法以及从低位到高位的进位规则,称为进位计数制(简称数制)。如果采用 R 个基本符号(如 0,1,2,…,$R-1$)表示数值,则称 R 进制,R 为该数的基数,而数制中固定的基本符号称为"数码"。

任何一个 R 进制数 D 均可展开如下:

$$(D)_R = \sum_{i=-m}^{n-1} K_i \times R^i$$

上式中,R 为计数的基数;K_i 为第 i 位的系数,可以为 0,1,2,…,$R-1$ 中任何一个数;R^i 表示第 i 位的权。

表 1.2 总结了四种数制的特点。

表 1.2　计算机常用的各种数制的特点

数制	二进制	八进制	十进制	十六进制
基数	$R=2$	$R=8$	$R=10$	$R=16$
基本数码	0,1	0—7	0—9	0—9,A—F
权	2 的幂	8 的幂	10 的幂	16 的幂
进位规则	逢二进一	逢八进一	逢十进一	逢十六进一

表 1.3 列出了四种数制之间的关系。

表 1.3　四种数制之间的关系

十进制	二进制	八进制	十六进制	十进制	二进制	八进制	十六进制
0	0000	0	0	8	1000	10	8
1	0001	1	1	9	1001	11	9
2	0010	2	2	10	1010	12	A
3	0011	3	3	11	1011	13	B
4	0100	4	4	12	1100	14	C
5	0101	5	5	13	1101	15	D
6	0110	6	6	14	1110	16	E
7	0111	7	7	15	1111	17	F

2. 非十进制数转换成十进制数

利用按权展开的原理，如有一个 n 位整数和 m 位小数的 R 进制数 $K_nK_{n-1}\cdots K_1 \cdot K_{-1}\cdots K_{-m}$，要转换为十进制数，可用以下公式表示：

$$K = K_n \times R^{n-1} + K_{n-1} \times R^{n-2} + \cdots + K_1 \times R^0 + K_{-1} \times R^{-1} + \cdots + K_{-m} \times R^{-m}$$

对于二进制、八进制、十进制和十六进制，其 R 分别为 2,8,10,16。

下面是将二进制数、八进制数和十六进制数转换为十进制数的例子。

例 1.1 将二进制数 101.101 转换成十进制数。

解：

$$(101.101)_2 = 1 \times 2^2 + 1 \times 2^0 + 1 \times 2^{-1} + 1 \times 2^{-3}$$
$$= 4 + 1 + 0.5 + 0.125 = (5.625)_{10}$$

例 1.2 将八进制数 37.2 转换成十进制数。

解：

$$(37.2)_8 = 3 \times 8^1 + 7 \times 8^0 + 2 \times 8^{-1} = 24 + 7 + 0.25 = (31.25)_{10}$$

例 1.3 将十六进制数 286 转换成十进制数。

解：

$$(286)_{16} = 2 \times 16^2 + 8 \times 16^1 + 6 \times 16^0 = (646)_{10}$$

3. 十进制数转换成非十进制数

十进制数转换成任意非十进制数的方法基本相同，整数部分与小数部分方法不同，故需要分开进行。整数部分采用“除基取余”法，小数部分采用“乘基取整”法。这里我们只讨论整数的转换。

(1) 十进制整数转换成二进制整数

把十进制整数转换成二进制整数的方法是采用“除二取余”法。具体步骤是：把十进制整数除以 2 得一商和一余数；再将所得的商除以 2，得到一个新的商和余数；这样不断地用 2 去除所得的商，直到商等于 0 为止。每次相除所得的余数便是对应的二进制整数的各位数字。第一次得到的余数为最低位，最后一次得到的余数为最高位。

例 1.4 把十进制整数 205 转换成二进制数。

解：

除数	被除数/商	余数	
2	205	余数	最低位 ↑
2	102	1	
2	51	0	
2	25	1	
2	12	1	
2	6	0	
2	3	0	
2	1	1	
	0	1	最高位

所以 $(205)_{10} = (11001101)_2$。

(2) 十进制整数转换成八进制整数

例 1.5 把十进制整数 1645 转换成八进制整数。

解:

除数	被除数/商	余数	
8	1645		最低位 ↑
8	205	5	
8	25	5	
8	3	1	
	0	3	最高位

所以$(1645)_{10}=(3155)_8$。

(3) 十进制整数转换成十六进制整数

例1.6　将十进制整数205转换成十六进制整数。

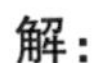

解:

除数	被除数/商	余数	
16	205		最低位 ↑
16	12	D	
	0	C	最高位

所以$(205)_{10}=(\mathrm{CD})_{16}$。

4. 八进制数和十六进制数转换成二进制数

八进制数和十六进制数转换成二进制数非常方便,由于$2^3=8$,1位八进制数恰好等于3位二进制数;同样,$2^4=16$,1位十六进制数恰好等于4位二进制数。它们之间的关系可参照表1.3。

例1.7　将下列八进制数和十六进制数转换成二进制数。

解:

$$(2614)_8=(\underset{2}{\underline{010}}\ \ \underset{6}{\underline{110}}\ \ \underset{1}{\underline{001}}\ \ \underset{4}{\underline{100}})_2$$

$$(2\mathrm{C}1\mathrm{D})_{16}=(\underset{2}{\underline{0010}}\ \ \underset{\mathrm{C}}{\underline{1100}}\ \ \underset{1}{\underline{0001}}\ \ \underset{\mathrm{D}}{\underline{1101}})_2$$

5. 二进制数转换成八进制数、十六进制数

其过程与八进制数和十六进制数转换成二进制数相反,即将3位二进制数代之以与其等值的1位八进制数字和将4位二进制数代之以与其等值的1位十六进制数字。

例1.8　将二进制数101001000011转换成八进制数和十六进制数。

解:

$$(\underset{5}{\underline{101}}\ \ \underset{1}{\underline{001}}\ \ \underset{0}{\underline{000}}\ \ \underset{3}{\underline{011}})_2=(5103)_8$$

$$(\underset{\mathrm{A}}{\underline{1010}}\ \ \underset{4}{\underline{0100}}\ \ \underset{3}{\underline{0011}})_2=(\mathrm{A}43)_{16}$$

1.2.4　字符的编码

编码就是利用计算机中的“0”和“1”两个代码的不同长度表示不同信息的一种约定方式。由于计算机是以二进制数的形式存储和处理数据的,因此只能识别二进制编码信息,数字、字母、符号、汉字、语音和图形等数值信息都要用特定规则进行二进制编码才能进入计算机。对于西文与中文字符,由于形式不同,其使用的编码也不同。

1. 西文字符的编码

计算机中的数据都采用二进制编码表示,ASCII是最常用的字符编码。标准ASCII是使用7位二进制数来表示所有的大写和小写字母,数字0—9、标点符号,以及在美式英语中使用的特殊控制字符，共有 $2^7=128$ 个不同的编码值，可以表示 128 个不同字符的编码，如表 1.4 所示。其中，低 4 位编码用作行编码，而高 3 位编码用作列编码。

表 1.4　ASCII 字符编码表

低 4 位	高 3 位							
	000	001	010	011	100	101	110	111
0000	NUL	DLE	SP	0	@	P	′	p
0001	SOH	DC1	!	1	A	Q	a	q
0010	STX	DC2	″	2	B	R	b	r
0011	ETX	DC3	#	3	C	S	c	s
0100	EOT	DC4	$	4	D	T	d	t
0101	ENQ	NAK	%	5	E	U	e	u
0110	ACK	SYN	&	6	F	V	f	v
0111	BEL	ETB	`	7	G	W	g	w
1000	BS	CAN	(	8	H	X	h	x
1001	HT	EM	)	9	I	Y	i	y
1010	LF	SUB	*	:	J	Z	j	z
1011	VT	ESC	+	;	K	[	k	{
1100	FF	FS	,	<	L	\	l	|
1101	CR	GS	−	=	M	]	m	}
1110	SO	RS	.	>	N	^	n	~
1111	SI	US	/	?	O	_	o	DEL

从 ASCII 码表中可知，有 34 个非图形字符（又称为控制字符）。例如，SP（Space）的编码是 0100000，其余 94 个为可打印字符，也称为图形字符。在这些字符中，从小到大的排列有 0—9、A—Z、a—z，且小写字母比大写字母的码值大 32。例如，"a"字符的编码为 1100001，对应的十进制数是 97；"A"字符的编码为 1000001，对应的十进制数是 65。

2. 汉字的编码

我国于 1980 年发布了国家汉字编码标准 GB2312—1980，全称是《信息交换用汉字编码字符集 · 基本集》（简称 GB 或国标码）。

根据统计，把最常用的 6 763 个汉字分成两级：一级汉字有 3 755 个，按汉语拼音字母的次序排列；二级汉字有 3 008 个，按偏旁部首排列。由于一个字节只能表示 256 种编码，是不足以表示 6 763 个汉字的，因此，国标码用两个字节表示一个汉字，即一个汉字占两个字节。

区位码：将 GB2312 字符集放置在一个 94 行（每一行称为"区"）、94 列（每一列称为"位"）的方阵中，方阵中的每个汉字所对应的区号和位号组合起来就得到了该汉字的区位码。区位码由 4 位十进制数字组成，前两位为区号，后两位为位号，如汉字"中"的区位码为

5448,即它位于第54行、第48列。

区位码与国标码之间的转换:区位码是一个4位十进制数,国标码是一个4位十六进制数。为了与ASCII码兼容,汉字输入区位码与国标码之间有一个简单的转换关系。具体方法:将一个汉字的十进制区号和十进制位号分别转换为十六进制,然后再分别加上20H(十进制是32),便成了汉字的国标码。

例如,将汉字"中"的区位码(5448D)转换为国标码。

先将区位码5448D的区号、位号分别加32D,得8680D,可将8680D的区号和位号分别转换为十六进制,即5650H。

3. **汉字的处理**

计算机内部只能识别二进制数,任何信息(包括字符、汉字、声音、图像等)在计算机中都是以二进制形式存放的。那么,汉字究竟是经过何种转换,才在计算机屏幕上显示的呢?从汉字编码的角度看,计算机对汉字信息的处理过程实际上是各种汉字编码间的转换过程。这一系列的汉字编码及转换、汉字信息处理中的各编码及流程如图1.3所示。

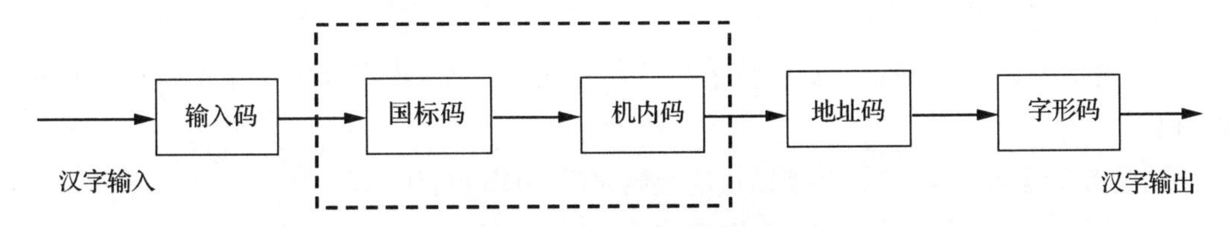

图1.3　汉字信息的处理过程

从图1.3可知,通过键盘输入汉字的输入码,计算机将每个汉字的输入码转换为相应的国标码,然后再转换为机内码,这样就可以在计算机内存储和处理了。输出汉字时,先将汉字机内码通过简单的对应关系转换为相应的汉字地址码对汉字库进行访问,再从字库中提取汉字的字形码,最后根据字形数据显示和打印出汉字。

(1) 汉字输入码

输入码也称外码,是指为了将汉字输入计算机而设计的代码,包括音码、形码、语音输入、手写输入等。实际上,区位码也是一种输入法,它可以一字一码无重码输入,但是代码难以记忆。

(2) 汉字内码

在计算机内部对汉字进行存储与处理的汉字编码,它应满足汉字的存储、处理和传输的要求。汉字内码的形式多样,目前,对应于国标码,一个汉字的内码用两个字节存储,并把每个字节的最高二进制位置"1"作为汉字内码的标识,以便与单字节的ASCII码进行区分。汉字的国标码与其内码的关系:汉字的内码=汉字的国标码+8080H。

例如,将"中"字的国标码(5650H)转换为汉字内码。

"中"字的内码=5650H+8080H=D6D0H

(3) 其他汉字内码

GB2312—1980国标码只能表示和处理6 763个汉字,为了便于全球范围的信息交流,

各级组织公布了各种汉字内码。

◎ GBK 码:扩充汉字内码规范。GBK 码是我国制定的,对于达 2 万多的简、繁汉字进行了编码。这种内码仍用两个字节表示一个汉字,第一个字节为 81H—FFH,第二个字节为 40H—7EH。

◎ UCS 码:通用多八位编码字符集。UCS 码是国际标准化组织(ISO)为各种语言字符制定的编码标准。ISO/IDC10646 字符集中的每个字符用 4 个字节(组号、平面号、行号和字位号)唯一地表示。

◎ Unicode 编码:国际编码标准。Unicode 编码已经成为能用双字节编码统一地表示世界上几乎所有书写语言的计算问题。目前,Unicode 编码可容纳 66 536 个字符编码,主要用来解决多语言的计算问题。Unicode 编码在网络、Windows 系统和很多大型软件中得到了应用。

◎ BIG5 码:繁体汉字编码标准。BIG5 码是中国台湾、中国香港地区普遍使用的一种繁体汉字的编码标准。中国繁体版 Windows 95/98/2000/XP/7 使用的是 BIG5 内码。

(4) 汉字地址码

汉字地址码,指汉字库(主要指整字形的点阵式字模库)中存储汉字字形信息的逻辑地址码。

◎ 输出设备输出汉字时,必须通过地址码对汉字库进行访问。

◎ 汉字库中,字形信息是按一定顺序连续存放在存储介质中的,因此汉字地址码多是连续有序的,而且与汉字内码间有着简单的对应关系,以简化汉字内码到汉字地址码的转换。

(5) 汉字字形码

汉字字形码又称汉字字模,用于汉字在显示屏或打印机输出。汉字字形码通常有点阵和矢量两种表示方法。

◎点阵:用点阵表示字形时,汉字字形码指的就是这个汉字字形点阵的代码。简易型汉字为 16 ×16 点阵,普通型汉字为 24 ×24 点阵 ,提高型汉字为 32 ×32 点阵,等等。汉字的点阵字形编码仅用于构造汉字的字库。一般不同的字体对应不同的字库。字库中存储了每个汉字的点阵代码。点阵规模越大,字形就越清晰、美观,所占存储空间也越大。

◎矢量:矢量表示方式存储的是描述汉字字形的轮廓特征。当输出汉字时,通过计算机的计算,由汉字字形描述生成所需大小和形状的汉字点阵。矢量化字形描述最终文字显示的分辨率大小,因此,可产生高质量的汉字输出。

1.3 计算机系统的组成

知识技能目标

- 掌握存储程序控制的概念。
- 掌握计算机硬件系统的组成。
- 熟悉计算机软件系统的组成。

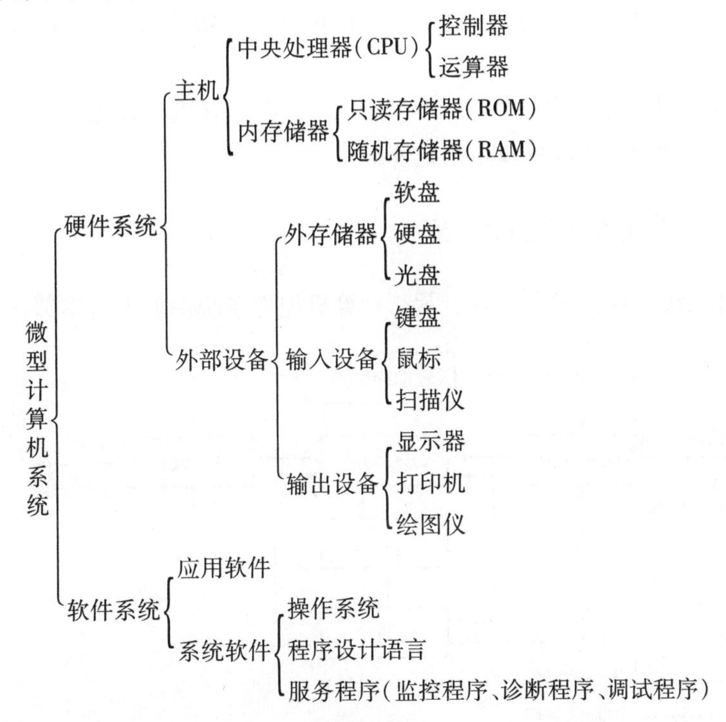

1.3.1 "存储程序控制"计算机的概念

著名的美籍匈牙利数学家冯·诺依曼在分析、总结莫奇利小组研制 ENIAC 计算机的基础上,撰文提出了一个全新的存储程序的通用电子计算机 EDVAC(Electronic Discrete Variable Automatic Computer)的方案。方案中他总结并提出了如下三点:

1. 计算机的五个基本部件

计算机应具有运算器、控制器、存储器、输入设备和输出设备五个基本功能部件。

2. 采用二进制

在计算机内部,程序和数据采用二进制代码表示。二进制只有"0"和"1"两个数码,它既便于硬件的物理实现,又有简单的运算规则,故可简化计算机结构,提高可靠性和运算速度。

3. **存储程序控制**

所谓存储程序,就是把程序和处理问题所需的数据均以二进制编码形式预先按一定顺序存放到计算机的存储器中。计算机运行时,中央处理器依次从内存储器中逐条取出指令,按指令规定执行一系列的基本操作,最后完成一个复杂的工作。这一切工作都是由一个担任指挥工作的控制器和一个执行运算工作的运算器共同完成的,这就是存储程序控制的工作原理。存储程序控制实现了计算机的自动工作,同时也确定了冯·诺依曼型计算机的基本结构。

冯·诺依曼的上述思想奠定了现代计算机设计的基础,所以后来人们将采用这种设计思想的计算机称为冯·诺依曼型计算机。从1946年第一台计算机诞生至今,虽然计算机的设计和制造技术都有了极大的发展,但仍没有脱离冯·诺依曼提出的"存储程序控制"的基本工作原理。

由"存储程序控制"计算机的基本工作原理可见,在计算机的发展过程中,硬件技术的不断进步必然会激励相应的软件技术的进步。

1.3.2 计算机硬件系统的组成

计算机硬件系统的结构如图1.4所示。计算机硬件系统由五大基本部件组成。

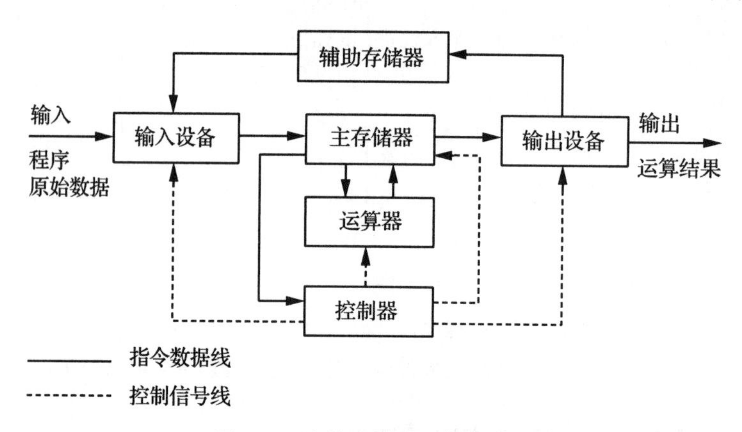

图1.4 计算机硬件系统的结构

1. **运算器**(Arithmetical and Logical Unit,ALU)

运算器是计算机处理数据形成信息的加工厂。它的主要功能是对二进制数码进行算术运算和逻辑运算,所以运算器也称为算术逻辑部件(ALU)。参加运算的数(称为操作数)全部是在控制器的统一指挥下从内存储器中取到运算器的,绝大多数运算任务都由运算器完成。

由于计算机内各种运算均可归结为相加和移位这两个基本操作,所以运算的核心是加法器(Adder)。为了能暂时存放操作数,能将每次运算的中间结果暂时保留,运算器还需要若干个寄存数据的寄存器(Register)。若一个寄存器既保存本次运算的结果,又参与下次

的运算，它的内容就是多次累加的和，这样的寄存器又叫作累加器(Accumulator，AL)。

运算器主要由一个加法器、若干个寄存器和一些控制线路组成。

2. 控制器(Control Unit，CU)

控制器是计算机的神经中枢，由它指挥全机各个部件自动、协调地工作，就像人的大脑指挥躯体一样。控制器的主要部件有指令寄存器、译码器、时序节拍发生器、操作控制部件和指令计数器(也叫程序计算器)。控制器的基本功能是根据指令计算器中指定的地址从内存中取出一条指令，对其操作码进行译码，再由操作控制部件有序地控制各部件完成操作码规定的任务。控制器也记录操作中各部件的状态，使计算机能有条不紊地自动完成程序规定的任务。

3. 存储器(Memory)

存储器是计算机的记忆装置，主要用来保存程序和数据，所以存储器应该具备存数和取数功能。存数是指往存储器里“写入”数据，取数是指从存储器里“读取”数据。读写操作统称为对存储器的访问。存储器分为内存储器(简称内存)和外存储器(简称外存)两类。

中央处理器(CPU)只能直接访问存储在内存中的数据。外存中的数据只有先调入内存后，才能被中央处理器访问和处理。

4. 输入设备(Input Devices)

输入设备是用来向计算机输入命令、程序、数据、文本、图形、图像、音频和视频等信息的设备，其主要作用是把人们可读的信息转换为计算机能识别的二进制代码输入计算机，供计算机处理。例如，用键盘输入信息时，敲击它的每个键位都能产生相应的电信号，再由电路板转换成相应的二进制代码送入计算机。目前常用的输入设备有键盘、鼠标器、扫描仪等。

5. 输出设备(Output Devices)

输出设备的主要功能是将计算机处理后的各种内部格式的信息转换为人们能识别的形式(如文字、图形、图像和声音等)表达出来。例如，在纸上打印出印刷符号或在屏幕上显示字符、图形等。常见的输出设备有显示器、打印机、绘图仪和音箱等。

1.3.3　计算机软件系统的组成

所谓软件，是指为了方便使用计算机和提高使用效率而组织的程序以及用于开发、使用和维护的有关文档。软件系统可分为系统软件和应用软件两大类。

1. 系统软件

系统软件由一组控制计算机系统并管理其资源的程序组成，其主要功能包括启动计算机，存储、加载和执行应用程序，对文件进行排序、检索，将程序语言翻译成机器语言，等等。实际上，系统软件可以看作用户与计算机的接口，它为应用软件和用户提供了控制、访问硬件的手段，这些功能主要由操作系统完成。此外，编译系统和各种工具软件也属此类，它们从另一方面辅助用户使用计算机。下面分别简单介绍它们的功能。

(1) 操作系统(Operating System,OS)

① 操作系统的功能和组成。

操作系统是管理、控制和监督计算机软硬件资源协调运行的程序系统,由一系列具有不同控制和管理功能的程序组成,它是直接运行在计算机硬件上的、最基本的系统软件,是系统软件的核心。操作系统是计算机发展中的产物,它的主要目的有两个:一是方便用户使用计算机,是用户和计算机的接口,如用户键入一条简单的命令就能自动完成复杂的功能,这就是操作系统帮助的结果;二是统一管理计算机系统的全部资源,合理组织计算机工作流程,以便充分、合理地发挥计算机的效率。

现代操作系统的功能十分丰富,操作系统通常应包括下列五大功能板块:

◎ 处理器管理。当多个程序同时运行时,解决处理器(CPU)时间的分配问题。

◎ 作业管理。完成某个独立任务的程序及其所需的数据组成一个作业。管理的任务主要是为用户提供一个使用计算机的界面,使其方便地运行自己的作业,并对所有进入系统的作业进行调度和控制,尽可能高效地利用整个系统的资源。

◎ 存储器管理。为各个程序及其使用的数据分配存储空间,并保证它们互不干扰。

◎ 设备管理。对用户提出使用设备的请求进行分配,同时还能随时接收设备的请求(称为中断),如要求输入信息。

◎ 文件管理。主要负责文件的存储、检索、共享和保护,为用户提供方便的文件操作。

② 操作系统的分类。

操作系统的种类繁多,依其功能和特性分为批处理操作系统、分时操作系统和实时操作系统等;依同时管理用户数的多少分为单用户操作系统和多用户操作系统等。按其发展过程,通常分成以下六类:

◎ 单用户操作系统(Single User Operating System)。单用户操作系统的主要特征是计算机系统一次只能支持运行一个用户程序。这类系统的最大缺点是计算机系统的资源不能得到充分利用。微型机的 DOS、Windows 操作系统属于这一类。

◎ 批处理操作系统(Batch Processing Operating System)。批处理操作系统是 20 世纪 70 年代运行于大、中型计算机上的操作系统,当时由于单用户单任务操作系统的 CPU 使用效率低,I/O 设备资源未充分利用,因而产生了多道批处理系统,它主要运行在大、中型机上。多道是指多个程序或多个作业同时存在和运行,故也称为多任务操作系统。IBM 的 DOS/VSE 就是这类系统。

◎ 分时操作系统(Time-Sharing Operating System)。分时操作系统是一种具有如下特征的操作系统:在一台计算机周围挂上若干台近程或远程终端,每个用户可以在各自的终端上以交互的方式控制作业运行。

在分时操作系统管理下,虽然各用户使用的是同一台计算机,但能给用户一种“独占计算机”的感觉。实际上是分时操作系统将 CPU 时间资源划分成极短的时间片(毫秒量级),轮流分给每个终端用户使用,当一个用户的时间片用完后,CPU 就转给另一个用户,前一个

用户只能等待下一次机会。由于人的思考、反应和键入的速度通常比CPU的速度慢很多，所以只要同时上机的用户不超过一定数量，人就不会有延迟的感觉。分时操作系统有以下优点：第一，经济实惠，可充分利用计算机资源；第二，由于采用交互会话方式控制作业，用户可以在终端前边思考、边调整、边修改，从而大大缩短了解题周期；第三，分时操作系统的多个用户间可以通过文件系统彼此交流数据和共享各种文件，在各自的终端上协同完成任务。UNIX是国际上最流行的分时操作系统。此外，UNIX具有网络通信与网络服务的功能，也是广泛使用的网络操作系统。

◎ 实时操作系统（Real-Time Operating System）。在某些应用领域，要求计算机对数据能进行迅速处理。例如，在自动驾驶仪控制下的飞机、导弹的自动控制系统中，计算机必须对测量系统测得的数据及时、快速地进行处理和反应，以便达到控制的目的，否则就会失去战机。这种有响应时间要求的快速处理过程叫作实时处理过程，批处理系统或分时系统均无能力，因此产生了另一类操作系统——实时操作系统。配置实时操作系统的计算机系统称为实时系统。实时系统按其使用方式可分成两类：一类是广泛用于钢铁、炼油、化工生产过程控制以及武器制导等各个领域中的实时控制系统，另一类是广泛用于自动订购飞机票和火车票的订票系统、情报检索系统、银行业务系统、超级市场营销系统中的实时数据处理系统。

◎ 网络操作系统（Network Operating System）。计算机网络是通过通信线路将地理上独立的计算机连接起来的一种网络。有了计算机网络之后，用户可以突破地理条件的限制，方便地使用远地的计算机资源。提供网络通信和网络资源共享功能的操作系统称为网络操作系统。

◎ 微机操作系统。微机操作系统随着微机软件技术的发展而发展，从简单到复杂。Microsoft公司开发的DOS是一个单用户单任务系统，而Windows操作系统则是一个单用户多任务系统。Windows操作系统经过十几年的发展，已从Windows 3.1发展到目前的Windows NT、Windows 2000、Windows XP、Windows Vista、Windows 7、Windows 8和Windows 10，它是当前微机中广泛使用的操作系统之一。Linux是一个源代码公开的操作系统，目前已被越来越多的用户所采用，是Windows操作系统的强有力的竞争对手。

(2) 程序语言处理系统（翻译程序）

如前所述，机器语言是计算机唯一能直接识别和执行的程序语言。如果要在计算机上运行高级语言程序，就必须配备程序语言翻译程序（以下简称翻译程序）。翻译程序本身是一组程序，不同的高级语言都有相应的翻译程序。对于高级语言来说，翻译的方法有两种：

一种称为“解释”。早期的BASIC源程序的执行都采用这种方式。它调用机器配备的BASIC“解释程序”，在运行BASIC源程序时，逐条将BASIC的源程序语句进行解释和执行，它不保留目标程序代码，即不产生可执行文件。这种方式速度较慢，每次运行都要经过“解释”，边解释边执行。

另一种称为“编译”。它调用相应语言的编译程序，把源程序变成目标程序（以.obj为

扩展名），然后再用连接程序把目标程序与文件相连并形成可执行文件。尽管编译的过程复杂一些，但它形成的可执行文件（以.exe 为扩展名）可以反复执行，速度较快，给出了编译的过程。运行程序时只要键入可执行程序的文件名，然后按【Enter】键即可。

2. 应用软件

应用软件是指某特定领域中的某种具体应用，如财务报表软件、数据库应用软件等。计算机系统由硬件系统和软件系统组成，两者缺一不可。而软件系统又由系统软件和应用软件组成。操作系统是系统软件的核心，在每个计算机系统中是必不可少的，其他的系统软件，如程序语言处理系统可根据不同用户的需要配置不同的程序语言编译系统。应用软件则随着各用户的应用领域不同可以有不同的配置。

1.3.4　计算机系统的层次关系

从总体上俯瞰计算机系统，对了解它的组织机构和工作原理是有好处的。如图 1.5 所示，计算机是按层次结构组织的。各层之间的关系是：内层是外层的支撑环境，而外层可不必了解内层细节，只需根据约定调用内层提供的服务。

由图 1.5 所见：在所有软件中操作系统是最重要的，因为操作系统直接与硬件接触，属于最底层的软件，它管理和控制硬件资源，同时为上层软件提供支持。换句话说，任何程序必须在操作系统的支持下才能运行，操作系统最终把用户与机器隔开了，凡对机器的操作一律转换为操作系统的命令，这样一来，用户使用计算机就变成了使用操作系统了。有了操作系统，用户不再是在裸机上艰难地使用计算机，而是可以充分享受操作系统提供的各种方便、优良的服务。

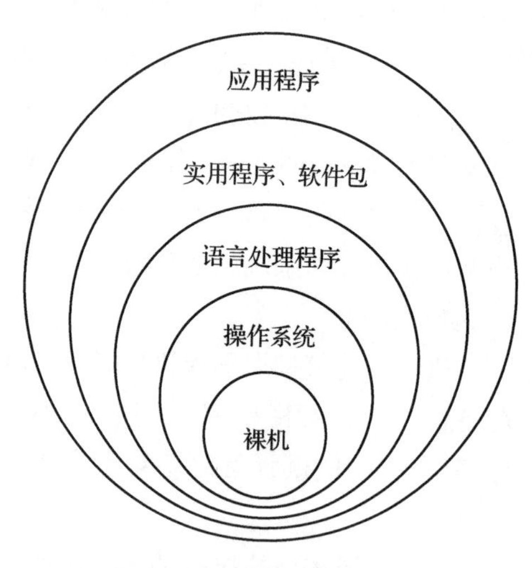

图 1.5　计算机系统的分层

1.4　微型计算机的硬件系统

知识技能目标

- 掌握计算机硬件系统的五大组成部件。
- 掌握运算器、控制器、存储器、输入设备与输出设备的功能。

1.4.1　微型计算机的基本结构

在微型计算机技术中，系统总线把 CPU、存储器、输入设备和输出设备连接起来，从而实现信息交换，如图 1.6 所示。通过总线连接计算机各部件，旨在使微型计算机系统结构简洁、灵活、规范、可扩充性好。

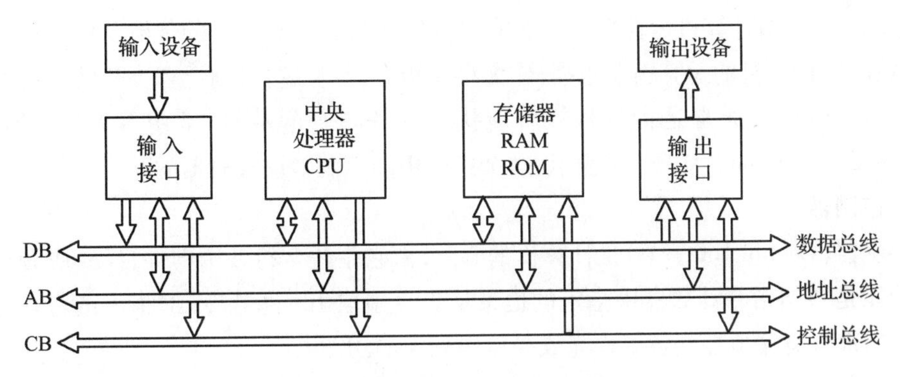

图 1.6　微型计算机总线结构示意图

1.4.2　微型计算机的硬件及其功能

尽管各种计算机在性能和用途等方面都有所不同，但是其基本结构都遵循冯·诺依曼的结构，因此人们便将符合这种设计的计算机称为冯·诺依曼计算机。冯·诺依曼体系结构的计算机主要由运算器、控制器、存储器、输入设备和输出设备 5 个部分组成。

1. 运算器

运算器(Arithmetic Unit，AU)是计算机处理数据、形成信息的加工厂，其主要功能是对二进制数码进行算术运算或逻辑运算。因此，也称算术逻辑部件。

◎ 算术运算就是数的加、减、乘、除以及乘方、开方等数学运算。

◎ 逻辑运算则是逻辑变量之间的运算，即通过与、或、非等基本操作对二进制数进行逻辑判断。

计算机之所以能完成各种复杂操作,最根本的原因是运算器的运行。

(1) 运算器的运行原理

参加运算的数全部在控制器的统一指挥下从内存储器中取到运算器,由运算器完成运算任务。在计算机内,各种运算均可归结为相加和移位这两个基本操作,运算器的核心是加法器(Adder)。为了能将操作数以及每次运算的中间结果暂时存放、保留,运算器还需要若干个寄存数据的寄存器(Register)。

(2) 运算器的处理对象

运算器的处理对象是数据,数据长度和表示方法对运算器的性能影响极大。处理的数据来自存储器,处理后的结果通常送回存储器或暂存在运算器中。字长的大小决定了计算机的计算精度,字长越大,所能处理的数的范围越大,运算精度越高,处理速度越快。

目前普遍使用Intel和AMD微处理器,大多支持32位或64位字长,意味着该类型机器可以并行处理32位或64位的二进制算术运算或逻辑运算。

(3) 运算器的性能指标

运算器的性能指标是衡量整个计算机性能的重要因素之一。与运算器相关的性能指标包括计算机的字长和运算速度。

◎ 字长:是指计算机运算部件一次能同时处理的二进制数据的位数。作为存储数据,字长越长,则计算机的运算精度越高;作为存储指令,字长越长,则计算机的处理能力越强。

◎ 运算速度:通常是指每秒钟所能执行加法指令的数目,常用百万次/秒(Million Instructions Per Second,MIPS)来表示,这个指标更能直观地反映机器的速度。

2. 控制器

控制器(Control Unit,CU)是计算机的心脏,由它指挥全机各个部件自动、协调地工作。基本功能是根据指令计数器中指定的地址从内存中取出一条指令,对指令进行译码,再由操作控制部件有序地控制各部件完成操作码规定的功能。

对控制器而言,真正的作用是对机器指令执行过程的控制。控制器由指令寄存器(Instruction Register,IR)、指令译码器(Instruction Decoder,ID)、程序计数器(Program Counter,PC)和操作控制器(Operation Controller,OC)4个部件组成,各部件的含义如下:

◎ 指令寄存器(IR):用以保存当前执行或即将执行的指令代码。

◎ 指令译码器(ID):用来解析和识别IR中所存放指令的性质和操作方法。

◎ 程序计数器(PC):根据ID的译码结果,产生该指令执行过程中所需的全部控制信号和时序信号。

◎ 操作控制器(OC):总是保存下一条执行的指令地址,使程序能够自动、持续地工作。

(1) 机器指令

机器指令是一个按照一定格式构成的二进制代码串,它用来描述计算机可以理解并执行的基本操作。机器指令通常由操作码和操作数两部分组成。

◎ 操作码:指明指令所要完成操作的性质和功能。

◎ 操作数:指明操作码执行时的操作对象。操作数的形式可以是数据本身,也可以是存放数据的内存单元地址或寄存器名称。操作数又分为源操作数和目的操作数。源操作数指明参加运算的操作数来源;目的操作数指明保存运算结果的存储单元地址或寄存器名称。

(2) 指令的执行过程

指令的执行过程是指计算机的工作过程,即按照控制器的控制信号自动、有序地执行指令的过程。一条机器指令的执行需要获取指令、分析指令、生成控制信号和执行指令,大致过程如下:

◎ 获取指令:从存储单元地址,即当前程序计数器 PC 的内容的那个存储单元中读取当前要执行的指令,并把它存放到指令寄存器 IR 中。

◎ 分析指令:通过指令译码器 ID 分析该指令(称为译码)。

◎ 生成控制信号:操作控制器根据指令译码器 ID 的输出,按一定的顺序产生执行该指令所需的所有控制信号。

◎ 执行指令:在控制信号的作用下,计算机各部分完成相应的操作,实现数据的处理和结果的保存。

◎ 重复执行:计算机根据新指令地址,重复执行上述 4 个过程,直至执行到指令结束。

控制器和运算器是计算机的核心部件,这两个部分合称为中央处理器(Central Processing Unit,CPU),在微型计算机中也称为微处理器(Micro Processing Unit, MPU)。

3. 存储器

存储器(Memory)是存储程序和数据的部件,它可以自动完成程序或数据的存取,是计算机系统中的记忆设备。存储器可以分为内存(又称主存)和外存(又称辅存)两大类。

(1) 内存

内存是主板上的存储部件,用来存储当前正在执行的数据、程序和结果;内存的容量小,存储快,但断电后其中的信息会全部丢失。内存储器按功能又可以分为随机存储器(Random Access Memory,RAM)和只读存储器(Read Only Memory,ROM)。一般地,微型计算机中都配置了高速缓冲存储器(Cache),此时,内存包括主存和高速缓存两部分。

① 随机存储器。

通常所说的计算机内存容量是指随机存储器的容量。RAM 又可分为静态随机存储器(Static RAM,SRAM)和动态随机存储器(Dynamic RAM,DRAM)两种。

◎ DRAM 是用电容来存储信息的,由于电容存在漏电现象,存储的信息不可能永远保持不变,因此,需要设计一个额外的电路对内存信息不断进行刷新。DRAM 的功耗低,集成度高,成本低。

◎ SRAM 是用触发器的状态来存储信息的,只要电源正常供电,触发器就能稳定地存储信息,无须刷新,因此,SRAM 的存取速度比 DRAM 快。但 SRAM 具有集成度低、功耗大、价格高的缺陷。

② 只读存储器。

CPU 对只读存储器(ROM)只读不存,ROM 里面存放的信息一般由计算机制造厂商写入并经固化处理,用户是无法修改的,即使断电,ROM 中的信息也不会丢失。所以,ROM 中一般存入计算机系统管理程序,如基本输入/输出系统模块、BIOS 和监控程序等。

③ 高速缓冲存储器。

高速缓冲存储器(Cache)主要是为了解决 CPU 和主存速度的不匹配,为提高存储器速度而设计的。Cache 一般用 SRAM 存储芯片实现,因为 SRAM 比 DRAM 存储速度快。Cache 按功能可分为 CPU 内部的 Cache 和 CPU 外部的 Cache 两大类。

◎ CPU 内部的 Cache 称为一级 Cache,它是 CPU 内核的一部分,负责 CPU 内部的寄存器与外部的 Cache 之间的缓冲。

◎ CPU 外部的 Cache 称为二级 Cache,它相对 CPU 是独立的部件,主要用于弥补 CPU 内部 Cache 容量过小的缺陷,负责整个 CPU 与内存之间的缓冲。

④ 内存储器的性能指标。

存储容量和存储速度是内存储器的主要性能指标。

◎ 存储容量:指一个存储器包含的存储单元格总数。目前,常用的 DDR3 内存条存储容量一般为 4 GB 和 8 GB。

◎ 存储速度:一般用存取周期(也称读写周期)来表示。存取周期就是 CPU 从内存储器中存取数据所需的时间(写入或读出)。半导体存储器的存取周期一般为 60—100 ns。

(2) 外存

外存是指磁性介质或光盘等部件,它们用来存放需要长期保存的信息,如各种数据文件和程序文件;外存的容量大,存取速度慢,断电后所保存的内容不会丢失。外存可以存放大量的程序和数据,且断电后数据不会丢失。常见的外存有硬盘、U 盘和光盘等。

① 硬盘。

硬盘(Hard Disk)是微型计算机上主要的外部存储设备。它由磁盘片、读写控制电路和驱动机构组成。硬盘具有容量大、存取速度快等优点。

◎ 内部结构:一个硬盘内存包含多个盘片,这些盘片被安装在一个同心轴上,每个盘片有上、下两个盘面,它们都可以用于存储数据,每个盘面又被划分为磁道和扇区。硬盘的每个盘面有一个读写磁头,硬盘在读写数据时,磁头与磁盘表面始终保持一个很小的间隙。由于磁头很轻,硬盘旋转时,气流使磁头漂浮在磁盘表面。

◎ 硬盘容量:一个硬盘的容量由磁头数 H(Heads)、柱面数 C(Cylinders)、每个磁道的扇区 S(Sectors)和每个扇区的字节数 B(Bytes)4 个参数决定。将上述参数相乘即可计算硬盘容量,具体公式为:硬盘总容量 = 磁头数(H) × 柱面数(C) × 磁道扇区数(S) × 每扇区字节数(B)。

◎ 硬盘接口:硬盘与主板的连接部分就是硬盘接口,常见的硬盘接口有高级技术附件(Advanced Technology Attachment,ATA)、串行高级技术附件(Serial ATA,SATA)和小型计算机系统接口(Small Computer System Interface,SCSI),如图 1.7 所示。其中,ATA 和 SATA 接口的硬盘主要应用于个人计算机中,而 SCSI 接口的硬盘则主要应用于中、高端服务器和高档工作站中。

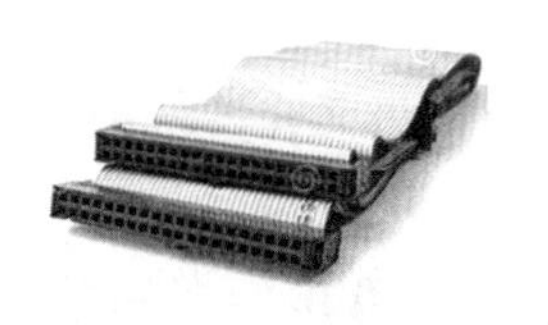

ATA 接口　　SATA 接口　　SCSI 接口

图 1.7　常见的硬盘接口

◎ 硬盘转速：指硬盘电机主轴的旋转速度，即硬盘盘片在一分钟内旋转的最大转数。转速快慢是衡量硬盘档次的重要参数之一，也是决定硬盘内部传输速率的关键因素。硬盘转速的单位为 r/min，即转/分钟。普通硬盘转速一般有 5 400 r/min 和 7 200 r/min 两种。其中，7 200 r/min 的高转速硬盘是台式机的首选，笔记本则以 4 200 r/min 和 5 400 r/min 的硬盘为主。

◎ 硬盘容量：目前使用的硬盘容量有 500 GB、1 TB、2 TB 以及 3 TB 等。

② 闪速存储器。

闪速存储器（Flash）是一种新型非易失性半导体存储器，通常称为 U 盘。Flash 是以固定区块为单位进行删除和重写，而不是整个芯片擦写，它既继承了 RAM 存储器速度快的优点，又具备了 ROM 的非易失性。当前的计算机都配有 USB 接口，在 Windows 7 操作系统下，无须驱动程序，闪速存储器通过 USB 接口即插即用，使用非常方便。

③ 光盘（Optical Disc）。

光盘是以光信息作为存储信息的载体来存储数据的一种物品。按类型划分，光盘通常可以分为只读型光盘（CD-ROM 和 DVD-ROM）和记录型光盘（CD-R、CD-RW、DVD-R、DVD + R 和 DVD + RW）。

◎ 只读型光盘（CD-ROM）：是用一张母盘压制而成的，上面的数据只能被读取而不能被写入或修改。读 CD-ROM 数据时，利用激光束扫描光盘，根据激光在小坑上的反射变化得到数字信息。

◎ 一次写入型光盘（CD-R）：该类型的光盘只能写一次，写完后的数据无法被改写，但可以被多次读取，一般用于主要数据的长期保存。注意，CD-R 只允许写入一次。

◎ 可擦写型光盘（CD-RW）：该类型光盘的盘片上镀有银、钢和硒等材质以形成记录层，这些材质能够呈现出结晶和非结晶两种状态，用来表示数字信息 0 和 1。CD-RW 的刻录原理是通过激光束的照射，材质可以在结晶和非结晶两种状态之间互换，这种晶体材料状态的相互转换便形成了信息的写入和擦除，从而达到可重复擦除的目的。

◎ DVD-ROM：DVD 采用波长更短的红色激光、更有效的调制方式和更强的纠错方法，具有更高的密度，并支持双面双层结构。在与 CD 大小相同的盘片上，DVD 可以提供相当于普通 CD 片 8 ~ 25 倍的存储容量以及 9 倍以上的读取速度。

◎ 蓝光光盘（Blu-ray Disc，BD）：蓝光光盘是 DVD 之后的下一代光盘格式之一，用以存

储高品质的影音以及高容量的数据。一般来说,波长越短的激光能够在单位面积上记录或读取的信息越多。

◎ 光盘容量:CD 光盘的最大容量大约为 700 MB;DVD 光盘单面最大容量为 4.7 GB,双面为 8.5 GB;蓝光光盘单面单层为 25 GB,双面为 50 GB。

◎ 倍速:衡量光盘驱动器传输速率的指标。光驱的读取速度以 150 bit/s 的单倍速为基准。后来驱动器的传输速率越来越快,就出现了两倍速、四倍速直至现在的 32 倍速、40 倍速甚至更高。

(3) 层次结构

为了同时满足存取速度快、存储容量大和存储位价(存储每一位的价格)低的要求,在计算机系统中通常采用多级存储结构,即将速度、容量和价位各不相同的多种存储器按照一定的体系结构连接起来。存储器层次结构由上至下,速度越来越慢,容量越来越大,价位越来越低。

现代计算机系统基本都采用 Cache、主存和辅存三级存储系统。该系统分为"Cache—主存"层次和"主存—辅存"层次。前者主要解决 CPU 和主存速度不匹配的问题,后者主要解决存储器系统容量问题。

4. 输入设备

输入设备是向计算机输入数据和信息的设备,是用户和计算机系统之间信息交换的主要装置,用于将命令、程序、数据、文本以及图形等转换为计算机能够识别的二进制代码并将其输入计算机,键盘、鼠标、摄像头、扫描仪、光笔、手写输入板、游戏杆以及语言输入装置等都属于输入设备。下面介绍几种常用的输入设备。

(1) 键盘

键盘是迄今为止最常用、最普通的输入设备,它是用户和计算机进行交流的工具,可以直接向计算机输入各种字符和命令,简化计算机的操作。键盘种类繁多,目前常用的键盘有 101 键盘、102 键盘、104 键盘和多媒体键盘等。图 1.8 所示为键盘的外观。

图 1.8　键盘的外观

(2) 鼠标

鼠标器简称鼠标,通常有两个按键和一个滚轮,如图 1.9 所示,当它在平板上滑动时,屏幕上的鼠标指针也会跟着移动,因此取名"鼠标器"。鼠标不仅可以用于光标定位,还可以用来选择菜单、文件和命令,是多窗口环境下必不可少的输入设备。常见的鼠标有机械鼠标、光学鼠标、光学机械鼠标和无线鼠标。

图1.9　鼠标

(3) 其他输入设备

现在的输入设备越来越多,除了最常用的键盘和鼠标外,还有扫描仪、条形码阅读器、光学字符阅读器(Optical Char Reader,OCR)、触摸屏、语音输入设备(话筒)和游戏操作杆等输入设备,如图1.10所示。

扫描仪

游戏操作杆

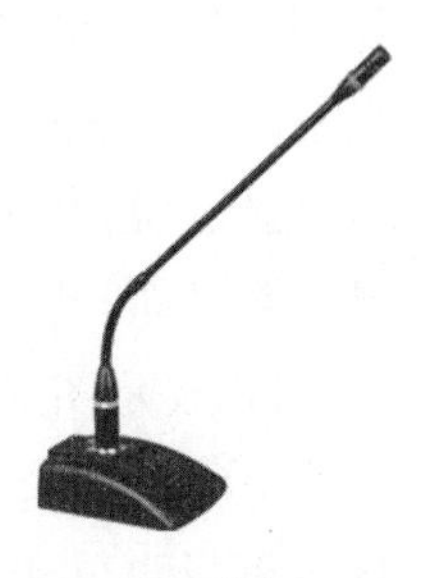

话筒

图1.10　其他输入设备

① 图形扫描仪。

它是一种图形、图像输入设备,可以直接将图形、图像、照片或文本输入计算机中。如果扫描的是文本文件,扫描后经文字识别软件识别,便可保存为文字。

② 光学字符阅读器(OCR)。

它是一种快速字符阅读装置。其原理是用许多的光电管排成一个矩阵,当光源照射被扫描的一页文件时,文件中空白的部分就会反射光线,使光电管产生一定的电压;而有字的黑色部分与系统中预先存储的模板匹配,若匹配成功,即可确认该图案是何字符。

③ 触摸屏。

它由安装在显示器屏幕前面的检测部件和触摸屏控制器组成。当手指或其他物体触摸安装在显示器前端的触摸屏时,所触摸的位置由触摸屏控制器检测,并通过接口(USB接口或RS-232串行)送到主机。与传统的键盘和鼠标输入方式相比,触摸屏输入更直观。

◎ 触摸屏的缺点:价格高,一个性能较好的触摸屏比一台主机还贵;对环境有一定要求,抗干扰的能力受限制;分辨率不高。

◎ 触摸屏的种类:按安装方式不同,可分为外挂式、内置式、整体式和投影仪式;按结构和技术分类不同,可以分为红外技术触摸屏、电容技术触摸屏、电阻技术触摸屏和感应触摸屏等。

④ 语音/手写输入设备。

语音/手写输入设备使文字输入变得更加容易,免去了计算机用户学习键盘汉字输入法的烦恼。但是,语音/手写输入设备的输入速度还有待提高。

⑤ 光笔。

它是专门用来在显示屏幕上作图的输入设备。配合相应的软件和硬件,可以实现在屏幕上作图、改图和对图形进行放大等操作。

⑥ 图形、图像输入设备。

它将数字处理和摄影技术相结合的数码相机、数码摄像机所拍摄的照片、视频图像以数字文件的形式传送给计算机,通过专门的处理软件进行编辑、保存和输出。

5. 输出设备

输出设备是计算机硬件系统的终端设备,用于将各种计算结果数据或信息转换成用户能够识别的数字、字符、图像和声音等形式。常见的输出设备有显示器、打印机、绘图仪、影像输出系统、语音输出系统和磁记录设备等。下面介绍几种常用的输出设备。

(1) 显示器

显示器也称监视器,是微型计算机中最重要的输出设备之一。它不仅可以显示文本和数字,还可以显示图形、图像和视频等多种不同类型的信息。

① 显示器的分类。

目前市场上常见的显示器有 CRT(阴极射线管)显示器和 LCD(液晶)显示器,如图 1.11所示。

CRT 显示器

LCD 显示器

图 1.11 显示器

② 显示器的主要性能。

显示器的主要性能有像素(Pixel)与点距(Pitch)、分辨率、显示存储器(简称显存)和显示器的尺寸。

◎ 像素(Pixel)与点距(Pitch):屏幕上图像的分辨率或清晰度取决于能在屏幕上独立显示点的直径,这种独立显示的点就称作像素;屏幕上两个像素之间的距离就称为点距,点距越小,分辨率就越高,显示器的清晰度就越高。

◎ 分辨率:每帧的线数和每线的点数的乘积就是显示器的分辨率,这个乘积数越大,分辨率就越高。常用的分辨率有 640 ×480(256 种颜色)、1 024 ×768、1 280 ×1 024 和 1 920 ×1 080 等。

◎ 显示存储器：显存与系统内存一样，显存越大，表示可以储存的图像数据就越多，支持的分辨率与颜色数也就越高。有关显存容量与分辨率关系的公式如下：

所需显存 = 图形分辨率 × 色彩精度/8

◎ 显示器的尺寸：以显示屏的对角线长度来度量。目前主流产品的屏幕尺寸主要以 19.5 英寸和 21.5 英寸为主。

③ 显示卡。

显示器是通过显示器接口（显示卡）与主机连接的，所以显示器必须与显示卡匹配。显示卡主要由显示控制器、显示存储器和接口电路组成。显示卡的作用是在显示驱动程序控制下，负责接收 CPU 输出的显示数据，按照显示格式进行变换并存储在显存中，然后再把显存中的数据以显示器所要求的方式输出到显示器。

（2）打印机

打印机是一种常用的输出设备，通过打印机可以把计算机中编辑和处理后的图形、文字和表格等信息在纸张上打印出来，以方便用户查看。按工作方式，可将打印机分为点阵式打印机、喷墨打印机和激光打印机三种，如图 1.12 所示。

点阵式打印机

喷墨打印机

激光打印机

图 1.12　打印机

◎ 点阵式打印机：点阵式打印机主要由打印头、运载打印头的小车机构、色带机构、输纸机构和控制电路等组成，其中，打印头是点阵式打印机的核心部分。点阵式打印机在脉冲电流信号的控制下，由打印针击打的针点形成字符或汉字的点阵。此类打印机的优点是耗材（包括色带和打印机）便宜；缺点是依靠机械动作实现印字，打印速度慢，噪声大，打印质量差。

◎ 喷墨打印机：喷墨打印机属非击打式打印机。其工作原理是：喷嘴朝着打印纸不断喷出极细小且带电的墨水雾点，当它们穿过两个带电的偏转板时接受控制，落在打印纸的指定位置上，形成正确的字符，无机械击打动作。此类打印机的优点是设备价格低廉，质量高于点阵式打印机，还能彩色打印，噪声小；缺点是打印速度慢，耗材（墨盒）贵。

◎ 激光打印机：激光打印机属非击打式打印机。简单地说，它将来自计算机的数据转换成光，射向一个充有正电的旋转导鼓上；鼓上被照射的部分便带上负电，并能吸引带色粉末；鼓与纸接触，再把粉末印在纸上，然后在一定压力和温度的作用下熔固在纸的表面。此类打印机的优点是噪声小，打印速度快，打印质量好；缺点是设备价格高，耗材贵，打印成本是三种打印机中最高的。

(3) 其他输出设备

在微型计算机上使用的其他输出设备包括绘图仪、音频输出设备和视频投影仪等。

① 绘图仪:绘图仪分为平板绘图仪和滚动绘图仪两类,通常采用“增量法”在 x 和 y 方向产生位移来绘制图形。

② 音频输出设备:常用的音频输出设备包括耳机、音响,它们可通过 PS2、USB 等接口,以及 WLAN 与主机连接,达到播放音频的目的。

③ 视频投影仪:视频投影仪是微型计算机输出视频的重要设备,目前常用的有 CRT 投影仪和 LCD 投影仪等。

1.5 多媒体技术简介

- 掌握多媒体的特征。
- 了解多媒体的压缩技术。

多媒体技术集声音、图像、文字于一体,把人类引入更加直观、更加自然和更加广阔的信息领域。下面将对多媒体的特征、多媒体的数字化和多媒体数据压缩进行介绍。

1.5.1 多媒体的特征

在日常生活中,媒体(Medium)是指文字、声音、图像、动画和视频等内容。多媒体(Multimedia)技术是指能够同时对两种或两种以上的媒体进行采集、操作、编辑和存储等综合处理的技术。多媒体技术具有交互性、集成性、多样性和实时性等特征。

1. 交互性

交互性是指多媒体系统向用户提供交互式使用、加工和控制信息的方式,从而为应用开辟了更广阔的领域,也为用户提供了更便捷的信息存储手段。在多媒体系统中,用户可以主动地编辑、处理各种信息,具有人机交互功能。交互性是多媒体技术的关键特征。

2. 集成性

多媒体技术中集成了许多单一的技术,如图像处理技术。多媒体能够同时表示和处理多种信息,但对用户而言,它们是集成一体的。这种集成包括信息的统一获取、存储、组织和合成等方面。

3. 多样性

多媒体信息是多样化的,同时也指媒体输入、传播、再现以及展示手段的多样性。这些媒体信息包括声音、文字、图像以及动画等,它扩大了计算机所能处理的信息空间,使计算

机不再局限于处理数值和文本等。

4. **实时性**

实时性是指在多媒体系统中声音及活动的视频图像是强实时的(Hard Real-Time)。多媒体提供了对这些媒体进行实时处理和控制的能力。多媒体系统除了像一般的计算机一样能处理离散媒体外,还能够综合地处理带有时间关系的媒体,如音频和动画,甚至是实况信息媒体。

1.5.2 多媒体的数字化

多媒体信息可以通过计算机输入界面向人们展示丰富多彩的文字、图像、声音等信息,而在计算机内部则是转换成0和1的数字化信息后进行处理的,然后以不同文件类型进行存储。

1. **声音**

声音是一种连续的模拟信号,其种类繁多,如动物的叫声、乐器声等。

(1) 声音的数字化

声音用电信号表示时,声音信号是在时间上和幅度上都连续的模拟信号。但是,计算机只能存储和处理离散的数字信号。将连续的模拟信号变成离散的数字信号就是数字化,数字化的基本技术的脉冲编码调制(Pulse Code Modulation,PCM)主要包括采样、量化和编码三个基本过程。

◎ 采样是指采集模拟信号的样本,以固定的时间间隔采样称为采样周期,其倒数称为采样频率。

◎ 获取到的样本幅度值用数字量来表示,这个过程称为量化。量化就是将一定范围内的模拟量变成某一最小数量单位的整倍数。

◎ 编码是将量化的结果用二进制数的形式表示。

最终,音频数据量可按以下公式进行计算:

音频数据量(B) = 采样时间(s) × 采样频率(Hz) × 量化位数(bit) × 声道数/8

(2) 声音文件格式

存储声音的文件格式有很多种,常见格式有 WAV、MP3 和 VOC 等,具体如表1.5所示。

表1.5 常见声音文件格式

文件格式	文件扩展名	相关说明
WAV	.wav	WAV 是微软采用的波形声音文件存储格式,它是最早的数字音频格式
MPEG	.mp3	MPEG 是采用 MPEG 音频压缩标准进行压缩的文件,它是一种有损压缩,根据压缩质量和编码复杂程度的不同可分为三层,分别对应 MP1、MP2、MP3 这三种音频文件
RealAudio	.ra、.rm、.rmx	RealAudio 文件是一种网络音频文件格式,采用了“音频流”技术,其特点是可以实时传输音频信息
MIDI	.mid、.rmi	MIDI 文件中的数据记录是一些关于乐曲演奏的内容,而不是实际的声音。MIDI 文件要比 WAV 文件小,而且易于编辑、处理
VOC	.voc	VOC 文件是声霸卡使用的音频文件格式

2. 图像

图像是指自然界中的客观景物通过某种系统的映射,使人们产生的视频感受。图像有黑白图像、灰度图像、彩色图像及摄影图像等。图像可分为静态图像和动态图像两种形态。

(1) 静态图像

静止的图像就称为静态图像。静态图像根据其在计算机中生成的原理不同,可分为矢量图形和位图图像两种。

(2) 动态图像

活动的图像称为动态图像。动态图像又分为视频和动画。通常将摄像机拍摄到的动态图像称为视频;将使用计算机或通过绘画方式生成的动态图像称为动画。

◎ 静态图像的数字化:一幅图像可以近似地看成是由许许多多的点组成的,组成一幅图像颜色的二进制数的位数,称为颜色深度。如真彩色图的颜色深度是 24,可以表示 16 777 412种颜色。

◎ 动态图像的数字化:动态图像是将静态图像以每秒 n 幅的速度播放,当 $n \geq 25$ 时,显示在人眼中的就是连续的画面。

◎ 点位图和矢量图:点位图是将一幅图像分成很多小像素,每个像素由若干二进制位表示像素的颜色和属性等信息;矢量图是用一些指令来表示一幅画,如画一条 100 像素长的红色直线。

◎ 图像文件格式:常见的图像文件格式如表 1.6 所示。

表 1.6　常见的图像文件格式

文件格式	文件扩展名	相关说明
BMP	. bmp	BMP 格式是 Windows 采用的图像文件存储格式
GIF	. gif	GIF 是供联机图形交换使用的一种图像文件格式
TIFF	. tiff	TIFF 是二进制文件格式
WMF	. wmf	WMF 格式是绝大多数 Windows 应用程序都可以有效处理的格式,如剪贴画
PNG	. png	图像文件格式,其开发目的是替代 GIF 和 TIFF 文件格式

◎ 视频文件格式:视频文件一般比其他媒体文件要大一些,比较占用存储空间。常见的视频文件格式如表 1.7 所示。

表 1.7　常见的视频文件格式

文件格式	文件扩展名	相关说明
AVI	. avi	AVI 是 Windows 操作系统中数字视频文件的标准格式
MOV	. mov	MOV 文件图像画面的质量比 AVI 文件要好
ASF	. asf	ASF 是高级流格式,其有本地或网络回放、可扩充的媒体类型及扩展性好等优点
WMV	. wmv	WMV 是微软推出的视频文件格式。它是 Windows Media 的核心

1.5.3　多媒体数据压缩

由于音频和视频等多媒体信息的数据量非常庞大，为了便于存取和交换，在多媒体计算机系统中通常要对多媒体数据进行有效的压缩，使用时再将数据进行解压缩还原，以此来满足实际的需求。数据压缩可分为无损压缩和有损压缩两种形式。

1. 无损压缩

无损压缩是利用数据的统计冗余进行压缩，又称可逆编码。解压缩是对压缩的数据进行重构，重构后的数据与原来的数据完全相同。无损压缩能够确保解压后的数据不失真，但压缩率受到统计冗余度理论的限制，一般为2∶1—5∶1。常用的无损压缩算法包括行程编码、霍夫曼编码、算术编码等。

2. 有损压缩

有损压缩是指压缩后的数据不能够完全还原成压缩前的数据，与原始数据不同但是非常接近的压缩方法，也称破坏性压缩。有损压缩损失的信息多是对视觉和听觉感知不重要的信息，但压缩比通常较高，约为几十到几百。

典型的有损压缩编码方法有预测编码、交换编码、基于模型编码、分形编码及矢量量化编码等。

1.6　计算机病毒及其防治

- 掌握计算机病毒的特征。
- 了解计算机感染病毒的症状。
- 掌握计算机病毒的预防方法。

随着计算机的发展，计算机病毒也随之出现。借助网络传播的计算机病毒可能专门针对计算机或网络的设计缺陷，使得很多计算机或网络系统遭到严重破坏，损失巨大。下面将介绍计算机病毒与其防治的相关知识。

1.6.1　计算机病毒的实质和症状

要想真正识别病毒，及时对病毒进行查杀，首先要了解什么是病毒，病毒的常见分类有哪些等，这样才能做到对症下药，及时解决问题。

1. 计算机病毒

计算机病毒是指编制或在计算机程序中插入的破坏计算机功能或数据，影响计算机使用并且能够自我复制的一组计算机指令或程序代码。计算机病毒一般具有寄生性、破坏性、传染性、潜伏性和隐蔽性五大特征。

◎ 寄生性:它是一种特殊的寄生程序,寄生在其他可执行程序中,享有被寄生的程序所能得到的一切权利。

◎ 破坏性:破坏的含义是广义的,它不仅仅破坏系统、删除或修改数据,甚至可能格式化整个磁盘,从而给用户带来极大的损失。

◎ 传染性:它是病毒的基本特征。计算机病毒往往能够主动地将自身的复制品或变种传染到其他未染毒的程序上。计算机病毒只有在运行时才具有传染性。

◎ 潜伏性:病毒程序通常短小精悍,寄生在别的程序上很难被发现。在外界激发条件出现之前,病毒可以在计算机内的程序中潜伏、传播。

◎ 隐蔽性:计算机病毒是一段寄生在其他程序中的可执行程序,具有很强的隐蔽性。当运行受感染的程序时,病毒程序将首先获得计算机系统的监控权,进而监视计算机的运行,并感染其他程序。在不到发作时机的情况下,整个计算机系统看上去一切正常,很难被察觉。

2. 计算机病毒的分类

计算机病毒按感染方式不同,可以分为以下几种:

◎ 引导区型感染:通过读 U 盘、光盘和各种移动存储介质,计算机会感染引导区型病毒。

当硬盘主引导感染病毒后,病毒就试图感染每个插入计算机进行读写的移动盘的引导区。这类病毒总是先于系统文件装入内存储器,获得控制权并进行传染和破坏。

◎ 文件型病毒:文件型病毒主要感染扩展名为. com、. exe、. bin、. ovl 等可执行文件。文件型病毒通常寄生在文件的首部或尾部,并修改程序的第一条指令。当染毒程序执行时就先跳转去执行病毒程序,进行传染和破坏。

◎ 混合型病毒:这类病毒综合了引导区型和文件型病毒的特征,通过这两种方式来传染,增加了病毒的传染性和存活率。不管以哪种方式传染,只要中毒,就会经开机或执行程序而感染其他磁盘或文件,此种病毒最难清除。

◎ 宏病毒:宏病毒就是寄存在 Microsoft Office 文档或模板的宏中的病毒。它只感染 Microsoft Office 文档文件(DOCX)和模板文件(DOTX),与操作系统没有特别的关联。当对感染宏病毒的 Word 文档进行操作时,它就开始破坏和传播。宏病毒还可以衍生出各种变形病毒,让许多系统防不胜防,这也使宏病毒成为威胁计算机系统的“第一杀手”。

◎ Internet(网络病毒):Internet 病毒大多是通过 E-mail 传播的。“黑客”利用通信软件,通过网络非法进入他人的计算机系统,截取或篡改数据,危害信息安全。如果网络用户的计算机系统附带了“黑客程序”,当用户运行 Windows 时,“黑客程序”会驻留在内存中,一旦该计算机连入网络,外界的“黑客”便可以监控该计算机系统,并对该计算机“为所欲为”。

3. 计算机感染病毒的常见症状

计算机感染病毒后,根据感染的病毒不同,其症状差异也较大,当计算机出现如下情况时,可以考虑是否已感染病毒。

◎ 计算机经常出现死机现象或不能正常启动。

◎ 磁盘文件数目无故增多。

◎ 系统的内存空间明显变小。

◎ 文件的日期/时间值被修改成最近的日期或时间(用户自己并未修改)。

◎ 显示器上经常出现一些莫名其妙的信息或异常现象。

◎ 感染病毒后的可执行文件的长度通常会明显增加。

◎ 正常情况下,可以运行的程序却突然因内存不足而不能安装。

◎ 程序加载时间或程序执行时间比正常时明显变长。

4. 计算机病毒的清除

如果计算机已经感染了病毒,建议立即关闭系统,避免更多的文件遭受破坏。针对已感染病毒的计算机,建议立即升级系统中的防病毒软件,进行全面杀毒。

计算机感染病毒后,用反病毒软件只能检测出已知的病毒并消灭它们,不能检测出新的病毒或病毒的变种。所以,各种反病毒软件会随着新病毒的出现而不断升级。

1.6.2　计算机病毒的预防

所谓防范,是指通过合理、有效的防范体系及时发现计算机病毒的侵入,并能采取有效的手段阻止病毒的破坏和传播,保护系统和数据安全。以后可以采取一些方法来防范病毒的感染,具体措施如下:

◎ 浏览网页、下载文件时要选择正规的网站。

◎ 安装有效的杀毒软件并根据实际需求进行安全设置。同时,定期升级杀毒软件并经常进行全盘查毒和杀毒。

◎ 未经病毒检测的文件,光盘、U 盘及移动硬盘等移动存储设备在使用前应先用杀毒软件查毒后再使用。

◎ 分类管理数据。对各类数据、文档和程序应分类备份保存。

◎ 扫描系统漏洞,及时更新系统补丁。

◎ 尽量使用具有查毒功能的电子邮箱,尽量不要打开陌生的电子邮箱发来的邮件。

◎ 有效管理系统内建的 Administrator 和 Guest 账户及用户创建的账户,包括密码管理和权限管理等。

◎ 关注目前流行病毒的感染途径、发作形式和防范方法,做到预先防范,感染后及时查毒,避免遭受更大损失。

◎ 禁用远程功能,关闭不需要的服务。

◎ 修改 IE 浏览器中与安全相关的设置。

1.7 计算机发展新技术

知识技能目标

- 了解云计算的相关信息。
- 了解大数据的相关信息。
- 了解物联网的相关信息。
- 了解人工智能的相关信息。
- 了解虚拟现实的相关信息。

1.7.1 云计算

1. 云计算的定义

云计算是与信息技术、软件、互联网相关的一种服务,这种计算资源共享池叫作“云”,云计算把许多计算资源集合起来,通过软件实现自动化管理,只需要很少的人参与,就能让资源被快速提供。也就是说,计算能力作为一种商品,可以在互联网上流通,就像水、电、煤气一样,可以方便地取用,且价格较低。

总之,云计算(图 1.13)不是一种全新的网络技术,而是一种全新的网络应用概念,云计算的核心概念就是以互联网为中心,在网站上提供快速且安全的云计算服务与数据存储,让每一个使用互联网的人都可以使用网络上庞大的计算资源与数据。

图 1.13　云计算

2. 云计算的特征

云计算的可贵之处在于高灵活性、可扩展性和高性价比等,与传统的网络应用模式相

比,其具有如下优势与特点:

(1) 虚拟化技术

必须强调的是,虚拟化突破了时间、空间的界限,是云计算最为显著的特点,虚拟化技术包括应用虚拟和资源虚拟两种。众所周知,物理平台与应用部署的环境在空间上是没有任何联系的,正是通过虚拟平台对相应终端操作完成数据备份、迁移和扩展等。

(2) 动态可扩展

云计算具有高效的运算能力,在原有服务器的基础上增加云计算功能,能够使计算速度迅速提高,最终实现动态扩展虚拟化的层次,达到对应用进行扩展的目的。

用户可以利用应用软件的快速部署条件来更为简单、快捷地将已有业务以及新业务进行扩展。例如,计算机云计算系统中出现设备故障,对于用户来说,无论是在计算机层面上,抑或是在具体运用上均不会受到阻碍,可以利用计算机云计算具有的动态扩展功能来对其他服务器开展有效扩展。这样一来就能够确保任务得以有序完成。在对虚拟化资源进行动态扩展的情况下,同时能够高效扩展应用,提高计算机云计算的操作水平。

(3) 按需部署

计算机包含了许多应用、程序软件等,不同的应用对应的数据资源库不同,所以用户运行不同的应用需要较强的计算能力对资源进行部署,而云计算平台能够根据用户的需求快速配备计算能力及资源。

(4) 灵活性高

目前市场上大多数 IT 资源,软、硬件都支持虚拟化,比如存储网络、操作系统和开发软、硬件等。虚拟化要素统一放在云系统资源虚拟池当中进行管理,可见云计算的兼容性非常强,不仅可以兼容低配置机器、不同厂商的硬件产品,还能够使外设具备更高的计算能力。

(5) 可靠性高

倘若服务器故障,也不影响计算与应用的正常运行。因为单点服务器出现故障,可以通过虚拟化技术将分布在不同物理服务器上面的应用进行恢复或利用动态扩展功能部署新的服务器进行计算。

(6) 性价比高

将资源放在虚拟资源池中统一管理,这在一定程度上优化了物理资源,用户不再需要昂贵、存储空间大的主机,可以选择价格相对较低的 PC 组成云,一方面减少费用,另一方面计算性能也不逊于大型主机。

3. 云计算的应用

(1) 存储云

存储云,又称云存储,是在云计算技术上发展起来的一个新的存储技术。云存储是一个以数据存储和管理为核心的云计算系统。用户可以将本地的资源上传至云端,可以在任何地方连入互联网来获取云上的资源。大家所熟知的谷歌、微软等大型网络公司均有云存储的服务,在国内,百度云和微云则是市场占有量较大的存储云。存储云向用户提供了存储容器服务、备份服务、归档服务和记录管理服务等，大大方便了使用者对资源的管理。

（2）医疗云

医疗云，是指在云计算、移动技术、多媒体、4G 通信、大数据以及物联网等新技术基础上，结合医疗技术，使用“云计算”来创建医疗健康服务云平台，实现了医疗资源的共享和医疗范围的扩大。因为云计算技术的运用，医疗云提高了医疗机构的效率，方便了居民就医。像现在医院的预约挂号、电子病历、医保等都是云计算与医疗领域结合的产物，医疗云还具有数据安全、信息共享、动态扩展、布局全国的优势。

（3）金融云

金融云，是指利用云计算的模型，将信息、金融和服务等功能分散到由庞大分支机构构成的互联网“云”中，旨在为银行、保险和基金等金融机构提供互联网处理和运行服务，同时共享互联网资源，从而解决现有问题并且达到高效、低成本的目标。2013 年 11 月 27 日，阿里云整合阿里巴巴旗下资源并推出阿里金融云服务。其实，这就是现在基本普及了的快捷支付，因为金融与云计算的结合，现在只需要在手机上简单操作，就可以完成银行转账、保险购买和基金买卖等。现在，不仅仅阿里巴巴推出了金融云服务，像苏宁金融、腾讯等企业均推出了自己的金融云服务。

（4）教育云

教育云，实质上是指教育信息化的一种发展。具体地说，教育云可以将所需要的任何教育硬件资源虚拟化，然后将其传入互联网中，以向教育机构、学生和老师提供一个方便快捷的平台。现在流行的慕课就是教育云的一种应用。慕课（MOOC），是指大规模开放的在线课程。现阶段慕课的三大优秀平台为 Coursera、edX 以及 Udacity，在国内，中国大学 MOOC 也是非常好的平台。2013 年 10 月 10 日，清华大学推出 MOOC 平台——学堂在线，许多大学现已使用学堂在线开设了一些课程的 MOOC。如图 1.14 所示为云计算的应用。

图 1.14　云计算的应用

1.7.2　大数据

1. 大数据的定义

大数据是一种规模大到在获取、存储、管理、分析方面大大超出了传统数据库软件工具能力范围的数据集合,具有海量的数据规模、快速的数据流转、多样的数据类型和较低的价值密度四大特征。

从技术上看,大数据(图1.15)与云计算的关系就像一枚硬币的正反面一样密不可分。大数据无法用单台的计算机进行处理,必须采用分布式架构。它的特色在于对海量数据进行分布式数据挖掘。但它必须依托云计算的分布式处理、分布式数据库和云存储、虚拟化技术。

图1.15　大数据

2. 大数据的特征

大数据有4个特征,分别为:Volume(大量)、Variety(多样)、Velocity(高速)、Value(价值),一般我们称之为4V。

(1) 大量

大数据的特征首先就体现为“大”,从先Map3时代,一个小小的MB级别的Map3就可以满足很多人的需求,然而随着时间的推移,存储单位从过去的GB到TB,乃至现在的PB、EB级别。随着信息技术的高速发展,数据开始爆发式增长。社交网络(微博、推特、脸书等)、移动网络、各种智能工具、服务工具等,都成为数据的来源。淘宝网近4亿的会员每天产生的商品交易数据约20 TB;脸书约10亿的用户每天产生的日志数据超过300 TB。迫切需要智能的算法、强大的数据处理平台和新的数据处理技术,来统计、分析、预测和实时处理如此大规模的数据。

(2) 多样

广泛的数据来源,决定了大数据形式的多样性。任何形式的数据都可以产生作用,目前应用最广泛的就是推荐系统,如淘宝、网易云音乐、今日头条等,这些平台都会通过对用户的日志数据进行分析,从而进一步推荐用户喜欢的东西。日志数据是结构化明显的数据,还有一些数据结构化不明显,如图片、音频、视频等,这些数据因果关系弱,需要人工对其进行标注。

(3) 高速

大数据的产生非常迅速,主要通过互联网传输。生活中每个人都离不开互联网,也就是说,每个人每天都在向大数据提供大量的资料,并且这些数据是需要及时处理的,但花费大量资本去存储作用较小的历史数据是非常不划算的,对于一个平台而言,也许保存的数据只有过去几天或者一个月之内的,再远的数据就要及时清理,不然代价太大。基于这种情况,大数据对处理速度有非常严格的要求,服务器中大量的资源都用于处理和计算数据,很多平台都需要做到实时分析。数据无时无刻不在产生,谁的速度更快,谁就有优势。

(4) 价值

这也是大数据的核心特征。现实世界所产生的数据中,有价值的数据所占比例很小。相比于传统的小数据,大数据最大的价值在于通过从大量不相关的各种类型的数据中,挖掘出对未来趋势与模式预测分析有价值的数据,并通过机器学习方法、人工智能方法或数据挖掘方法深度分析,发现新规律和新知识,并运用于农业、金融、医疗等各个领域,从而最终达到改善社会治理、提高生产效率、推进科学研究的效果。

3. 大数据的应用(图 1.16)

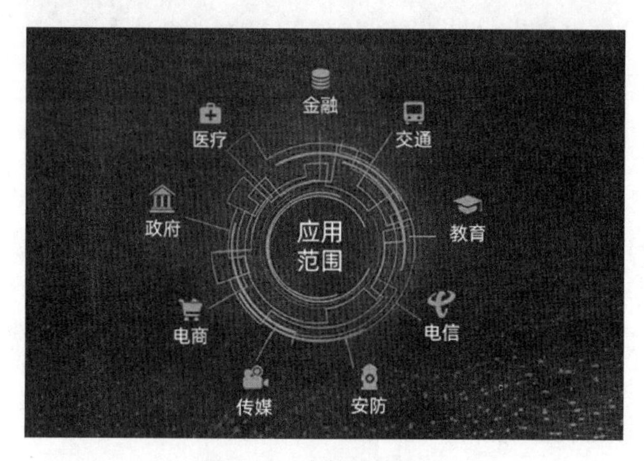

图 1.16　大数据的应用

(1) 医疗

医疗行业通过临床数据对比、实时统计分析、远程病人数据分析、就诊行为分析等,辅助医生进行临床决策,规范诊疗路径,提高医生的工作效率。

(2) 政府

在智慧政府模式下,通过大数据技术,政府得以"感知"社会的发展变化需求,从而使行政决策更加科学化、公共服务更加精准化、资源配置更加合理化。

(3) 电商

电子商务企业获得精准的数据分析,可以更好地了解用户的需求,制定合理的营销策略,从而给用户推广更感兴趣的产品,提高营销成功率。

(4) 传媒

云集各式各样的信息,实现分类筛选、摘编和深度加工,实现对读者和受众个性化需求的准确定位和把握,并追踪用户的浏览习惯,不断进行信息优化。

(5) 安防

安防行业可实现视频图像模糊查询、快速检索、精准定位,并能够进一步挖掘海量视频监控数据背后的价值信息，反馈内涵知识，辅助决策判断。

(6) 电信

电信行业拥有庞大的数据，大数据技术可以应用于网络管理、客户关系管理、企业运营管理等，并且使数据对外商业化，实现单独盈利。

(7) 教育

通过大数据进行学习分析，能够为每位学生创设一个量身定做的个性化课程，为学生的多年学习提供一个富有挑战性而非逐渐厌倦的学习计划。

(8) 交通

大数据技术可以预测未来的交通情况，为改善交通状况提供优化方案，有助于交通部门提高对道路交通的把控能力，防止和缓解交通拥堵，提供更加人性化的服务。

(9) 金融

在用户画像的基础上，银行可以根据用户的年龄、资产规模、理财偏好等，对用户群进行精准定位，分析出潜在的金融服务需求。

1.7.3　物联网

1. 物联网的定义

如图 1.17 所示，物联网(IoT ，Internet of Things)即“万物相连的互联网”，是在互联网基础上延伸和扩展的网络，是将各种信息传感设备与互联网结合起来而形成的一个巨大网络，实现在任何时间、任何地点，人、机、物的互联互通。

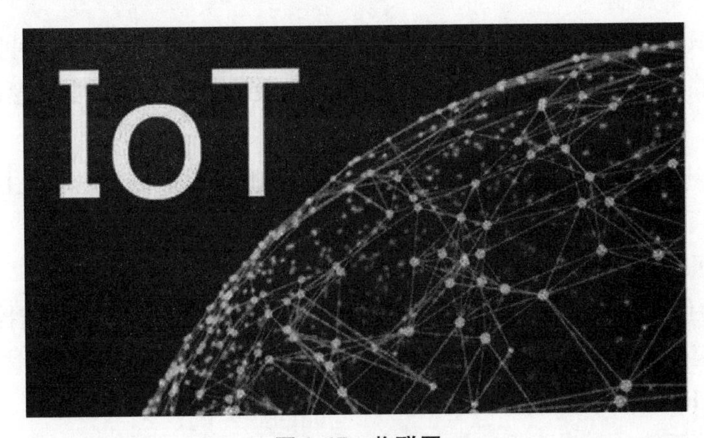

图 1.17　物联网

物联网是通过射频识别、红外感应器、全球定位系统、激光扫描器等信息传感设备，按约定的协议，把任何物品与互联网相连接，进行信息交换和通信，以实现对物品的智能化识别、定位、跟踪、监控和管理的一种网络。

2. 物联网的主要技术

物联网的三项关键技术：传感器技术、RFID 标签、嵌入式系统技术。

① 传感器技术是一种计算机应用中的关键技术，将传输线路中的模拟信号转变为可

处理的数字信号，交予计算机进行处理。

② RFID（Radio Frequency Identification）即射频识别技术，是一种将无线射频技术与嵌入式技术融为一体的综合技术，在不久的将来将广泛应用于自动识别、物品物流管理方面。

③ 嵌入式系统技术是一种将计算机软件、计算机硬件、传感器技术、集成电路技术、电子应用技术集成于一体的复杂技术。

3. 物联网的应用

（1）智能交通

物联网技术可以自动检测并报告公路、桥梁的“健康状况”，还可以避免过载的车辆经过桥梁，也能够根据光线强度对路灯进行自动开关控制。

（2）数字家庭

在连接家庭设备的同时，通过物联网将家庭设备与外部的服务连接起来，实现服务与设备互动。

（3）定位导航

物联网与卫星定位技术、GSM/GPRS/CDMA 移动通信技术、GIS（地理信息系统）相结合，能够在互联网和移动通信网络覆盖范围内使用 GPS 技术，使用和维护成本大大降低，并能实现端到端的多向互动。

（4）现代物流管理

通过在物流商品中植入传感芯片（节点），供应链上的购买、生产制造、包装/装卸、堆栈、运输、配送/分销、出售、服务每一个环节都能准确无误地被感知和掌握。

（5）食品安全控制

通过标签识别和物联网技术，可以随时随地对食品生产过程进行实时监控，对食品质量进行联动跟踪，对食品安全事故进行有效预防，极大地提高食品安全的管理水平。

（6）零售

RFID 取代零售业的传统条码系统（Barcode），使物品识别的穿透性（主要指穿透金属和液体）、远距离以及商品的防盗和跟踪有了极大改进。

（7）数字医疗

以 RFID 为代表的自动识别技术可以帮助医院实现对病人不间断的监控、会诊、共享医疗记录以及对医疗器械的追踪等。而物联网将这种服务扩展至全世界范围。RFID 技术与医院信息系统（HIS）及药品物流系统的融合，是医疗信息化的必然趋势。

（8）防入侵系统

通过成千上万个覆盖地面、栅栏和低空探测的传感节点，防止入侵者翻越、偷渡、恐怖袭击等攻击性入侵。

1.7.4 人工智能

1. 人工智能的定义

人工智能（Artificial Intelligence，AI）是研究、开发用于模拟、延伸和扩展人的智能的理

论、方法、技术及应用系统的一门新的技术科学。

人工智能(图1.18)是研究使计算机来模拟人的某些思维过程和智能行为(如学习、推理、思考、规划等)的学科,主要包括计算机实现智能的原理、制造类似于人脑智能的计算机,使计算机能实现更高层次的应用。人工智能将涉及计算机科学、心理学、哲学和语言学等学科。

图1.18　人工智能

2. 人工智能的发展历程

① 起步发展期:1956年至20世纪60年代初。人工智能概念提出后,相继取得了一批令人瞩目的研究成果,如机器定理证明、跳棋程序等,掀起人工智能发展的第一个高潮。

② 反思发展期:20世纪60年代至70年代初。人工智能发展初期的突破性进展大大提升了人们对人工智能的期望,人们开始尝试更具挑战性的任务,并提出了一些不切实际的研发目标。然而,接二连三的失败和预期目标的落空(例如,无法用机器证明两个连续函数之和还是连续函数、机器翻译闹出笑话等),使人工智能的发展走入低谷。

③ 应用发展期:20世纪70年代初至80年代中。20世纪70年代出现的专家系统模拟人类专家的知识和经验解决特定领域的问题,实现了人工智能从理论研究走向实际应用、从一般推理策略探讨转向运用专门知识的重大突破。专家系统在医疗、化学、地质等领域取得成功,推动人工智能走入应用发展的新高潮。

④ 低迷发展期:20世纪80年代中至90年代中。随着人工智能的应用规模不断扩大,专家系统存在的应用领域狭窄、缺乏常识性知识、知识获取困难、推理方法单一、缺乏分布式功能、难以与现有数据库兼容等问题逐渐暴露出来。

⑤ 稳步发展期:20世纪90年代中至2010年。由于网络技术特别是互联网技术的发展,加速了人工智能的创新研究,促使人工智能技术进一步走向实用化。1997年国际商业机器公司(简称IBM)的深蓝超级计算机战胜了国际象棋世界冠军卡斯帕罗夫,2008年IBM提出"智慧地球"的概念。以上都是这一时期的标志性事件。

⑥ 蓬勃发展期:2011年至今。随着大数据、云计算、互联网、物联网等信息技术的发

展,泛在感知数据和图形处理器等计算平台推动以深度神经网络为代表的人工智能技术飞速发展,大幅跨越了科学与应用之间的“技术鸿沟”,诸如图像分类、语音识别、知识问答、人机对弈、无人驾驶等人工智能技术实现了从“不能用、不好用”到“可以用”的技术突破,迎来爆发式增长的新高潮。

3. 人工智能的研究目的

人工智能的研究目的是促使智能机器会听(语音识别、机器翻译等)、会看(图像识别、文字识别等)、会说(语音合成、人机对话等)、会思考(人机对弈、定理证明等)、会学习(机器学习、知识表示等)、会行动(机器人、自动驾驶汽车等)。

1.7.5 虚拟现实

1. 虚拟现实的定义

虚拟现实(Virtual Reality,VR)技术,又称灵境技术,是20世纪发展起来的一项全新的实用技术。

虚拟现实技术(图1.19)是一种可以创建和体验虚拟世界的计算机仿真系统,它利用计算机生成一种模拟环境,使用户沉浸到该环境中。虚拟现实技术就是利用现实生活中的数据,通过计算机技术产生的电子信号,将其与各种输出设备结合,使其转化为能够让人们感受到的现象,这些现象可以是现实中真真切切的物体,也可以是我们肉眼所看不到的物质,通过三维模型表现出来。因为这些现象不是我们直接所能看到的,而是通过计算机技术模拟出来的现实中的世界,故称为虚拟现实。

图1.19 虚拟现实技术

2. 虚拟现实的特征

(1) 沉浸性

沉浸性是虚拟现实技术最主要的特征,就是让用户成为并感受到自己是计算机系统所创造环境中的一部分,虚拟现实技术的沉浸性取决于用户的感知系统,当使用者感知到虚拟世界的刺激时,包括触觉、味觉、嗅觉、运动感知等,便会产生思维共鸣,造成心理沉浸,感

觉如同进入真实世界。

（2）交互性

交互性是指用户对模拟环境内物体的可操作程度和从环境得到反馈的自然程度，使用者进入虚拟空间，相应的技术让使用者跟环境产生相互作用，当使用者进行某种操作时，周围的环境也会做出某种反应。如果使用者接触到虚拟空间中的物体，那么使用者手上应该能够感受到；若使用者对物体有所动作，物体的位置和状态也应改变。

（3）多感知性

多感知性表示计算机技术应该拥有很多感知方式，比如听觉、触觉、嗅觉等。理想的虚拟现实技术应该具有一切人所具有的感知功能。由于相关技术，特别是传感技术的限制，目前大多数虚拟现实技术所具有的感知功能仅限于视觉、听觉、触觉、运动等几种。

（4）构想性

构想性也称想象性，使用者在虚拟空间中，可以与周围物体进行互动，可以拓宽认知范围，创造客观世界不存在的场景或不可能发生的环境。构想可以理解为使用者进入虚拟空间，根据自己的感觉与认知能力吸收知识，发散拓宽思维，创立新的概念和环境。

（5）自主性

自主性是指虚拟环境中物体依据物理定律动作的程度。例如，当受到力的推动时，物体会向力的方向移动或翻倒或从桌面落到地面等。

3. 虚拟现实的应用

（1）在影视娱乐中的应用

近年来，由于虚拟现实技术在影视业的广泛应用，以虚拟现实技术为主而建立的第一现场9DVR体验馆得以实现。第一现场9DVR体验馆自建成以来，在影视娱乐市场中的影响力非常大，此体验馆可以让观影者体会到置身于真实场景之中的感觉，让体验者沉浸在影片所创造的虚拟环境之中。同时，随着虚拟现实技术的不断创新，此技术在游戏领域也得到了快速发展。虚拟现实技术是利用电脑产生的三维虚拟空间，而三维游戏刚好是建立在此技术之上的，三维游戏几乎包含了虚拟现实的全部技术，使得游戏在保持实时性和交互性的同时，也大幅提升了游戏的真实感。

（2）在教育中的应用

如今，虚拟现实技术已经成为促进教育发展的一种新型教育手段。传统的教育只是一味地给学生灌输知识，而现在利用虚拟现实技术可以帮助学生打造生动、逼真的学习环境，使学生通过真实感受来增强记忆，相比于被动性灌输，利用虚拟现实技术来进行自主学习更容易让学生接受，这种方式更容易激发学生的学习兴趣。此外，各大院校利用虚拟现实技术还建立了与学科相关的虚拟实验室来帮助学生更好地学习。

（3）在设计领域的应用

虚拟现实技术在设计领域小有成就，如室内设计，人们可以利用虚拟现实技术把室内结构、房屋外形通过虚拟技术表现出来，使之变成可以看得见的物体和环境。同时，在设计初期，设计师可以将自己的想法通过虚拟现实技术模拟出来，可以在虚拟环境中预先看到室内的实际效果，这样既节省了时间，又降低了成本。

（4）在医学方面的应用

医学专家利用计算机，在虚拟空间中模拟出人体组织和器官，让学生在其中进行模拟操作，并且能让学生感受到手术刀切入人体肌肉组织、触碰到骨头的感觉，使学生能够更快地掌握手术要领。而且，主刀医生们在手术前，也可以建立一个病人身体的虚拟模型，在虚拟空间中先进行一次手术预演，这样能够大大提高手术的成功率，让更多的病人得以痊愈。

（5）在军事方面的应用

由于虚拟现实的立体感和真实感，在军事方面，人们将地图上的山川地貌、海洋湖泊等数据通过计算机进行编写，利用虚拟现实技术，能将原本平面的地图变成一幅三维立体的地形图，再通过全息技术将其投影出来，这有助于进行军事演习等训练，提高我国的综合国力。

（6）在航空航天方面的应用

由于航空航天是一项耗资巨大、非常烦琐的工程，所以人们利用虚拟现实技术和计算机的统计模拟，在虚拟空间中重现了现实中的航天飞机与飞行环境，使飞行员在虚拟空间中进行飞行训练和实验操作，极大地减少了实验经费，降低了实验的危险系数。

课后习题

1. 影响一台计算机性能的关键部件是________。

A. CD-ROM　　B. 硬盘　　C. CPU　　D. 显示器

2. 汉字的区位码由一汉字的区号和位号组成。其区号和位号的范围各为________。

A. 区号 1—95、位号 1—95　　B. 区号 1—94、位号 1—94

C. 区号 0—94、位号 0—94　　D. 区号 0—95、位号 0—95

3. Pentium（奔腾）微机的字长是________。

A. 8 位　　B. 16 位　　C. 32 位　　D. 64 位

4. 若已知一汉字的国标码是 5E38H，则其内码是________。

A. DEB8H　　B. DE38H　　C. 5EB8H　　D. 7E58H

5. 传播计算机病毒的一大可能途径是________。

A. 通过键盘输入数据时传入　　B. 通过电源线传播

C. 通过使用表面不清洁的光盘　　D. 通过 Internet 网络传播

6. 把内存中数据传送到计算机的硬盘上去的操作称为________。

A. 显示　　B. 写盘　　C. 输入　　D. 读盘

7. 如果在一个非零无符号二进制整数之后添加一个 0，则此数的值为原数的________。

A. 10 倍　　B. 2 倍　　C. 1/2　　D. 1/10

8. 组成计算机系统的两大部分是________。

A. 硬件系统和软件系统　　B. 主机和外部设备

C. 系统软件和应用软件　　D. 输入设备和输出设备

9. 对声音波形采样时,采样频率越高,声音文件的数据量________。

A. 越小　　B. 越大　　C. 不变　　D. 无法确定

10. 通常打印质量最好的打印机是________。

A. 针式打印机　　B. 点阵打印机

C. 喷墨打印机　　D. 激光打印机

11. 十进制数 32 转换成无符号二进制整数是________。

A. 100000　　B. 100100　　C. 100010　　D. 101000

12. 解释程序的功能是________。

A. 解释执行汇编语言程序　　B. 解释执行高级语言程序

C. 将汇编语言程序解释成目标程序　　D. 将高级语言程序解释成目标程序

13. 微机上广泛使用的 Windows 是________。

A. 多任务操作系统　　B. 单任务操作系统

C. 实时操作系统　　D. 批处理操作系统

14. 下列各组软件中全部属于应用软件的是________。

A. 视频播放系统、操作系统　　B. 军事指挥程序、数据库管理系统

C. 导弹飞行控制系统、军事信息系统　　D. 航天信息系统、语言处理程序

15. 在标准 ASCII 码表中,已知英文字母 D 的 ASCII 码是 68,英文字母 A 的 ASCII 码是________。

A. 64　　B. 65　　C. 96　　D. 97

16. 电子计算机最早的应用领域是________。

A. 数据处理　　B. 科学计算　　C. 工业控制　　D. 文字处理

17. 显示器的参数 1 024 ×768 表示________。

A. 显示器的分辨率　　B. 显示器的颜色指标

C. 显示器的屏幕大小　　D. 显示每个字符的列数和行数

18. 1 KB 的准确数值是________。

A. 1 024 B　　B. 1 000 B　　C. 1 024 bit　　D. 1 000 bit

19. 面向对象的程序设计语言是________。

A. 汇编语言　　B. 机器语言　　C. 高级程序语言　　D. 形式语言

20. 下列各存储器中存取速度最快的一种是________。

A. U 盘　　B. 内存储器　　C. 光盘　　D. 固态硬盘

21. 下列各软件不是系统软件的是________。

A. 操作系统　　B. 语言处理系统　　C. 指挥信息系统　　D. 数据库管理系统

22. 存储 1 024 个 24×24 点阵的汉字字形码需要的字节数是________。

A. 720 B　　B. 72 KB　　C. 7 000 B　　D. 7 200 B

23. 英文缩写 ROM 的中文译名是________。

A. 高速缓冲存储器　　B. 只读存储器

C. 随机存储器　　D. 优盘

24. 当计算机病毒发作时，主要造成的破坏是________。

A. 对磁盘片的物理损坏

B. 对磁盘驱动器的损坏

C. 对 CPU 的损坏

D. 对存储在硬盘上的程序、数据甚至系统的破坏

25. 操作系统对磁盘进行读/写操作的物理单位是________。

A. 磁道　　B. 字节　　C. 扇区　　D. 文件

26. 已知三个字符为：a、X 和 5，按它们的 ASCII 码值升序排序，结果是________。

A. 5、a、X　　B. a、5、X　　C. X、a、5　　D. 5、X、a

27. 下列叙述错误的是________。

A. 内存储器一般由 ROM 和 RAM 组成

B. RAM 中存储的数据一旦断电就全部丢失

C. CPU 不能访问内存储器

D. 存储在 ROM 中的数据断电后也不会丢失

28. 与高级语言相比，汇编语言编写的程序通常________。

A. 执行效率更高　　B. 更短　　C. 可读性更好　　D. 移植性更好

29. 一个字符的标准 ASCII 码的长度是________。

A. 7 bits　　B. 8 bits　　C. 16 bits　　D. 6 bits

30. 下列设备中不能作为微机输出设备的是________。

A. 鼠标器　　B. 打印机　　C. 显示器　　D. 绘图仪

31. 计算机技术中，下列的英文缩写和中文名字的对照正确的是________。

A. CAD——计算机辅助制造　　B. CAM——计算机辅助教育

C. CIMS——计算机集成制造系统　　D. CAI——计算机辅助设计

32. 设任意一个十进制整数为 D，转换成二进制数为 B。根据数制的概念，下列叙述正确的是________。

A. 数字 B 的位数 $<$ 数字 D 的位数　　B. 数字 B 的位数 $\leq$ 数字 D 的位数

C. 数字 B 的位数 $\geq$ 数字 D 的位数　　D. 数字 B 的位数 $>$ 数字 D 的位数

33. 微机的参数“P4 2.4 G/256 M/80 G”中的 2.4 G 表示________。

A. CPU 的运算速度为 2.4 GIPS

B. CPU 为 Pentium 4 的 2.4 代

C. CPU 的时钟主频为 2.4 GHz

D. CPU与内存间的数据交换速率是2.4 Gb/s

34. 下列说法正确的是________。

A. CPU可直接处理外存上的信息

B. 计算机可以直接执行高级语言编写的程序

C. 计算机可以直接执行机器语言编写的程序

D. 系统软件是买来的软件,应用软件是自己编写的软件

35. 操作系统将CPU的时间资源划分成极短的时间片,轮流分配给各终端用户,使终端用户单独分享CPU的时间片,有独占计算机的感觉,这种操作系统称为________。

A. 实时操作系统　　B. 批处理操作系统

C. 分时操作系统　　D. 分布式操作系统

36. 微机硬件系统中最核心的部件是________。

A. 内存储器　　B. 输入/输出设备

C. CPU　　D. 硬盘

37. Windows是计算机系统中的________。

A. 主要硬件　　B. 系统软件

C. 工具软件　　D. 应用软件

38. 实现音频信号数字化最核心的硬件电路是________。

A. A/D转换器　　B. D/A转换器

C. 数字编码器　　D. 数字解码器

39. 在不同进制的四个数中,最小的一个数是________。

A. 11011001(二进制)　　B. 75(十进制)

C. 37(八进制)　　D. 2A(十六进制)

40. 在计算机内部用来传送、存储、加工处理的数据或指令所采用的形式是________。

A. 十进制码　　B. 二进制码

C. 八进制码　　D. 十六进制码

第2章 Windows 10 操作系统的基本应用

【本章导读】

本章对操作系统的基本概念进行了讲解，让大家对操作系统有一个初步了解。通过对 Windows 10 操作系统中的桌面外观进行设置，对窗口、任务栏、资源管理器进行简单的操作，旨在使用户对 Windows 10 操作系统有一个感性的认识。通过对文件和文件夹的创建、重命名、复制、移动、删除、属性设置、搜索等文件基本管理的操作，引导用户进一步掌握 Windows 10 操作系统的基本操作和应用。

【教学目标】

- 操作系统的基本概念和基本功能，Windows 10 的基本功能、运行环境、启动和退出。
- Windows 10 操作系统桌面的基本设置。
- 资源管理器的窗口界面及使用。
- 文件和文件夹的定义。
- 文件和文件夹的相关操作：新建、重命名、复制、移动、删除、属性设置和搜索。
- 快捷方式的建立。

【考核目标】

- 考点 1：新建文件和文件夹。
- 考点 2：文件和文件夹的重命名。
- 考点 3：文件和文件夹的复制。
- 考点 4：文件和文件夹的移动。
- 考点 5：文件和文件夹的删除。
- 考点 6：文件和文件夹的搜索。
- 考点 7：文件和文件夹的属性设置。
- 考点 8：快捷方式的创建。

2.1　操作系统概述

知识技能目标

- 掌握操作系统的基本概念和功能。
- 了解操作系统的发展。
- 掌握操作系统的分类。
- 掌握 Windows 10 操作系统的相关知识。

2.1.1　操作系统的发展

1. 操作系统的概念

操作系统(Operating System,简称 OS)是介于硬件和软件之间的一个系统软件,是管理和控制计算机硬件与软件资源的计算机程序,能直接运行在“裸机”上,任何应用软件都必须在操作系统的支持下才能运行。操作系统是计算机系统的关键组成部分,负责管理与配置内存、决定系统资源供需的优先次序、控制输入与输出设备、操作网络与管理文件系统等基本任务。

操作系统是用户与计算机之间通信的桥梁,它为用户提供一个清晰、简洁、友好、简单易用的工作界面。用户通过使用操作系统提供的命令和交互,能够实现对计算机的操作。

在操作系统中有几个重要的概念:进程、线程、内核态和用户态。

进程是指进行中的程序,即程序的一次执行过程,也是系统进行调度和资源分配的一个独立单位。

线程是为了更好地实现并发处理和共享资源,提高 CPU 利用率,操作系统把进程再进行“细分”。线程是进程的一个实体,是 CPU 调度和分派的基本单位,它比进程小。

内核态即特权态,拥有计算机中所有的软硬件资源。

用户态即普通态,其访问资源的数量和权限均受到限制。

2. 操作系统的功能

操作系统可以控制计算机上所有运行的程序,并且可以管理计算机所有的资源。操作系统管理的核心就是资源管理,即如何有效地发掘资源、监控资源、分配资源和回收资源。通常,一台计算机可以安装几个操作系统。在计算机中,操作系统是以“文件”为单位对计算机内的数据进行管理的。

(1) 存储器管理

内存分配:记录整个内存,按照某种策略实施分配,或回收释放的内存空间。

地址映射：硬件支持下解决地址映射，即逻辑地址到物理地址的转换。

内存保护：保证各程序空间不受“进犯”。

内存扩充：通过虚拟存储器技术虚拟成比实际内存大得多的空间来满足实际运行的需要。

（2）处理机管理

作业和进程调度：后备队列上（外存空间）的调度、作业调度（并不是所有类型机器都具有）、CPU 调度、进程调度。

进程通信：由于多个程序（进程）彼此间会发生相互制约关系，需要设置进程同步机制。进程之间往往需要交换信息，为此系统要提供通信机制。

（3）设备管理

缓冲区管理：管理各类 I/O 设备的数据缓冲区，解决 CPU 和外设速度不匹配的矛盾。

设备分配：根据 I/O 请求和相应分配策略分配外部设备以及通道、控制器等。

设备驱动：实现用户提出的 I/O 操作请求，完成数据的输入/输出。这个过程是系统建立和维持的。

设备无关性：应用程序独立于实际的物理设备，由操作系统将逻辑设备映射到物理设备。

（4）文件管理

文件存储空间的管理：记录空闲空间，为新文件分配必要的外存空间，回收释放的文件空间，提高外存的利用率等。

目录管理：目录文件的组织及实现用户对文件的“按名存取”、目录的快速查询和文件共享等。

文件的读写管理和存取控制：根据用户请求，读取或写入外存，并防止未授权用户的存取或破坏，对各文件（包括目录文件）进行存取控制。

（5）用户接口管理

命令界面：系统提供一套命令，每个命令都由系统的命令解释程序所接收、分析，然后调用相应模块完成命令所需求的功能。

图形界面：考虑用户使用计算机的方便性，现代操作系统都提供了图形用户界面。它也是一种交互形式，只不过将命令形式改成了图形提示和鼠标点击。

程序界面：也称系统调用界面，是程序层次上用户与操作系统打交道的方式。

3. 操作系统的发展

操作系统的发展大致经历了如下六个阶段：

第一阶段：人工操作方式（20 世纪 40 年代），采用单一操作员、单一控制端的操作系统，即 SOSC 操作系统。SOSC 操作系统不能自我运行，完全是由用户采用人工方式进行操作的。

第二阶段：单道批处理操作系统（20 世纪 50 年代）。该操作系统将需要运行的作业事先输入磁带，交由专人处理，并有专门的监督程序控制作业一个一个地执行。

第三阶段:多道批处理操作系统(20 世纪 60 年代)。在该种类型的操作系统中,操作系统能够实现多个程序之间的切换。

第四阶段:分时操作系统(20 世纪 70 年代)。分时操作系统让使用者亲自控制计算机,同时能运行多道程序。

第五阶段:实时操作系统(20 世纪 70 年代)。实时操作系统是指所有任务都在规定时间内完成,其最重要的任务是进程或工作调度,只有精确、合理和及时的进度才能保证响应时间。实时操作系统对可靠性和可用性要求非常高。

第六阶段:现代操作系统(20 世纪 80 年代至今)。网络的出现,促进了网络操作系统和分布式操作系统的产生。对用户而言,操作更加便捷、简单,操作系统的功能也越来越强大。

4. 操作系统的分类

(1) 单用户操作系统

单用户操作系统是指计算机系统内一次只能支持一个用户程序。典型的单用户操作系统有 DOS、Windows 操作系统。

(2) 批处理操作系统

批处理操作系统是指多个程序或作业同时存在和运行,也称多任务操作系统。IBM 的 DOS/VSE 就是这类系统。

(3) 分时操作系统

分时操作系统是将 CPU 时间资源划分为极短的时间片(毫秒量级),轮流分给每个终端用户使用。分时操作系统就是多用户多任务的操作系统,UNIX 就是这类系统。

(4) 实时操作系统

在某些应用领域,要求计算机对数据能进行迅速处理,实时操作系统就是具有响应时间要求进行快速处理的操作系统。实时操作系统可以被应用于工业生产过程控制、武器制导、自动订票系统、银行业务系统等实时数据处理系统。

(5) 网络操作系统

网络操作系统是将物理上分布的独立的多个计算机系统互联起来,提供网络通信和资源共享功能的操作系统。Linux 就是典型的网络操作系统。

(6) 分布式操作系统

分布式操作系统以一种传统单处理器操作系统的形式出现在用户面前,尽管它实际上是由多处理器组成的。用户应该不知晓他们的程序在何处运行或者他们的文件存放于何处,这些应该由操作系统自动和有效地处理。

分布式操作系统通常允许一个应用在多台处理器上同时运行,因此,需要更复杂的处理器调度算法来获得最大的并行度优化。分布式操作系统的结构也不同于其他操作系统,它分布于系统的各台计算机上,能并行地处理用户的各种需求,有较强的容错能力。

2.1.2 Windows 10 操作系统简介

Microsoft Windows 10 是美国 Microsoft(微软)公司所研发的新一代跨平台及设备应用的操作系统。

在正式版本发布后的一年内,所有符合条件的 Windows 7、Windows 8.1 以及 Windows Phone 8.1 用户都将可以免费升级到 Windows 10。所有升级到 Windows 10 的设备,微软都将提供永久生命周期的支持。Windows 10 可能是微软发布的最后一个 Windows 版本,下一代 Windows 将以 Update 的形式出现。Windows 10 将发布 7 个发行版本,分别面向不同用户和设备。2015 年 7 月 29 日,Windows 10 推送全面开启,Windows 7、Windows 8.1 用户可以升级到 Windows 10,用户也可以通过系统升级等方式升级到 Windows 10,零售版于 2015 年 8 月 30 日开售。

在 Windows 10 发布 1 年内:符合升级条件的 Windows 8.1、Windows Phone 8.1 和 Windows 7 用户可以升级到 Windows 10 专业版、Windows 10 移动版和 Windows 10 家庭版。Windows 10 除了具有图形用户界面操作系统的多任务、"即插即用"、多用户账户等特点外,还与以往版本的操作系统不同,它是一款跨平台的操作系统,它能够同时运行在台式机、平板电脑和智能手机等平台,为用户带来了统一的操作体验。Windows 10 系统的功能和性能不断提高,在用户的个性化设置、与用户的互动、用户的操作界面、计算机的安全性、视听娱乐的优化等方面都有很大改进,并通过 Microsoft 账号将各种云服务以及跨平台概念带到用户身边。

Windows 是在 MS-DOS 操作系统上发展起来的,Windows 的发展历史见表 2.1。

表 2.1 Windows 的发展历史

时间	产品	特点
1981 年	MS-DOS	基于字符界面的单用户、单任务的操作系统
1983 年	Windows 1.0	支持 Intel 386 处理器,具备图形化界面,实现了通过剪贴板在应用程序间传播数据的思想
1987 年、1990 年	分别推出 Windows 2.0 和 Windows 3.0	成为微软公司的主流产品,增加了对象链接和嵌入技术及对多媒体技术的支持等
1992 年	Windows for Workgroup 3.1	微软公司的第一个网络桌面操作系统
1995 年、1998 年	Windows 95、Windows 98	可独立运行而无须 DOS 支持。采用 32 位处理技术,兼容以前 16 位的应用程序,Windows 98 内置 IE 4.0 浏览器
2000 年	Windows 2000	比 Windows 98 更稳定、更安全、更容易扩充
2001 年	Windows XP	比以往版本有更友好和清新的流线新窗口设计,菜单设计更加简化,在提高计算机的安全性、处理数字照片和视频、设置家庭及办公网络方面都有很大改进
2002 年	Windows Vista	采用了全新的图形用户界面,但系统兼容等问题比较突出

续表

时间	产品	特点
2009年	Windows 7	由于产品的稳定性和强大的系统兼容性,越来越多的用户开始使用Windows 7
2015年	Windows 10	一款跨平台的操作系统,能够同时运行在台式机、平板电脑和智能手机等平台,为用户带来了统一的操作体验

虽然Windows 10操作系统的性能有了大幅度改进和提升,但与之前的版本相比,它对硬件性能并没有更高的要求,最低要求如下:

CPU:1 GHz或更快(支持PAE、NX和SSE2)。

内存:1 GB以上,推荐2 GB以上。

显卡:带有WDDM驱动程序的Microsoft DirectX 9图形设备。

硬盘:装32位的16 GB以上,装64位的20 GB以上。

显示器设备:支持DirectX 9平板、1 024×600分辨率。

上述硬件配置只是可运行Windows 10操作系统的最低指标,更高的指标可以明显提高其运行性能。

2.2 Windows 10的基本操作

知识技能目标

- 了解Windows 10桌面的组成。
- 能够对Windows 10的桌面进行管理。
- 了解资源管理器的组成。
- 能够利用资源管理器管理文件。

2.2.1 Windows 10桌面的组成

启动Windows 10之后,首先看到的整个屏幕就是Windows 10的桌面。桌面是打开计算机并登录到Windows 10之后看到的主屏幕区域,用户对计算机的控制都是通过它来实现的。桌面包括桌面图标、桌面背景、“开始”按钮和任务栏。

1. 桌面图标

桌面图标是带有文字说明的小图片,它代表程序、文件、文件夹和网页等,如图2.1所示。桌面图标主要包括系统图标、快捷图标和文件/文件夹图标。

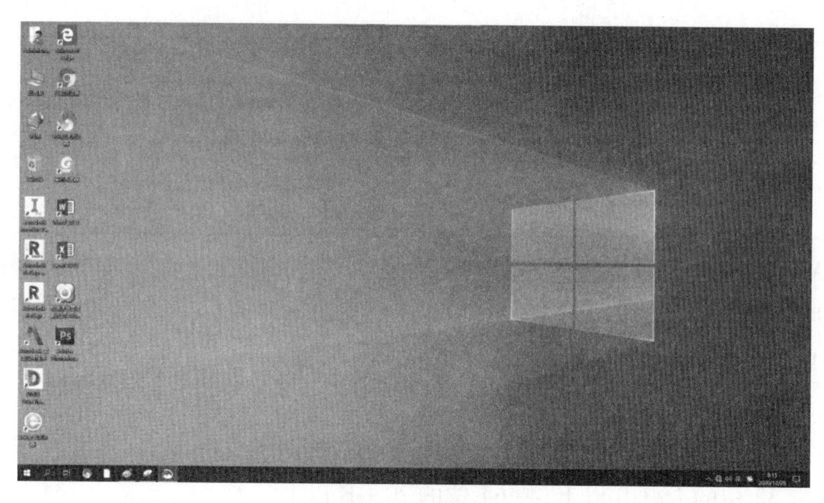

图 2.1　桌面图标

◎ 系统图标：对应系统程序、系统文件或文件夹的图标，如“此电脑”图标、“回收站”图标和“控制面板”图标等。

◎ 快捷图标：应用程序、文件或文件夹的快捷方式图标，图标左下角有箭头标志。

◎ 文件/文件夹图标：桌面上还有一类普通图标，即保存在桌面上的文件或文件夹。

初始安装 Windows 10 时，桌面上只有一个“回收站”图标，用户为了工作的需要，通常将“此电脑”“回收站”“控制面板”等系统图标显示在桌面上，方法是：在桌面空白处右击，在弹出的快捷菜单中选择“个性化”命令，在打开的“设置”窗口中选择“主题”，如图 2.2 所示，单击“桌面图标设置”，在打开的“桌面图标设置”对话框中选择将哪些项目显示到桌面上。

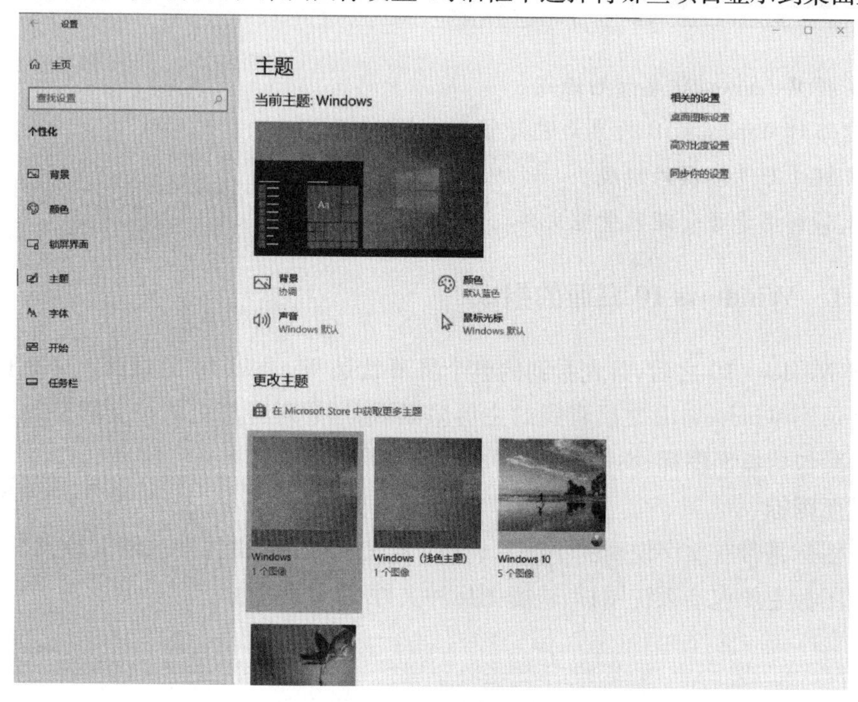

图 2.2　桌面主题设置

桌面上的图标通常代表 Windows 环境下的一个可以执行的应用程序,也可能是一个文件或文件夹,用户可以通过双击其中任意一个图标,打开相应的应用程序窗口进行具体的操作。桌面上的常见图标有以下几种:

(1)“此电脑”图标

桌面上的“此电脑”图标实际上是一个系统文件夹,用户通常通过它来访问硬盘、光盘、可移动硬盘及连接到计算机的其他设备,并可选择设备上的某个资源进行访问,或查看这些存储介质上的剩余空间。“此电脑”是用户访问计算机资源的一个入口,双击它,可以打开“此电脑”窗口,如图 2.3 所示。

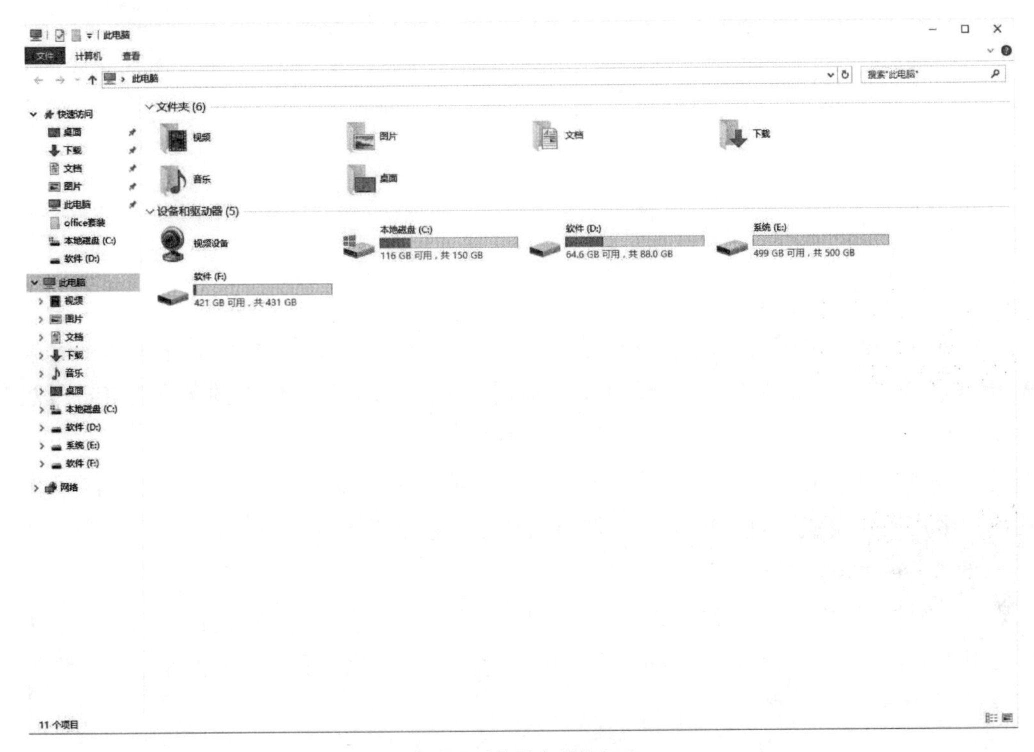

图 2.3　“此电脑”窗口

选择“此电脑”图标,右击鼠标,在弹出的快捷菜单中选择“属性”命令,会打开系统属性窗口,如图 2.4 所示。在此可以查看这台计算机安装的操作系统版本信息、处理器和内存等基本性能指标以及计算机名称等重要信息。

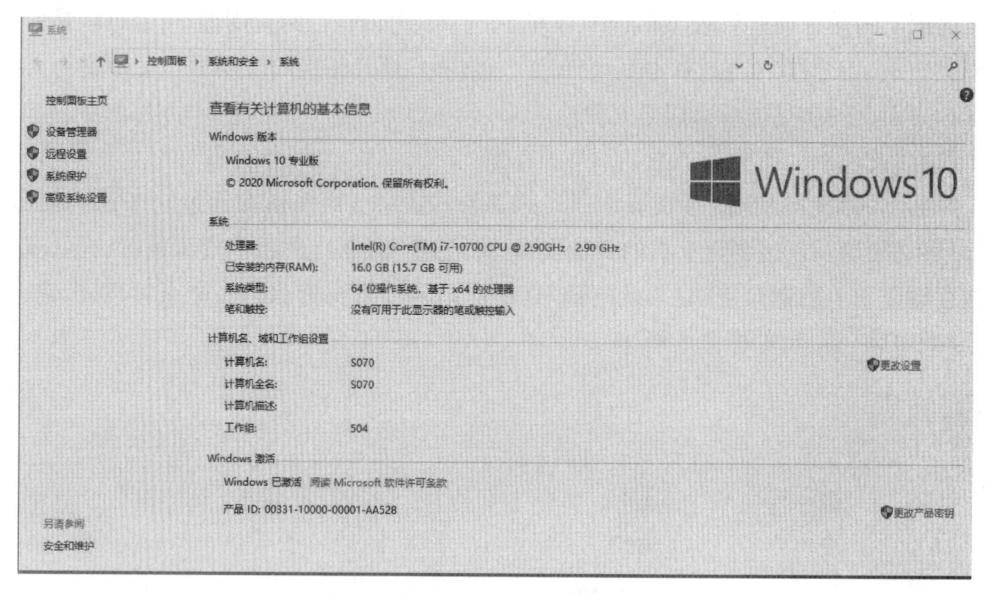

图 2.4 Windows 10 系统界面

(2) 用户文件夹图标

Windows 操作系统会自动给每个用户账户建立一个个人文件夹，它是根据当前登录到 Windows 的用户账户命名的。例如，如果当前用户是 user，则该文件夹的名称为 user。双击此用户文件夹图标后，屏幕上就先显示 user 的窗口。此文件夹包括“文档”“音乐”“图片”“视频”等文件夹。用户新建文件在保存时，系统默认保存在用户文件夹下相应的子文件夹中。用户通常设置将自己的个人文件夹图标显示在桌面上。

(3)“控制面板”图标

双击“控制面板”图标，如图 2.5 所示，可以在该窗口中进行系统设置和设备管理，用户可以根据自己的喜好，设置 Windows 的外观、语言、时间和网络属性等，还可以进行添加或删除程序、查看硬件设备等操作。

图 2.5 控制面板

(4)“回收站”图标

“回收站”是系统自动生成的硬盘中的特殊文件夹，用来保存被逻辑删除的文件和文

件夹，双击“回收站”图标，打开“回收站”窗口。

在“回收站”窗口中显示出以前删除的文件和文件夹的名字。用户可以从中恢复一些误删除的、有用的文件或文件夹，也可把这些内容从回收站中彻底删除。

2. **“开始 ”按钮**

“开始”按钮位于桌面的左下角。单击“开始”按钮或者按下键盘上的 Windows 键就可以打开 Windows 的“开始”菜单，“开始”菜单对应的屏幕称为“开始”屏幕，如图 2.6 所示。Windows 10 的“开始”屏幕很人性化地照顾到了平板电脑的用户，用户可以在“开始”屏幕中选择相应的项目，轻松快捷地访问计算机上的所有应用。

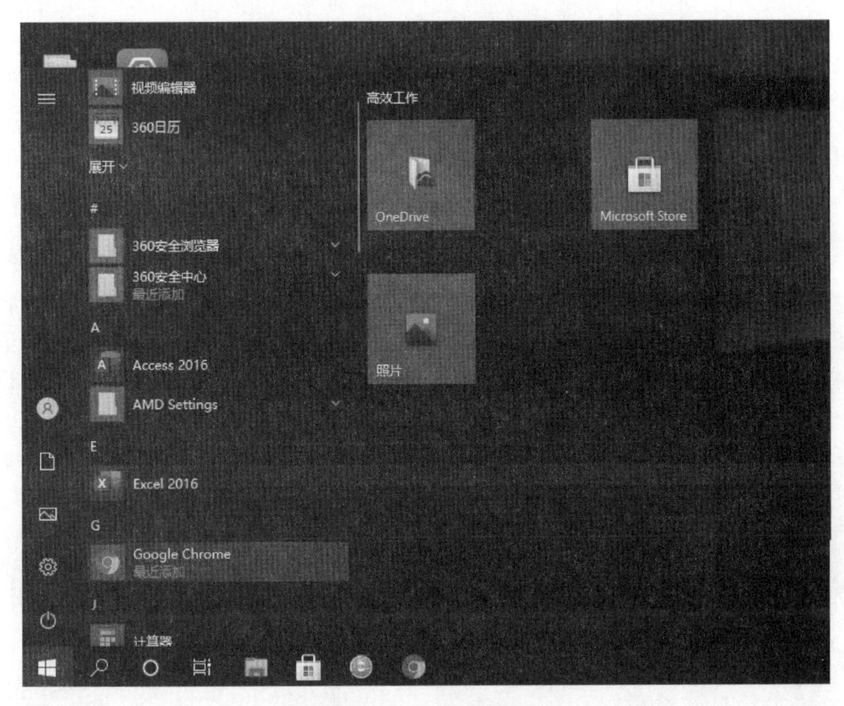

图 2.6　“开始”屏幕

2.2.2　Windows 10 桌面的管理

1. **任务栏**

任务栏显示四部分内容：“开始”按钮、快速启动工具栏、活动程序最小化按钮区、输入法和系统时间等图标，具体如图 2.7 所示。

图 2.7　任务栏

◎“开始”按钮具有打开应用程序、进行系统设置(如控制面板、打印机、文件夹等)、打开文档数据、查找文件、运行应用程序文件以及关闭 Windows 10 视窗等功能。

◎ 快速启动工具栏可以快速打开相应的应用程序,默认情况不显示。

◎ 活动程序最小化按钮区显示当前计算机正在运行的应用程序。

◎ 任务栏的右边是音量、输入法、系统时间等图标。

输入法切换方式:

方法一:使用鼠标进行切换。

方法二:使用键盘快捷键进行切换。

【Ctrl】+【Shift】: 按顺序依次切换输入法。

【Ctrl】+【Space】(【Ctrl】+空格):切换到使用的输入法,系统默认输入法与使用的输入法切换。

【Shift】: 中/英文切换。

通过右键单击任务栏,在弹出的快捷菜单中选择“任务栏设置”,可以设置任务栏和“开始”菜单属性,如图 2.8 所示。

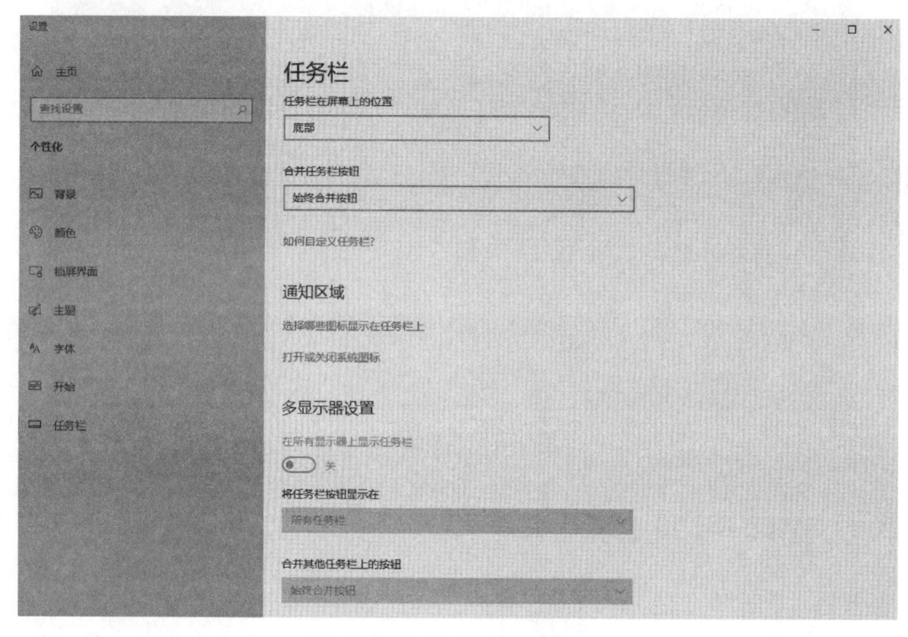

图 2.8 “任务栏”设置

2. **桌面设计**

右击桌面空白处,在弹出的快捷菜单中选择“个性化”,打开“个性化”面板,如图 2.9 所示。通过“个性化”面板内的功能选项,可以设置桌面背景、颜色、锁屏界面、主题等内容。

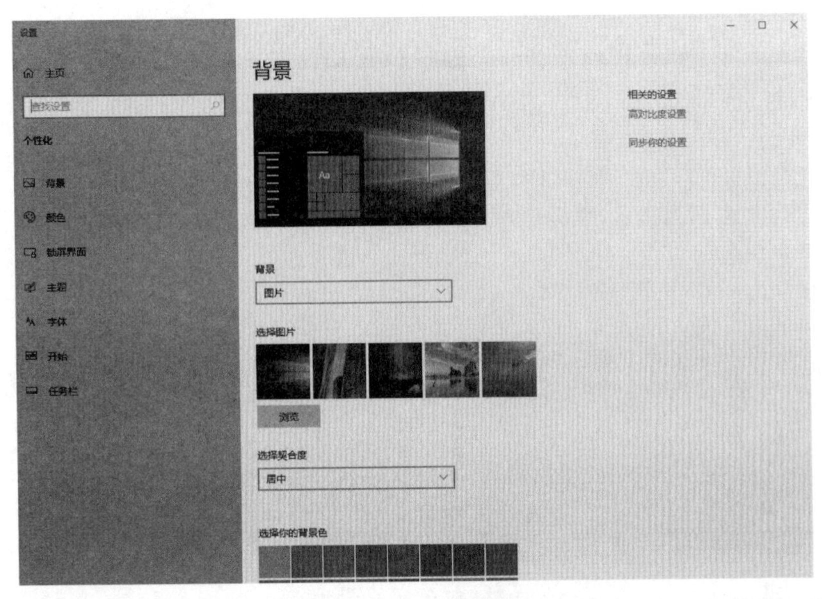

图 2.9　“个性化”设置

在桌面上右击，将鼠标放在“排序方式”上，对桌面图标有四种排列方式，如图 2.10 所示。

◎ 名称：以文件名首字母进行排序。

◎ 大小：按文件容量大小进行排序。

◎ 项目类型：以文件类型进行排序。

◎ 修改日期：按修改时间进行排序。

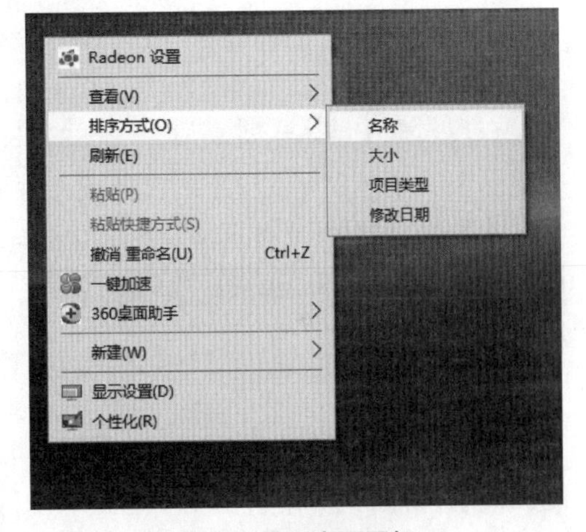

图 2.10　排列桌面图标

2.2.3　文件资源管理器

文件资源管理器是 Windows 系统提供的用于管理文件与文件夹的系统工具，用户可以使用它查看计算机中的所有资源。“文件资源管理器”窗口的各个不同部分旨在帮助用户围绕 Windows 进行导航，或更轻松地使用文件、文件夹和库。图 2.11 所示是一个典型的“文件资源管理器”窗口，“文件资源管理器”窗口主要分为以下几个组成部分：

1. 标题栏

窗口的最上方是标题栏，由三部分组成，从左到右依次为快速访问工具栏、窗口内容标题和窗口控制按钮。

2. 地址栏

地址栏中显示当前打开的文件夹路径。每一个路径都由不同的按钮连接而成，单击这些按钮，就可以在相应的文件夹之间切换。

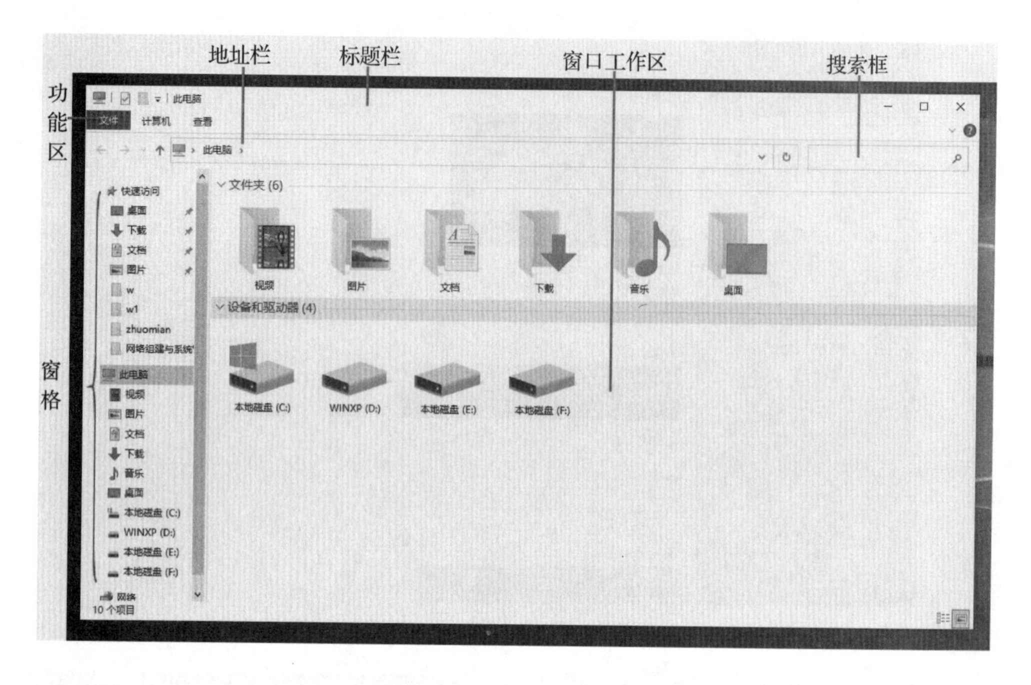

图 2.11 “文件资源管理器”窗口

3. 搜索框

在搜索框中输入关键字后，系统就会自动搜索，并在“文件资源管理器”窗口的工作区中显示出其中包含此关键字的文件或文件夹。

在搜索过程中，文件夹或文件名中的字符可以用“ * ”或“?”来代替。“ * ”表示任意长度的一串字符串，“?”表示任意一个字符。例如，要查找以“a”开头的文件，就可以在搜索框中输入“a * . * ”。

4. 功能区

Windows 10 的“文件资源管理器”窗口与以往版本相比亦有较大改变，采用 Office 的功能区概念，将同类操作放在一个选项卡中，选项卡中的命令和选项按钮再按相关的功能组织分为不同的“组”。Windows 10 的功能区，在通常情况下显示 3 个选项卡，分别是“文件”“计算机”“查看”。

5. 窗格

“文件资源管理器”窗口中有多种类型的窗格，如导航窗格、预览窗格、内容窗格。要打开或关闭不同类型的窗格，可选择“查看”选项卡下“窗格”功能区的对应命令。

Windows 10 实训 1

1．进行正确开关机操作。

2．熟悉 Windows 10 桌面环境，利用个性化工具设置桌面壁纸为 Windows 桌面背景，更改桌面图标为“计算机”“回收站”。

3. 为计算机设置桌面和屏幕保护程序(变换线),等待时间为 15 分钟。
4. 打开“文件资源管理器”窗口,正确描述窗口内各组成部分区域。
5. 将桌面图标按项目类型进行排序。

2.3 文件与文件夹的管理

知识技能目标

- 掌握文件和文件夹的定义。
- 掌握文件和文件夹的相关操作(复制、移动、删除、命名等)。
- 学会建立快捷方式。

2.3.1 文件和文件夹的定义

1. 文件

文件是指记录在存储介质(如磁盘、光盘、U 盘)上的一组相关信息的集合,文件是 Windows 中最基本的存储单位。计算机中存储的程序、各种类型的数据等都是以文件的形式存放在存储器中的。

文件名表示文件的名称,由主文件名和扩展名两部分组成,格式如下:

主文件名.扩展名

主文件名最多可以达到 255 个英文字符,可以使用英文、数字、汉字、一些特殊符号等,但\、/、:、*、?、“、|、〈、〉不允许出现在文件名中。扩展名则对应不同的文件类型。

2. 文件夹

在计算机中,用来协助人们管理一组相关文件的集合称为文件夹,也叫目录。在 Windows系统中,文件夹是以层级形式存放的,文件夹的这种多级层次式结构也叫目录树。文件夹的命名规则与文件名的相同。文件和文件夹统称为文件对象。

2.3.2 文件和文件夹的操作

1. 新建文件和文件夹

在 Windows 操作中,我们经常会新建文件夹或某种类型的文件,在新建文件或文件夹之前,我们需要先确认新建文件或文件夹存放的位置,通过“此电脑”或“文件资源管理器”窗口,浏览并确定新建文件夹的位置。具体操作步骤如下:

① 确定新建文件或文件夹的位置。

② 在桌面或窗口空白处,单击鼠标右键,选择“新建”命令,可快速建立文件或文件夹,

如图 2.12 所示。

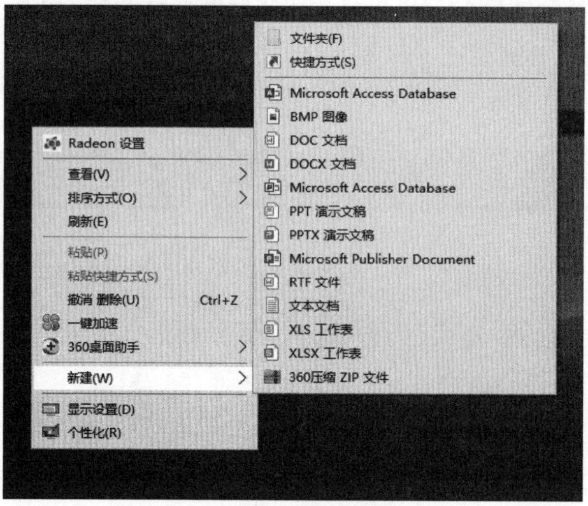

图 2.12　创建文件或文件夹

③ 输入文件名或文件夹名，按回车键。

注意

新建文件命名时，如无要求，默认文件扩展名不可以随意更改。

2. 重命名文件和文件夹

对于已创建的文件或文件夹，如需改名，用户可以给这些文件或文件名重新命名。文件或文件夹重命名的操作步骤如下：

① 在需要改名的文件或文件夹上右击鼠标，从弹出的快捷菜单中选择“重命名”命令。

② 输入新的文件名或文件夹名，然后按回车键，或在框外空白处单击。

3. 显示/隐藏文件扩展名

方法：单击“查看”→“选项”命令，如图 2.13 所示，随即打开“文件夹选项”对话框，在该对话框中选择“查看”选项卡，取消选中“隐藏已知文件类型的扩展名”复选框，如图 2.14 所示，单击“确定”按钮即可显示文件的扩展名。相反，如果希望隐藏文件的扩展名，则选中该复选框即可。

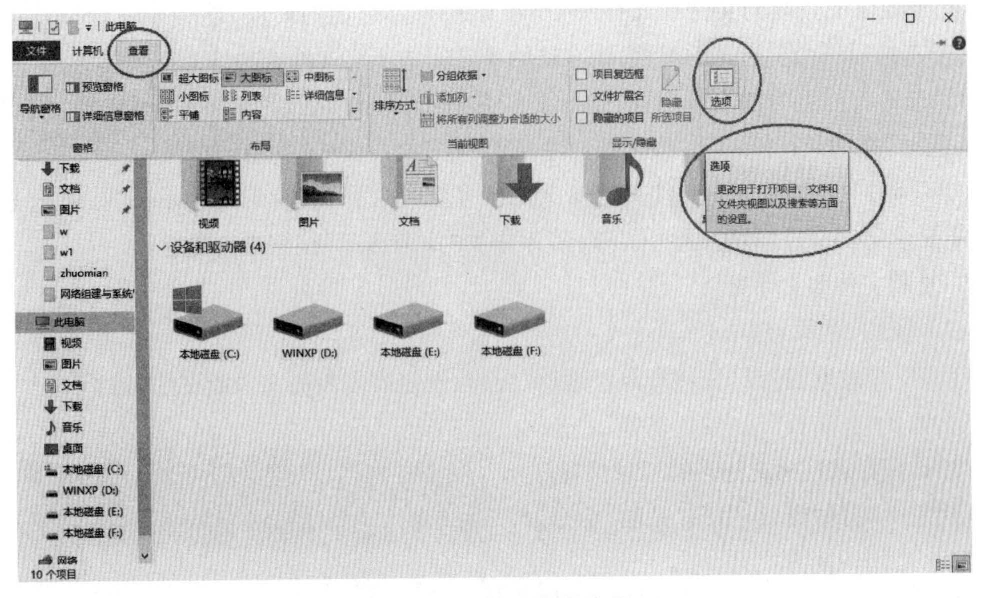

图 2.13　打开文件夹选项

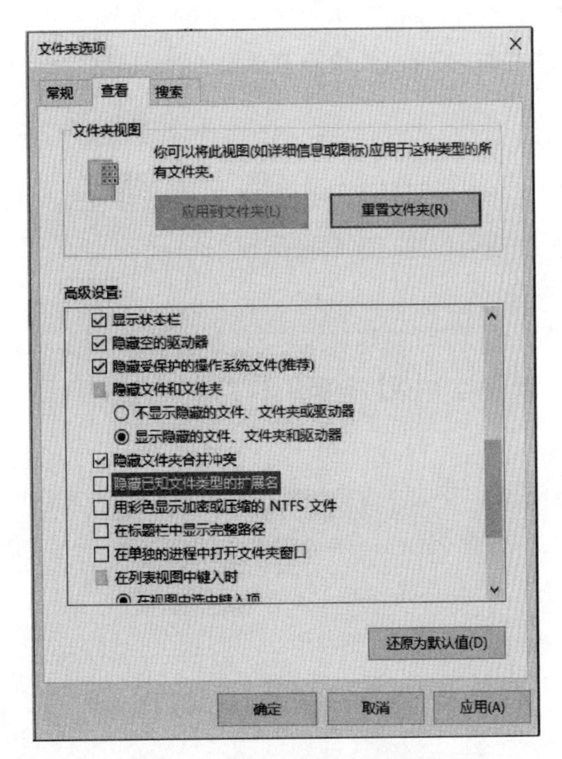

图 2.14　显示/隐藏文件扩展名

4. 选定文件和文件夹

◎ 选定一个文件或文件夹:单击要选定的对象即可。

◎ 选定多个不连续的文件或文件夹:单击第一个要选定的对象,然后按住【Ctrl】键不放,再单击其他要选定的对象即可。

◎ 选定多个连续的文件或文件夹:单击第一个要选定的对象,然后按住【Shift】键不放,再单击最后一个要选定的对象,则在这两项之间的所有文件或文件夹将被选定。

◎ 选定文件夹中的全部内容:打开文件夹窗口,单击“主页”选项卡下“选择”组中的“全部选择”按钮或按【Ctrl】+【A】组合键,即可选定文件夹中的所有内容。

◎ 反向选定:当在一个文件夹中要选定很多文件,而只有少数几个不选时,可以先选择不需要选定的文件,然后再利用“选择”组中的“反向选择”按钮进行选定。

5. 复制文件和文件夹

(1) 使用“主页”选项卡

① 打开“此电脑”或“文件资源管理器”窗口,选定要复制的文件或文件夹。

② 选择“剪贴板”组中的“复制”命令。

③ 选择存放目标文件夹的目录位置。

④ 使用“剪贴板”组中的“粘贴”命令。

(2) 使用快捷方式

① 选定要复制的文件或文件夹。

② 单击鼠标右键,在弹出的快捷菜单中选择“复制”命令(或按快捷键【Ctrl】+【C】)。

③ 选择目标位置并右击,在弹出的快捷菜单中选择“粘贴”命令(或按快捷键【Ctrl】+【V】)。

(3) 使用鼠标拖动

如果源文件和目标文件夹不在同一个驱动器,使用鼠标拖动可以实现文件复制,或按住【Ctrl】键再用鼠标拖动,也可以进行复制操作。

6. 移动文件和文件夹

如需对文件和文件夹进行移动操作,方法与复制的步骤相同,在选择命令时,需要选择“剪切”命令,或按快捷键【Ctrl】+【X】,如图 2.15 所示。

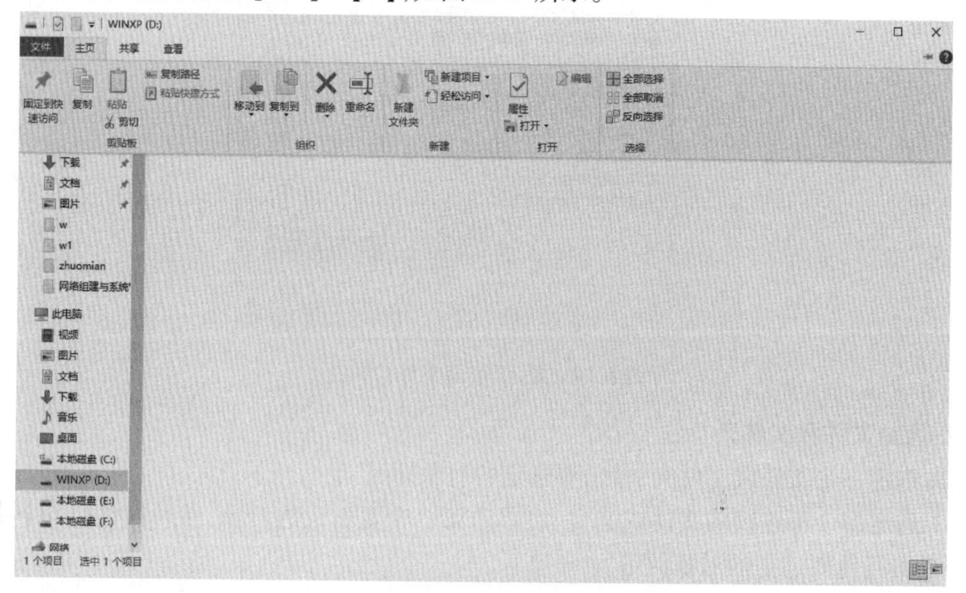

图 2.15 “剪切”命令

使用鼠标拖动时，如果源文件和目标文件夹处于同一个驱动器，则完成的是文件移动。按住【Shift】键再用鼠标拖动，也可实现移动操作。

7. 删除文件和文件夹

从“此电脑”或“文件资源管理器”窗口中选定要删除的文件或文件夹，单击“主页”选项卡，选择“删除”命令，或按下【Delete】键，即可删除选定的文件或文件夹。如果希望直接、彻底地删除对象，可以在做上述操作时按住【Shift】键，则删除对象不会被放入回收站。“文件资源管理器”窗口的“主页”选项卡中的“删除”命令增加了永久删除选项，可以用来永久删除文件或文件夹。

如需恢复删除的文件或文件夹，双击“回收站”图标，打开“回收站”窗口，选定要被恢复的文件或文件夹并右击，在弹出的快捷菜单中选择“还原”命令，“回收站”中被误删除的文件或文件夹则被恢复到原来的位置，如图 2.16 所示。

回收站是微软 Windows 操作系统里的其中一个系统文件夹，主要用来存放用户临时删除的文档资料，存放在回收站的文件可以恢复。

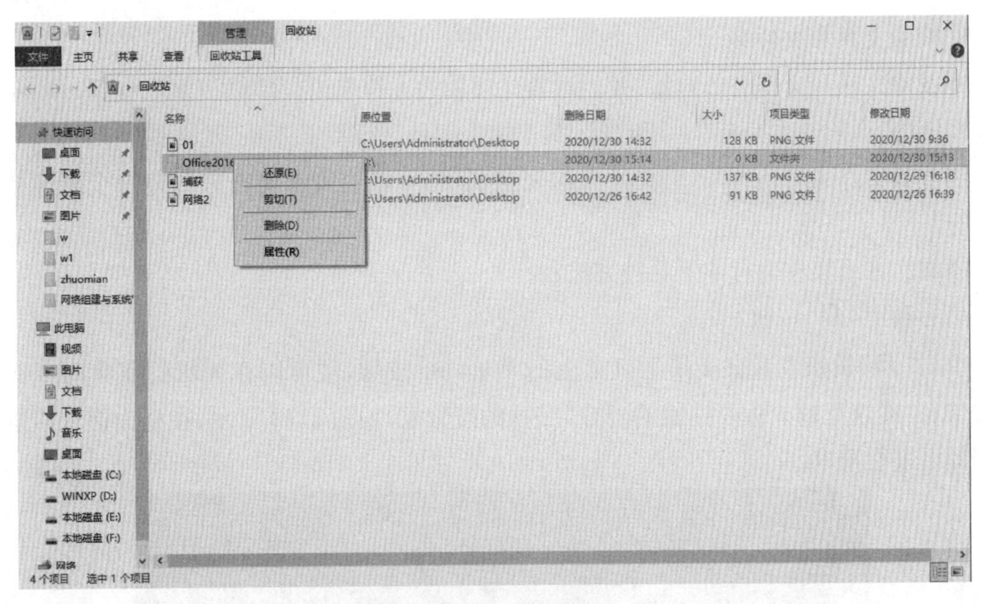

图 2.16　“回收站”窗口

不可恢复地删除文件或文件夹，有以下几种方法：

方法一：选定要永久删除的文件或文件夹，按【Shift】+【Delete】组合键。

方法二：把删除后放到“回收站”中的文件或文件夹再次删除。

方法三：设置“回收站”属性。用鼠标右键单击“回收站”图标，然后在弹出的快捷菜单中选择“属性”命令，选中“不将文件移到回收站中。移除文件后立即将其删除(R)。”单选按钮，如图 2.17 所示，确认并退出即可。

图 2.17 “回收站属性”对话框

8. 搜索文件和文件夹

在搜索文件和文件夹的时候，我们通常会使用通配符来进行模糊搜索。在 Windows 10 操作系统中，通配符主要有“ * ”和“ ? ”，其中“ ? ”表示一个字符，“ * ”表示多个字符。

当查找文件夹时，若不知道文件夹的完整名字，可以使用通配符来代替一个或多个真正字符。

搜索文件或文件夹有如下几种方法：

(1) 利用“🔍”按钮

单击“🔍”按钮或者直接按下键盘上的 Windows 按钮，便可以在弹出的菜单列表底部发现带有“在这里输入你要搜索的内容”字样的搜索框，如图 2.18 所示，在框内键入搜索关键词即可进行搜索。

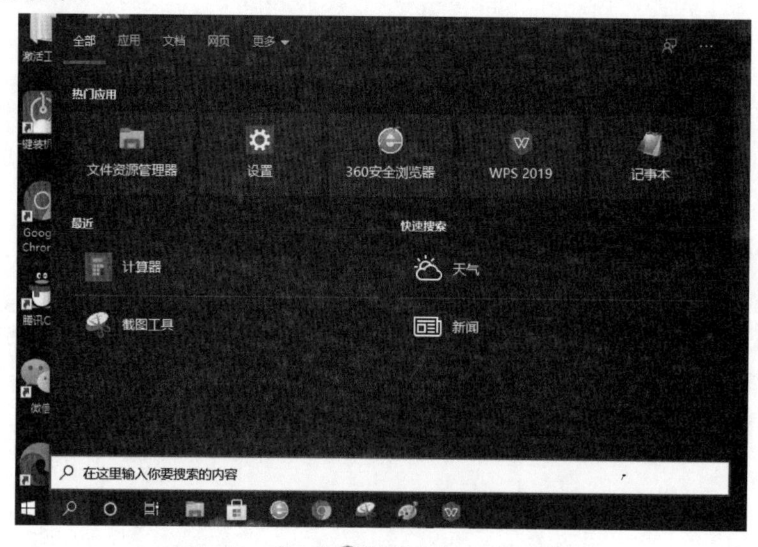

图 2.18 单击“🔍”按钮后显示的搜索框

(2) 利用窗口中的搜索框

如需要找出 D 盘中所有以字母“r”开头的文本文档，方法为：打开 D 盘，在窗口的搜索框中输入“r＊. txt”，按回车键，搜索结果如图 2.19 所示。

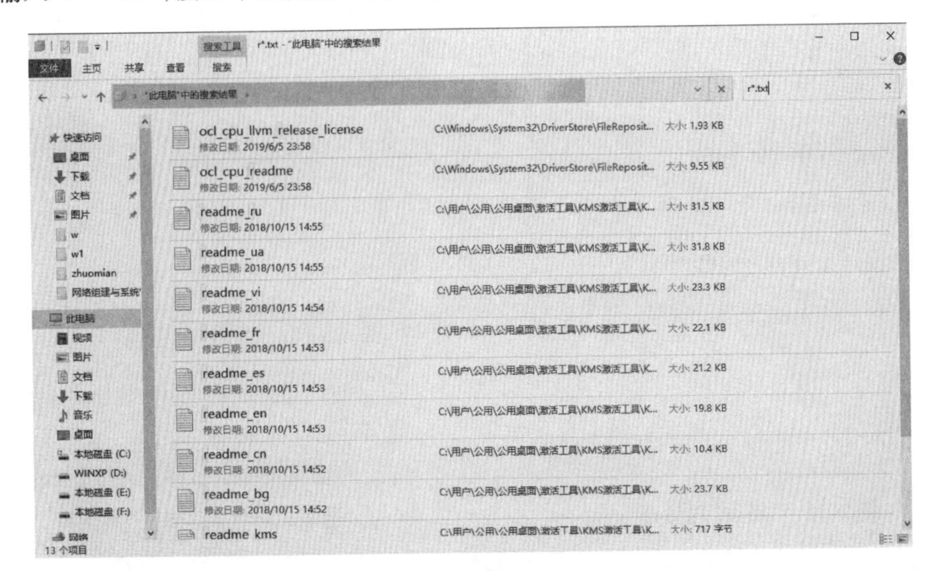

图 2.19　“搜索结果”窗口

9. 设置文件和文件夹的属性

文件和文件夹的属性分为三类：只读、隐藏和存档，其设置方法有两种。

(1) 利用鼠标右键快捷菜单

① 右击文件或文件夹，在弹出的快捷菜单中选择“属性”命令，如图 2.20 所示。

② 在弹出的对话框中找到“只读”“隐藏”复选框，如图 2.21 所示。单击“高级”按钮，打开“高级属性”对话框，可以设置“存档”属性，如图 2.22 所示。

③ 选中要设置的属性复选框，单击“确定”按钮。

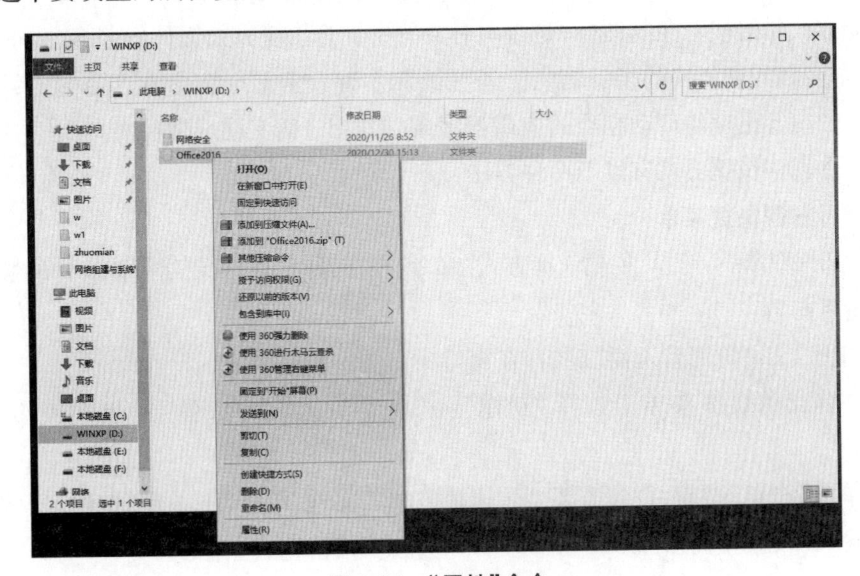

图 2.20　“属性”命令

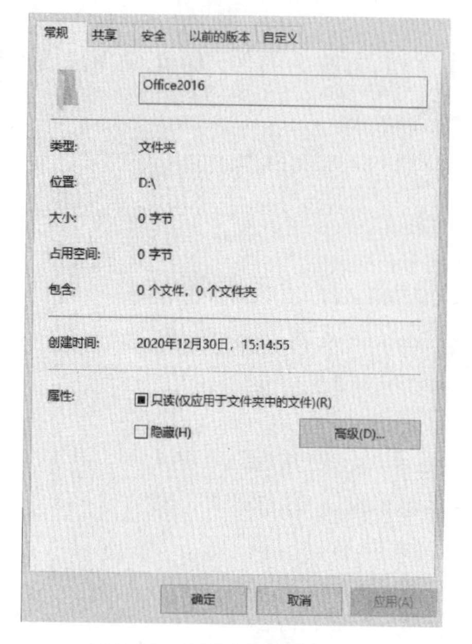

图 2.21 “属性”对话框

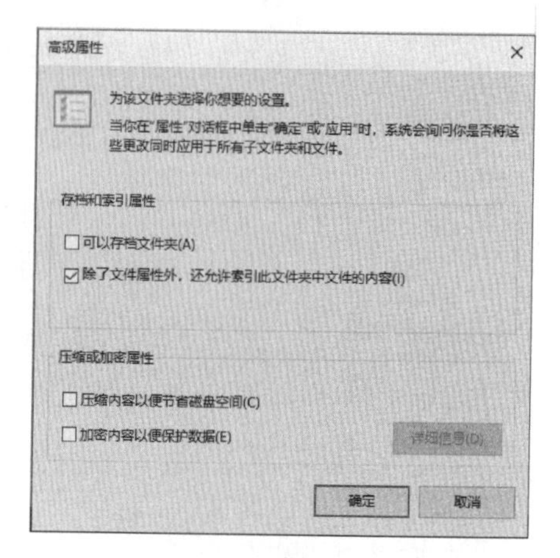

图 2.22 “高级属性”对话框

(2) 通过“文件资源管理器”窗口

① 选定需要设置属性的文件或文件夹,单击“主页”选项卡的“打开”组中的“属性”命令,在弹出的下拉列表中选择“属性”命令。

② 在弹出的对话框中可设置“只读”“隐藏”属性,单击“高级”按钮可设置“存档”属性。

③ 单击“确定”按钮。

2.3.3 快捷方式的建立

快捷方式是链接对象的图标,是指向对象的指针。快捷方式文件内包含指向一个应用程序、一个文档或文件夹的指针信息。通过鼠标左键双击某个快捷方式图标,系统会根据指针链接的内容迅速地启动相应的应用程序或打开相应的文档或文件夹。

为文件创建快捷方式有以下两种方法:

1. 使用右键快捷菜单

右击文件对象后,选择“创建快捷方式”命令,则在当前窗口中创建了该文件的快捷方式。

2. 使用向导

① 打开“文件资源管理器”窗口,在窗口中右侧空白处右击。

② 在弹出的快捷菜单中选择“新建”→“快捷方式”命令,弹出“创建快捷方式”对话框。

③ 单击“浏览”按钮,找到需要创建快捷方式的文件,单击“下一步”按钮。

④ 输入所创建的快捷方式的名称,单击“确定”按钮完成操作。

Windows 10 实训 2

一、基础练习

1. 打开D盘,在D:\下建立文件夹ABC,在ABC文件夹中建立name1、name2、name3三个文件夹。

2. 在D:\ABC\name1中新建一个W1.doc文件。

3. 将D:\ABC\name2重命名为cw。

4. 将D:\ABC\name3移动到D:\ABC\name1中,并设置其属性为“隐藏”。

5. 为D:\ABC\name1创建一个桌面快捷方式,命名为name。

二、模拟考题

Windows基本操作题,不限制操作的方式。

1. 将考生文件夹下TEASE文件夹中的文件GAMP.YIN复制到考生文件夹下IPC文件夹中。

2. 将考生文件夹下WALF文件夹中的文件WOLDMAN.INT设置为“存档”和“只读”属性。

3. 将考生文件夹下FENG\WANG文件夹中的文件BOOK.PRG移至考生文件夹下CHANG文件夹中,并将该文件改名为TEXT.PRG。

4. 在考生文件夹下MAO文件夹中建立一个新文件夹YANG。

5. 将考生文件夹下CARER\WORK文件夹中的文件FILE2.IPC更名为SUGAR.DOC。

6. 将考生文件夹下CHU文件夹中的文件JIANG.TMP删除。

7. 给考生文件夹下REI文件夹中的文件SONG.FOR创建一个快捷方式,并保存在考生文件夹下,重命名为XIN.FOR。

8. 将考生文件夹下ZHOU\DENG文件夹中的文件OWER.DBF设置为“隐藏”属性。

9. 将考生文件夹下VOUNA文件夹中的文件BOYABLE.DOC复制到同一文件夹下,并命名为SYAD.DOC。

10. 将考生文件夹下BENA文件夹中的文件PRODUCT.WRL设置为“只读”属性,并撤消该文档的“存档”属性。

课后习题

一、选择题

1. 下列软件属于系统软件的是________。

A. 办公自动化软件　B. Windows XP　C. 管理信息系统　D. 指挥信息系统

2. 下列关于操作系统的描述正确的是________。

A. 操作系统中只有程序,没有数据

B. 操作系统提供的人机交互接口,其他软件无法使用

C. 操作系统是一种最重要的应用软件

D. 一台计算机可以安装多个操作系统

3. 下列软件不是操作系统的是________。

A. Linux　　B. UNIX　　C. MS-DOS　　D. MS-Office

4. 下列关于操作系统的叙述正确的是________。

A. 操作系统是计算机软件系统中的核心软件

B. 操作系统属于应用软件

C. Windows 是 PC 唯一的操作系统

D. 操作系统的五大功能是:启动、打印、显示、文件存取和关机

5. 操作系统是________。

A. 主机与外设的接口　　B. 用户与计算机的接口

C. 系统软件与应用软件的接口　　D. 高级语言与汇编语言的接口

6. 操作系统的作用是________。

A. 用户操作规范　　B. 管理计算机硬件系统

C. 管理计算机软件系统　　D. 管理计算机系统的所有资源

7. 操作系统管理用户数据的单位是________。

A. 扇区　　B. 文件　　C. 磁道　　D. 文件夹

8. 按操作系统的分类,UNIX 操作系统是________。

A. 批处理操作系统　　B. 实时操作系统

C. 分时操作系统　　D. 单用户操作系统

9. 微机上广泛使用的 Windows XP 是________。

A. 多用户多任务操作系统　　B. 单用户多任务操作系统

C. 实时操作系统　　D. 多用户分时操作系统

10. 下列选项能完整描述计算机操作系统作用的是________。

A. 它是用户与计算机的界面

B. 它对用户存储的文件进行管理,方便用户

C. 它执行用户键入的各类命令

D. 它管理计算机系统的全部软硬件资源,合理组织计算机的工作流程,以充分发挥计算机资源的效率,为用户提供使用计算机的友好界面

11. 在 Windows 中,设置计算机硬件配置的程序是________。

A. 控制面板　　B. 文件资源管理器

C. Word　　D. Excel

12. 在 Windows 中,如果要把 C 盘某个文件夹中的一些文件复制到 C 盘另外的一个文

件夹中，若用鼠标操作，在选定文件后________至目标文件夹。

A. 直接拖曳鼠标　　B. 按下【Ctrl】键的同时拖曳鼠标

C. 按下【Alt】键的同时拖曳鼠标　　D. 单击鼠标

13. 下列________功能组合键用于输入法之间的切换。

A. 【Shift】+【Alt】　　B. 【Ctrl】+【Alt】

C. 【Alt】+【Tab】　　D. 【Ctrl】+【Shift】

14. 在 Windows 操作环境下，将对话框画面复制到剪贴板中使用的键是________。

A. 【Print Screen】　　B. 【Alt】+【Print Screen】

C. 【Alt】+【F4】　　D. 【Ctrl】+【Space】

15. 在查找文件时，通配符"＊"与"?"的含义分别是________。

A. "＊"表示任意多个字符，"?"表示任意一个字符

B. "?"表示任意多个字符，"＊"表示任意一个字符

C. "＊"和"?"表示乘号和问号

D. 查找"＊.?"和"?.＊"的文件是一致的

16. 在 Windows 中管理文件的系统程序是________。

A. 控制面板　　B. 桌面

C. 文件资源管理器　　D. "开始"菜单

17. 在 Windows"文件资源管理器"窗口中，要把文件或文件夹图标设置成"大图标"方式显示，使用的是________选项卡中的命令。

A. "文件"　　B. "主页"

C. "查看"　　D. "共享"

18. 下列关于 Windows 文件名的叙述错误的是________。

A. 文件名中允许使用汉字

B. 文件名中允许使用多个圆点分隔符

C. 文件名中允许使用空格

D. 文件名中允许使用竖线"｜"

二、操作题

1. 将考生文件夹下的 WANG 文件夹中的 RAGE. COM 文件复制到考生文件夹下的 ADZK 文件夹中，并将文件重命名为 SHAN. COM。

2. 在考生文件夹下 WUE 文件夹中创建名为 STUDENT. TXT 的文件，并设置属性为"只读"和"隐藏"属性。

3. 为考生文件夹下 XIUGAI 文件夹中的 ANEWS. EXE 文件建立名为 KANEWS 的快捷方式，并存放在考生文件夹下。

4. 搜索到考生文件夹下 TURO 文件夹中的文件 POWER. DOC 并删除。

5. 在考生文件夹下 LUKY 文件夹中建立一个名为 GUANG 的文件夹。

第3章 因特网基础及应用

【本章导读】

因特网是20世纪最伟大的发明之一。因特网在社会经济、文教、卫生、军事等方面的应用正在深刻地改变着人类的生存环境和生活方式。

【教学目标】

- 掌握计算机网络的基本概念。
- 掌握因特网基础知识:TCP/IP协议、IP地址和接入方式、DNS域名系统。
- 掌握IE浏览器的使用方法。
- 掌握网页内容的搜索与保存方法。
- 掌握Outlook 2016的使用方法。
- 掌握电子邮件的收发和保存方法。
- 掌握计算机安全基础知识。

【考核目标】

- 考点1:计算机网络的基本概念。
- 考点2:因特网基础知识。
- 考点3:IE浏览器的使用。
- 考点4:Outlook 2016的使用。
- 考点5:发送/接收邮件。
- 考点6:邮件附件的插入及保存。
- 考点7:计算机安全基础知识。

3.1　计算机网络概述

知识技能目标

- 掌握计算机网络的定义。
- 掌握计算机网络的功能和分类。
- 掌握计算机局域网的概念及组成。
- 掌握数据通信中数据、信息、信号、信道、调制与解调的相关概念。
- 掌握互联网中的相关传输设备。

3.1.1　计算机网络的定义

随着信息化技术的不断进步,计算机已经从单一的使用发展到群集使用。越来越多的应用领域需要计算机在一定的地理范围内联合起来进行工作,从而形成了计算机网络。1969年12月,Internet的前身——美国的ARPANET投入运行,它标志着计算机网络的诞生。

计算机或计算机网络设备是整个计算机网络的最小单元,通常也称为“节点”。各种类型的计算机就是通过这些节点来进行通信的,这些互联设备的共同语言就是网络通信协议。通信协议是一系列的规则和约定,它控制网络中各设备之间的交换方式。

计算机网络是计算机技术与通信技术高度发展与紧密结合的产物。计算机网络是指将分布在不同地理位置上具有独立功能的多台计算机及其外部设备,用通信设备和通信线路连接起来,在网络操作系统和通信协议及网络管理软件的管理协调下,实现数据传输和资源共享的系统。

3.1.2　计算机网络的功能

计算机网络的功能主要体现在以下三个方面:

1. 实现计算机系统资源共享

资源共享是计算机网络的最基本功能之一,资源包括硬件资源和软件资源及数据信息。随着计算机网络覆盖地域的扩大和网络的发展,信息交流与访问越来越不受地理位置和时间的限制,共享的目的就是让网络上的每个人都可以访问所有的程序、设备和特殊的数据,让资源的共享摆脱地理位置的束缚。

2. 实现数据信息的快速传递

计算机网络为分布在各地的用户提供了强有力的通信手段,以通过计算机网络传送电子邮件、发布新闻消息、进行电子数据交换EDI,极大地方便了用户,提高了工作效率。

3. 实现数据的分布式处理

计算机硬件的飞速发展,使得在处理较复杂的综合性问题上,可以通过一定的算法,把处理数据的功能交给不同的计算机,达到均衡使用网络资源、实现分布式处理的目的。

3.1.3 计算机网络的分类

计算机网络虽然经历了仅有的几十年的发展,但它经历了从简单到复杂,从低级到高级,从地区到全球的发展。纵观它的发展,可以从以下几个方面进行分类。

1. 按计算机网络的形成与发展历史分类

第一阶段是20世纪五六十年代面向终端的具有通信功能的单机系统。人们将独立的计算机技术与通信技术结合起来,通过通信线路将地理位置分散的多个终端连接到一台中心计算机,以集中方式处理不同地理位置的用户数据。

第二阶段是20世纪60年代中期至70年代,美国APRANET与分组交换技术。APRANET是计算机网络技术发展的里程碑,它使网络中的用户通过本地终端使用本地计算机的软件、硬件及数据资源,也可使用其他位置的软件、硬件及数据资源,从而达到了资源共享的目的。

第三阶段是20世纪70年代末至90年代,国际上各种广域网、局域网与公共分组交换网络发展迅速。为了解决各种不同企业产品间不能实现互联的问题,国际标准化组织(International Organization for Standardization,ISO)提出了著名的ISO/OSI参考模型,对网络体系的形成和网络技术的发展起了重要作用。

第四阶段是从20世纪90年代开始至今,计算机网络技术得到了迅猛的发展。因特网作为国际性的网际网已经成为人类最重要的、最大的知识宝库,在当今的经济、文化、教育和社会生活等方面已经发挥越来越重要的作用。

2. 按网络覆盖的地理范围分类

由于网络覆盖的地理范围不同,网络所采用的传输技术和服务功能也不同。依据这种分类,计算机网络可以分为三种:局域网、城域网和广域网。

(1) 局域网

局域网(Local Area Network,LAN)是一种在有限区域内使用的网络,其传输距离一般在几百米到几千米,覆盖范围一般是一个部门或一个单位组建的网络。典型的局域网有办公室网络、企业与学校的主干局域网等有限范围内的网络。局域网具有数据传输速率(10 Mb/s~10 Gb/s)高、误码率低、成本低、易组网、易管理维护、使用灵活等优点。IEEE 802标准定义了多种LAN网:以太网(Ethernet)、令牌环网(Token Ring)、光纤分布式数据接口网络(FDDI)、异步传输模式网(ATM)和无线局域网(WLAN)。

(2) 城域网

城域网(Metropolitan Area Network,MAN)介于局域网和广域网之间,其传输距离约为

几十千米。城域网的设计目标是满足一定范围内大量企业、住宅、学校等的多个局域网的互联需求。城域网采用的是 IEEE 802.6 标准。城域网多采用 ATM 技术做骨干网，一般用在政府城域网中，如邮政、银行和医院等。

(3) 广域网

广域网(Wide Area Network，WAN)也称为远程网，其传输距离大约为几十千米到几千千米。它可以覆盖一个国家或地区，甚至可以横跨几个洲，是一种跨区域的数据通信网络。广域网的传输速率比较低，一般在 96 kb/s—45 Mb/s，其分布范围广，可以将不同区域中的计算机系统互联起来，真正达到资源共享的目的。Internet 即为典型的广域网。

3. 按拓扑结构分类

按网络的拓扑结构，可以把网络分为星型网络、总线型网络、环型网络、树型网络、混合型网络和网状网络等。

4. 按传输介质分类

计算机必然要通过物理的传输介质互联起来才能够成为计算机网络。根据所使用的传输介质不同，可以把网络分为同轴电缆网络、双绞线网络、光纤网络、无线网络、卫星数据通信网和多介质网络。

5. 按网络操作系统分类

按网络操作系统对计算机网络进行分类，可以分为 UNIX 网络、Novell 网络、Windows NT 网络。

关于网络的分类，还有许多其他的方法，所有这些分类方法一般只能反映或突出网络某一方面的特点。

3.1.4　计算机网络的组成

计算机网络系统是由计算机网络硬件系统和网络软件系统组成的。网络硬件系统是指构成计算机网络的硬件设备，包括计算机系统、终端及通信设备。网络软件系统主要包括网络通信协议、网络操作系统和各类网络应用系统。

1. 网络硬件

网络硬件中的主机系统是计算机网络的主体。按其在网络中的用途和功能的不同，可以分为工作站和服务器两大类。

网络服务器是通过网络操作系统为网上工作站提供服务及资源共享的计算机设备，根据其用途不同，可分为文件服务器、数据库服务器、邮件服务器等。

网络工作站是网络中用户使用的计算机设备，又称客户机，工作站是网络数据主要的发生场所和使用场所。工作站本身具有独立的功能，具有本地处理能力，其配置要求低。

终端设备不具备本地处理能力，不能直接连接到网络上，只能通过网络上的主机与网络相连发挥作用。常见的终端有显示终端、打印终端等。

传输介质是网络中发送方与接收方之间的物理通路，是信号的载体。常用的网络传输介质有双绞线、同轴电缆、光缆和无线通信。

2. **网络软件**

网络操作系统都是多任务、多用户的操作系统。它安装在网络服务器上,提供网络操作的基本环境。常见的网络操作系统有 Novell 公司的 NetWare、微软公司的 Windows 系列、UNIX 系列以及 Linux 网络操作系统等。

3.1.5 计算机网络的拓扑结构

拓扑这个名词是从几何学中借用来的。计算机网络拓扑是将构成网络的节点和连接节点的线路抽象成点和线,用几何关系表示网络结构,从而反映出网络中各实体的结构关系。常见的网络拓扑结构主要有星型、环型、总线型、树型和网状等。

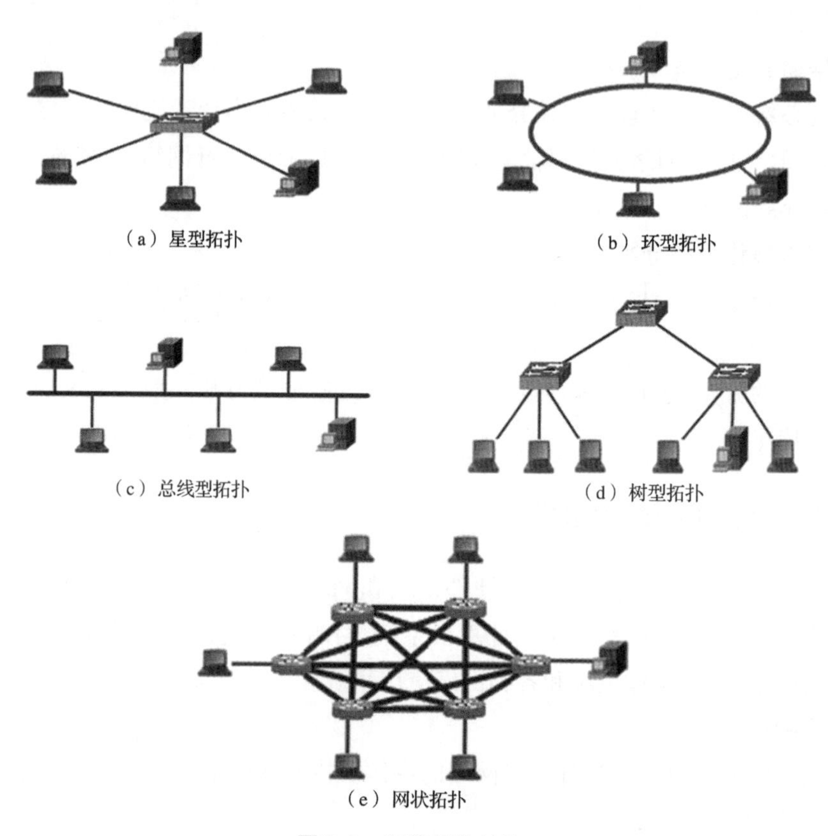

图 3.1 网络拓扑结构

1. **星型拓扑**

图 3.1(a)描述了星型拓扑。星型拓扑属于集中控制型网络,结构比较简单,易于实现和管理。在星型拓扑结构中,每个节点与中心节点相连,各节点须通过中心节点进行通信。因此,星型拓扑对中心节点要求很高,一旦中心节点出现故障,就会造成全网瘫痪,可靠性较差。

2. 环型拓扑

图3.1(b)描述了环型拓扑。在环型结构中,各节点通过中继器连接到一个闭合环路上,环中的数据沿着一个方向传输,由目的节点接收。环型拓扑结构简单,成本低,但环中任意一个节点出现故障,都会造成全网瘫痪。环型拓扑适用于数据不需要在中心节点上处理而主要在各自节点上进行处理的情况。

3. 总线型拓扑

图3.1(c)描述了总线型拓扑。网络中各节点通过一根总线相连,数据通过总线进行传输。总线型拓扑结构简单,总线上某个节点出现故障也不会影响其他节点间的通信,可靠性比较高,成本低,在局域网中普遍采用这种形式。

4. 树型拓扑

图3.1(d)描述了树型拓扑。树型结构中各节点按层次进行连接,信息的交换主要在上下节点之间进行。树型拓扑主要适用于需要汇集信息的应用要求。

5. 网状拓扑

图3.1(e)描述了网状拓扑。网状拓扑结构没有明显的规则,节点的连接是任意的。网状拓扑的优点是系统可靠性高,由于结构复杂,需要采用路由协议和流量控制等方法。网状结构适用于广域网。

3.1.6　数据通信

数据通信是通信技术与计算机技术相结合而产生的一种新的通信方式。它是通过不同的方式和传输介质,把不同位置的终端和计算机通过二进制的形式进行信息交换,传输数据的。

1. 信息与数据

信息是对客观事物的反映,可以是物质的形态、大小、结构、性能等全部或部分特性的描述,也可以表示物质与外部的联系。信息可以用数字的形式来表示,数字化的信息称为数据。数据是信息的载体,信息则是数据的内在含义或解释。

2. 信道与信号

信道是传送信号的一条通道,是把携带有信息的信号从它的输入端传递到输出端。根据传输介质的不同,信道可以分为有线信道和无线信道。有线信道是用来传输信号或数据的物理通道,常见的有双绞线、同轴电缆、光缆等。无线信道有地波传播、短波、超短波、人造卫星中继等。

信号可以分为数字信号和模拟信号。数字信号是一种离散的脉冲序列,计算机产生的电信号用两种不同的电平表示0和1。模拟信号是一种连续变化的信号,电话线上传输的强弱幅度连续变化的电信号就是模拟信号,可以用连续的电波表示。

3. 调制与解调

在电话交换网中,如果要实现计算机的数字脉冲信号的传输,就必须将数字信号转换为模拟信号。通常,我们将发送端的数字脉冲信号转换成模拟信号的过程称为调制(Modulation);将接收端的模拟信号还原成数字脉冲信号的过程称为解调(Demodulation)。将调制与解调两种功能结合在一起的设备称为调制解调器(Modem)。

4. 带宽与传输速率

带宽是以信号的最高频率和最低频率之差表示的,即频率的范围,在模拟信道中,带宽表示信道传输信息的能力。频率是模拟信号波每秒的周期数,用 Hz 作为单位。在信道中,带宽越宽,其传输的数据量就越大。

在数字信道中,用数据传输速率(比特率)表示信道传输的能力,即每秒传输的二进制位数(b/s,比特/秒),单位为 b/s、kb/s($1\ kb/s = 1 \times 10^3\ b/s$)、Mb/s($1\ Mb/s = 1 \times 10^6\ b/s$)、Gb/s($1\ Gb/s = 1 \times 10^9\ b/s$)与 Tb/s($1\ Tb/s = 1 \times 10^{12}\ b/s$)。

5. 误码率

误码率是指信息传输的错误率,是通信系统的可靠性指标。在通信信道传输过程中,出现传输错误是不可避免的,但需要控制在某个范围内,一般要求误码率低于 10^{-6}。

3.1.7 互联网络设备

1. 传输介质(Media)

传输介质的作用是在网络设备之间构成物理通路,以实现信息的交换。最常用的传输介质有同轴电缆、双绞线和光缆。随着无线网的广泛应用,无线技术也越来越多地用来进行局域网组建。

(1) 双绞线电缆

三类线:最高传输速率为 10 Mb/s。

五类线:最高传输速率为 100 Mb/s。

六类线:传输速率至少为 250 Mb/s。

七类线:传输速率至少为 600 Mb/s。

(2) 同轴电缆

同轴电缆由内、外两个导体组成。内导体可为单股线或多股线,外导体为金属编织网,内、外导体之间有绝缘材料。

(3) 光缆

光缆分为单模光缆和多模光缆。

(4) 无线传输介质

微波、红外线、卫星通信、激光等。

2. 网络接口卡(NIC)

网络接口卡俗称网卡,是构成网络必需的基本设备,用于将计算机和通信电缆连接起来,以便经电缆在计算机之间进行高速传输数据。每台连接到局域网的计算机都需要安装一块网卡。

3. 集线器(HUB)

集线器是计算机网络中连接多个计算机或其他设备的连接设备,是对网络进行集中管理的最小单元。集线器的主要功能是放大和中转信号,它把一个端口接收的全部信号向所有端口分发出去,通常应用于局域网中。

4. 交换机(Switch)

交换机是用来提高网络性能的数据链路层设备,是一个由多个高速端口组成的设备,连接局域网网段或者连接基于端到端的独立设备。

5. 路由器(Router)

路由器是网络层的互联设备,路由器可以实现不同子网之间的通信。路由器是实现局域网与广域网互联的主要设备。路由器检测数据目的地址,对路径进行动态分配,根据不同的地址选择合适的路径,实现通信负载动态平衡。

6. 无线 AP(Access Point)

无线 AP 也称为无线访问点或无线桥接器,是传统有线局域网与无线局域网之间的桥梁。通过无线 AP,任何一台装有无线网卡的主机都可以去连接有线局域网络。无线 AP 不仅能够提供单纯的无线接入点,也是无线路由器设备的统称,具备路由、网管功能。

3.1.8　无线局域网(WLAN)

随着通信技术的快速发展,笔记本电脑、掌上电脑、手机等各种移动通信设备迅速普及,架设无线局域网已经成为必然趋势。

在无线局域网的发展中,Wi-Fi(Wireless Fidelity)由于其具有较高的传输速率、较大的覆盖范围等优点,发挥了重要的作用。Wi-Fi 不是具体的协议或者标准,它是无线局域网联盟为了保障使用 Wi-Fi 标志的商品之间可以相互兼容而推出的。如图 3.2 所示为无线局域网示意图。

图 3.2　无线局域网示意图

针对无线局域网,IEEE(Institute of Electrical and Electronics Engineers,电气与电子工程

师协会）制定了一系列的无线局域网标准，即 IEEE 802.11 家族（802.11a、802.11b、802.11g 等）。随着协议标准的发展，无线局域网的覆盖范围更广，传输速率更高，安全性、可靠性等也大幅提高。

3.1.9 网络新服务

1. 5G 技术

5G 是第五代移动通信技术，是最新一代蜂窝移动通信技术，也是继 4G、3G 和 2G 系统之后的延伸。5G 的性能目标是高数据传输速率、减少延迟、节省能源、降低成本、提高系统容量和大规模设备连接。5G 具有如下特点：

◎ 高速度。相比于 4G 网络，5G 网络有着更高的速度，而对于 5G 的基站峰值要求不低于 20 Gb/s。

◎ 泛在网。即广泛覆盖，亦是纵深覆盖。广泛是指我们社会生活的各个地方，需要广泛覆盖，纵深是指我们生活中需要进入更高品质的深度覆盖。

◎ 低功耗。将功耗降下来，让大部分物联网产品一周充一次电，甚或一个月充一次电，就能大大改善用户体验，促进物联网产品的快速普及。

◎ 低时延。5G 的一个新场景是无人驾驶、工业自动化的高可靠连接。

◎ 万物互联。迈入智能时代，除了手机、电脑等上网设备需要使用网络以外，越来越多的智能家电设备、可穿戴设备、共享汽车等更多不同类型的设备以及电灯等公共设施需要联网。

2. 云计算

云计算（Cloud Computing）是分布式计算（Distributed Computing）、并行计算（Parallel Computing）、效用计算（Utility Computing）、网络存储（Network Storage）、虚拟化（Virtualization）、负载均衡（Load Balance）、热备份冗余（High Available）等传统计算机和网络技术发展融合的产物。

云计算使计算分布在大量的分布式计算机上，而非本地计算机或远程服务器中，企业数据中心的运行将与互联网更相似。这使得企业能够将资源切换到需要的应用上，根据需求访问计算机和存储系统。

3. 物联网

物联网通过各种信息传感器、射频识别技术、全球定位系统、红外感应器等技术和装置实现物与物、物与人的泛在连接，实现对物品和过程的智能化感知、识别和管理。

物联网把实物联入网络，最终实现物品与物品之间、人与物品之间的全面的信息交互。物与物的连接指向了智能化与自动化，计算机采集数据进行计算，并控制各种物品自动解决问题。

4. 电子商务

在因特网开放的环境下，基于浏览器/服务器应用的方式，电子商务是买卖双方在网络

上进行的一种新型的在线电子交易商务活动。其是利用计算机技术、网络技术和远程通信技术,实现电子化、数字化、网络化和商业化的商务过程。

5. 远程教育

远程教育是现代信息技术应用于教育后产生的新概念,它利用互联网等传播媒体进行教学,在网络环境中,让学生可以利用终端设备随时随地上课。

慕课(Massive Open Online Course,MOOC)是一种在线课程的开发模式。其课程内容门类较多,尊崇利用共享协议,将所有课程发布在互联网上,目前国内很多高校都在MOOC中共享了很多课程。

互联网的发展已经日益壮大,在网络的应用中还有很多新的方向,如手机App、网络电视等。

3.2　Internet基础知识

知识技能目标

- 掌握Internet的基本概念。
- 掌握TCP/IP协议。
- 掌握IP地址的格式及划分。
- 掌握DNS域名系统的组成和各部分的含义。
- 掌握Internet的接入方式。

Internet的音译是因特网,因特网是建立在全球网络互联基础上的一个全球范围的信息资源网,也是我们现在所称的“互联网”。通俗地讲,就是世界各地不同的计算机及相关设备,通过技术和协议联系到一起,进行通信和资源共享。Internet是一个庞大的信息资源库,利用Internet可以进行信息交流、资源检索、在线教学、影音娱乐、在线购物等,让人们的生活从现实走向数字化,大大丰富了人们的生活。

3.2.1　Internet概述

Internet始于1968年美国国防部高级研究计划局(ARPA)提出并资助的ARPANET网络计划,在ARPANET的发展过程中,提出了TCP/IP协议,为Internet的发展奠定了基础。

20世纪80年代,美国国家科学基金会(NFS)组建了一个从开始就使用TCP/IP协议的网络NFSNET。1988年NSFNET取代了ARPANET,正式成为Internet的骨干网。进入20世纪90年代,Internet的商业化开拓了其在通信、资料检索和客户服务等方面的巨大潜力,这一时期,Internet进入了迅猛发展的阶段,走向了全球。

我国于1994年4月正式介入因特网。我国目前全国性的互联网有如下一些:中国公用计算机互联网(CHINANET)、中国金桥信息网(CHINAGBNET)、中国联通公用计算机互联网(UNINET)、中国网通公用互联网(CNCNET)、中国移动互联网(CMNET)、中国教育科研网(CERNET)、中国科技网(CSTNET)和中国国际经济贸易互联网(CIETNET)等。

Internet是通过Internet服务提供商(Internet Service Provider,ISP)向用户提供接入等服务。我国的三大互联网提供商是中国电信、中国移动和中国联通。

美国不仅是第一代互联网全球化进程的推动者和受益者,而且在下一代互联网的发展中仍然保持着领跑者的角色。我国政府也高度重视下一代互联网的研究,2004年12月25日,中国下一代互联网示范工程CNGI核心网CERNET2正式开通,这是目前世界上最大的纯IPv6互联网。

随着Internet的发展,Internet具备了如下特点:开放性、平等性、技术通用性、采用专业协议和内容广泛。Internet提供了丰富的各类服务,如网络电视、电子商务、远程教育、物联网和手机App等。

3.2.2 OSI参考模型

网络协议是网络中传递、管理信息的一些规范,网络协议通常融合在软件系统中。国际标准化组织(ISO)在1979年建立了一种用于开放系统的体系结构(Open System Interconnection,OSI),即OSI参考模型。

OSI参考模型分为7层,从低到高分别是物理层、数据链路层、网络层、传输层、会话层、表示层和应用层,如图3.3所示。

物理层:为上一层提供物理连接,定义物理链路的机械、电气、功能和过程特性。

数据链路层:负责在两个相邻节点间的线路上无差错地传送数据。

网络层:选择合适的网间路由和交换节点,确保将数据送到正确的目的地。

传输层:为两个端系统的会话层提供建立、维护和取消传输连接的功能,负责可靠地传输数据。

会话层:提供两个会话进程的通信,不参与具体的传输,如服务验证等。

表示层:提供格式化的表示和转换数据服务,如对数据进行压缩和解压缩、加密和解加密等。

应用层:提供进程之间的通信,以满足用户的需要,提供网络与用户应用软件之间的接口。

图3.3 OSI参考模型

3.2.3 常见网络协议

TCP/IP协议(Transmission Control Protocol/Internet Protocol,传输控制协议/网际协议):是Internet采用的主要协议。

HTTP 协议(Hypertext Transfer Protocol,超文本传输协议):是 Internet 上进行信息传输时使用最广泛的协议,所有的 WWW 程序都必须遵循该协议。

Telnet 协议(远程登录协议):允许用户把自己的计算机当作远程主机上的一个终端。

SMTP 协议(Simple Mail Transfer Protocol,简单邮件传输协议):是用来发送电子邮件的 TCP/IP 协议,内容由 IEIF 的 RFC821 定义。

POP3 协议(Post Office Protocol Version 3,邮局协议版本 3):是接收电子邮件的客户/服务器协议。

3.2.4　TCP/IP 协议

计算机网络中的协议非常复杂,TCP/IP 协议是当前最流行的商业化协议,被公认为当前的工业标准,图 3.4 给出了 TCP/IP 参考模型与 OSI 参考模型的对应关系。在因特网的 TCP/IP 环境中,联网的计算机之间进程相互通信的模式主要采用客户机/服务器(Client/Server)模式,简称为 C/S 结构。

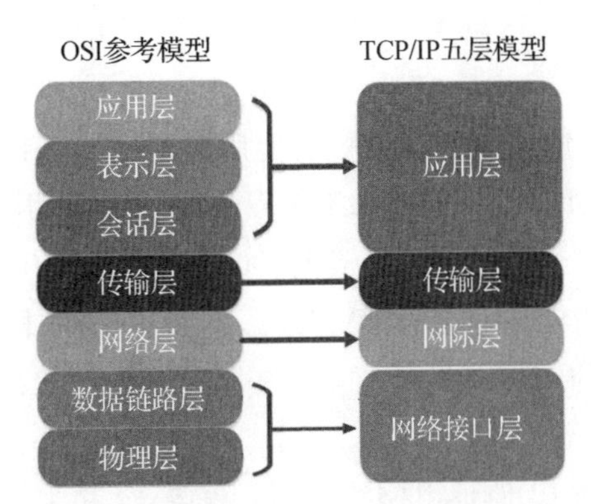

图 3.4　TCP/IP 参考模型与 OSI 参考模型的对应关系

应用层:负责处理特定的应用程序数据,为应用软件提供网络接口,包括 HTTP、Telnet、FTP、SMTP 等协议。

传输层:为两台主机提供端到端的通信。主要协议有 TCP 和 UDP(用户数据报协议)。

网际层:确定数据包从源端到目的端如何选择路由。主要协议有 IPv4(网际网协议版本 4)、ICMP(网际网控制报文协议)以及 IPv6 等。

网络接口层:规定了数据包从一个设备的网络层传输到另一个设备的网络层的方法。

TCP/IP 协议是一个协议簇,主要由 TCP 协议和 IP 协议构成,在底层核心和应用型网络协议及服务上还包括了其他的标准协议,如 UDP、ARP(地址解析协议)和 ICMP 等。

1. IP 协议

IP 协议是 TCP/IP 协议体系中的网络层协议,主要作用是将不同类型的物理网络互联在一起。IP 协议将不同格式的物理地址转换成统一格式的 IP 地址,屏蔽物理网络层的差异,向上层传输 IP 数据报,实现无连接数据报传输服务。IP 的另一个功能是路由选择。

2. TCP 协议

TCP 协议为传输控制协议,位于传输层。TCP 协议向应用层提供面向连接服务,确保所发送的数据报可以被完整地接收,提供发送端到接收端的可靠传输。

3. UDP 协议

UDP 协议也是一个无连接的协议,主要用来支持那些需要在计算机之间传输数据的网络应用。UDP 协议具有资源消耗小、处理速度快的优点,通常用来传送音频、视频等普通数据。

4. ARP 协议

ARP 协议的基本功能是通过目标设备的 IP 地址查询目标设备的 MAC 地址,即“地址解析”。

5. ICMP 协议

ICMP 协议主要用于在 IP 主机、路由器之间传递控制消息。常用的 Ping 命令实际上就是 ICMP 协议工作的过程。

3.2.5 IP 地址

所谓 IP 地址,就是 IP 协议为标识主机所使用的地址。IP 地址有两个版本:IPv4 协议和 IPv6 协议。目前广泛采用的是 IPv4,如不加以说明,本书所指的 IP 地址是 IPv4 地址。

IPv4 是由 32 位的无符号二进制数组成的,如 11111111 01011100 01011000 10001001,为方便记忆,通常将它分为 4 个字节,以 X. X. X. X 表示,段与段之间用圆点隔开,每个 X 都是 8 位二进制数,对应的十进制数范围为 0—255。例如,222. 112. 128. 255 和 10. 204. 85. 1 都是合法的 IP 地址。

在网络中,一台主机的 IP 地址由网络地址(网络号)和主机地址(主机号)两部分组成,如图 3.5 所示,其中网络地址用于标识主机所在的网络,主机地址标识这个网络中的一台主机。

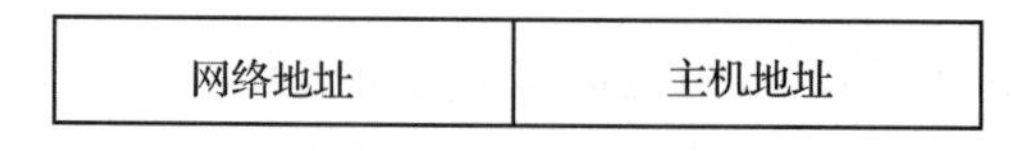

图 3.5 IP 地址结构

为了便于管理,IP 地址被分为不同的类别。根据 IP 地址的第一段进行划分,IP 地址分为 5 类,常用的是 A 类、B 类和 C 类,D 类和 E 类留作特殊用途。

A 类:1.0.0.0—126.255.255.255(0.0.0.0 和 127. X. X. X 被作他用)。

B 类:128.0.0.0—191.255.255.255。

C 类:192.0.0.0—223.255.255.255。

D 类:网络地址最高 4 位为 1110,是保留地址,多用在多点广播。

E 类:网络地址最高 5 位为 11110。

以下是一些特殊 IP 地址:

0.0.0.0:表示一个集合,一般用作默认路由。

255.255.255.255:限制广播地址。

224.0.0.1:组播地址,224.0.0.0—239.255.255.255 都是组播地址。

127.0.0.1:回送地址,指本地主机。

169.254.X.X:DHCP 地址获取不成功时,Windows 系统自动分配的地址。

10.X.X.X、172.16.X.X—172.31.X.X、192.168.X.X:私有地址,用于企业网络。

由于 Internet 上的节点增加过快,IP 地址逐渐匮乏,为了解决 IPv4 协议面临的各种问题,诞生了 IPv6 协议。IPv6 地址用 128 位比特表示,地址空间是 IPv4 的 2^{96} 倍,不用再担心地址短缺的问题了。

IPv6 地址共有 128 位,为了便于人工阅读和输入,和 IPv4 地址一样,IPv6 地址也可以用一串字符表示。IPv6 地址使用十六进制表示,划分成 8 个块,每块 16 位,块与块之间用“:”隔开,如下所示:

AD80:0000:0000:0000:ABAA:0000:00C2:0002

IPv6 常用零压缩法来缩减其长度。如果几个连续段位的值都是 0,那么这些 0 就可以简单地以“::”来表示,上述地址就可写成“AD80::ABAA:0000:00C2:0002”。注意零压缩方法只能简化连续的段位的 0,其前后的 0 都要保留,比如 AD80 的最后的这个 0,不能被简化。

3.2.6　DNS 域名系统

域名(Domain Name)的实质就是用一组由字符组成的名字替代 IP 地址。为了避免重名,主机的域名采用层次结构,各层次的子域名之间用圆点“.”隔开,从右至左分别为第一级域名(也称为高级域名)、第二级域名,直至主机名(最低级域名)。其结构如下:

主机名.….第二级域名.第一级域名

关于域名,应该注意以下几点:

◎ 只能以字母字符开头,以字母字符或数字符结尾,其他位置可用字符、数字、连字符或下划线。

◎ 域名中大、小写字母视为相同。

◎ 各子域名之间以圆点分开。

◎ 域名中最左边的子域名通常代表机器所在的单位名,中间各子域名代表相应层次的区域,第一级域名是标准化了的代码。

◎ 整个域名的长度不得超过 255 个字符。

常用的一级域名代码及意义:com(商业组织)、edu(教育机构)、gov(政府机关)、net(主要网络支持中心)、org(其他组织)、int(国际组织)等。我国的第一级域名是 CN。例如,tsinghua.edu.cn 是我国清华大学的一个域名,tsinghua 表示清华大学,edu 表示教育机构,cn 表示中国。

域名和 IP 地址都表示主机的地址，实际上是一事物的不同表示。用户可以使用主机的 IP 地址，也可以使用它的域名。由域名解析服务器 DNS(Domain Name Server)来完成域名和 IP 地址之间的转换。

DNS 域名解析的大致过程为：当用域名访问网络上某个资源地址时，用户将需要转换的域名放在一个 DNS 请求信息中，并将这个请求信息发送给 DNS 服务器；DNS 服务器从请求中取出域名，将它转换为对应的 IP 地址，然后在一个应答信息中将结果地址返回给用户。

3.2.7　因特网的接入

因特网的接入方式通常有专线连接、局域网连接、无线连接和电话拨号连接四种。目前一般家庭采用的多为电话线接入因特网的 ADSL(非对称数字用户线路)技术连接方式，这对使用宽带的用户来说是一种经济、快速的方法。

1. 拨号入网

主要适用于单位或家庭单机入网。它的接入非常简单，一条 ISP 电话线、一台计算机和调制解调器，即可通过账号进行上网。

2. 局域网接入方式

通过网络专线(一般为双绞线)连接局域网，从而进入 Internet，适用于有局域网的单位。这种入网方式除需要一台计算机外，还需要在计算机上安装一个网卡、上网软件和 IE 浏览器，并设置 IP 地址。

3. 无线网络接入方式

无线网络接入 Internet 需要具备无线接入点。一般为家庭个人无线路由器或公共 AP，然后使用个人终端的无线网卡，接入无线网络。我们常使用的 Wi-Fi 即是无线接入。

4. 网络故障简单命令

ipconfig 命令：显示计算机的 TCP/IP 配置，输入“ipconfig/all”命令，可以查看本地网卡的物理地址。

ping 命令：确定本机是否能与另一台主机交换数据报。

3.3　IE 浏览器的使用

- 掌握因特网中万维网、超文本、超链接、URL、浏览器和 FTP 协议的相关概念。
- 熟悉 IE 浏览器的界面，能够对浏览器进行简单设置。

- 了解网页中包含的各种元素。
- 能够使用IE浏览器打开网页。
- 掌握网页中各项内容的保存方法。

3.3.1 IE浏览器的窗口界面

1. 相关概念

在因特网上浏览信息是因特网最普遍的应用,用户可以随心所欲地在网络中获取各种有用的信息。在使用浏览器之前先介绍几个相关概念。

(1) 万维网(WWW)

万维网(World Wide Web)是一种建立在因特网上的全球性的、交互的、动态的、多平台的、分布式的、超文本超媒体信息查询系统,也是建立在因特网上的一种网络服务,其最主要的概念是超文本(Hypertext),遵循超文本传输协议(Hypertext Transfer Protocol,HTTP)。

(2) 超文本和超链接

超文本(Hypertext)是一种文本文件。超文本中不仅可以包含文本信息,而且可以包含图形、声音、图像和视频等多媒体信息,还可以包含指向其他网页的链接,这种链接叫作超链接(Hyperlink)。

(3) 超媒体

超媒体不仅可以包含文字,还可以包括图形、图像、动画和声音等多媒体信息。超媒体的链接关系是超媒体内各元素之间的链接关系。

(4) 统一资源定位器(URL)

WWW用统一资源定位器(Uniform Resource Locator,URL)来描述Web网页的地址和访问时所用的协议。在WWW中,所有信息资源都有统一的且在网上唯一的地址,该地址就叫URL。它是WWW的统一资源定位标志,标识因特网中网页的位置。URL格式如下:

协议://IP地址或域名/路径/文件名

其中,协议就是服务方式或获取数据的方法,常见的有HTTP协议、FTP协议等;协议后的冒号加双斜杠表示接下来是存放资源的主机的IP地址或域名;路径和文件名是用路径的形式表示Web页在主机中的具体位置。

(5) 浏览器

浏览器是用于浏览WWW的工具,是一种客户端软件。它能够把超文本标记语言描述的信息转换成人们便于理解的方式,是用户与WWW之间的桥梁。常见的浏览器有Internet Explorer(简称IE)、Opera、Firefox等。

(6) 文件传输协议

文件传输协议(File Transfer Protocol,FTP)位于TCP/IP体系结构中的应用层。FTP使用的是C/S工作模式。在一般情况下,FTP服务器必须使用一个FTP账号和密码进行登录。匿名的FTP站点允许任何人进入,但也需要使用“anonymous”作为账号,使用用户的电子邮件地址作为密码进行登录。

FTP 格式如下：

ftp://用户名:密码@ FTP 服务器 IP 或域名:FTP 命令端口号/路径/文件名

2. IE 浏览器的使用

(1) IE 的启动

方法一:使用"开始"菜单启动 IE。

方法二:使用搜索框启动 IE。

方法三:通过桌面或任务栏上 IE 的快捷方式启动 IE。

(2) IE 的关闭

方法一:单击 IE 窗口右上角的"关闭"按钮。

方法二:在 IE 窗口左上角右击,在弹出的快捷菜单中选择"关闭"命令。

方法三:在任务栏上右击,选择"关闭窗口"命令。

方法四:选择 IE 窗口后,按组合键【Alt】+【F4】。

(3) IE 窗口的组成

IE 窗口界面十分简洁,如图 3.6 所示。

图 3.6　IE 窗口

◎ 地址栏:IE 中的地址栏与搜索栏合二为一,不仅可以输入要访问网页的地址,也可以直接输入关键词进行搜索。

◎ 选项卡标签栏:显示页面名字。选项卡后面的方块可以新建一个选项卡,也可以通过快捷键【Ctrl】+【T】来新建。

◎ 菜单栏:默认情况下不显示,若要显示,可在选项卡或最上面的空白处右击选择。所有的 IE 功能与命令选项均在菜单栏中。

◎ 命令栏:IE 11.0 添加了许多 IE 快捷操作,用户可以在 IE 浏览器中进行各类操作。例如,修改主页地址,可以在如图 3.7 所示的"Internet 选项"对话框中进行设置。

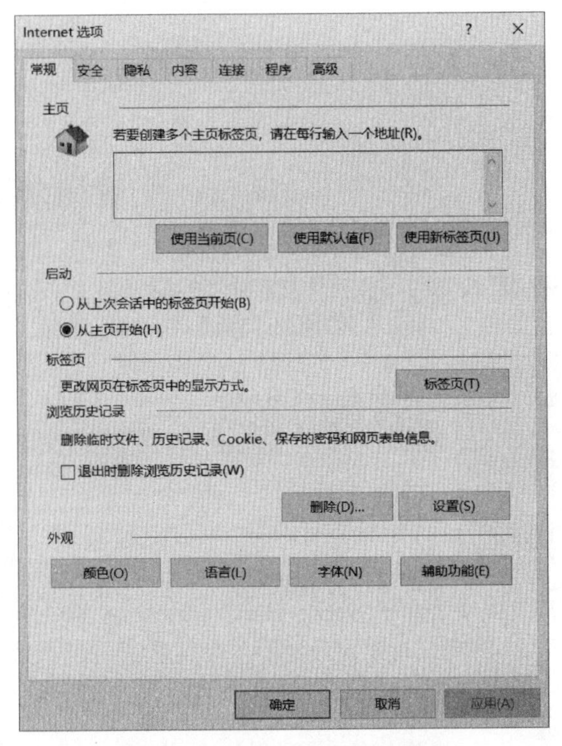

图 3.7　"Internet 选项"对话框

◎ 收藏夹:单击收藏夹,可以打开小窗口。收藏夹用来保存用户喜爱的网页。

◎ 主窗口:用来显示网页。

◎ 状态栏:显示网页页面地址,按比例缩放页面大小。

3.3.2　网页页面元素及基本操作

1. 网页页面元素

在地址栏中输入网络地址后即可进入相应的页面进行浏览,网页中有很多丰富的元素。通常,我们把某个 Web 站点的第一页称为主页或首页,如图 3.8 所示为新浪网主页,主页上通常设有目录一样的索引。网页中还有很多链接,当鼠标移动到上面时,会变成 。通过主页单击相关索引按钮或内容链接即可进入网站的子页面。

网页页面元素包括:文字、图片、音频、动画、视频及页面排版所需的边框等设计元素。

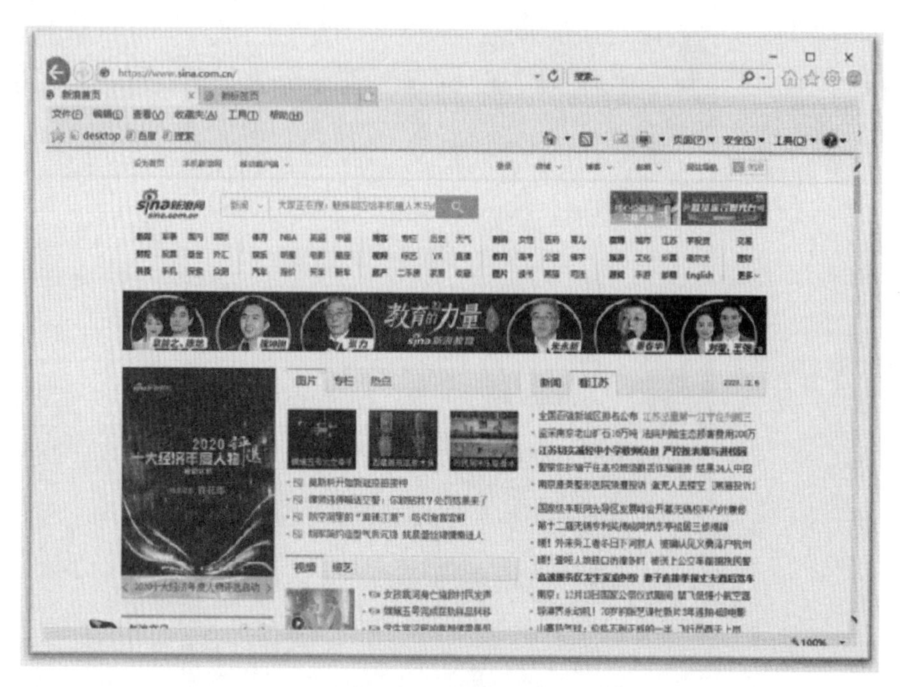

图 3.8　新浪网主页

2. 网页的基本操作

(1) 保存 Web 网页

操作步骤如下:

① 打开要保存的 Web 页,单击"文件"→"另存为"命令,如图 3.9 所示。

图 3.9　保存网页

② 选择要保存文件的盘符和文件夹,在"文件名"框内输入文件名,在"保存类型"框中,根据需要可以从"网页,全部""Web 档案,单个文件""网页,仅 HTML""文本文件"四类

中选择一种,如图 3.10 所示。

图 3.10　“保存网页”对话框

(2) 保存网页内部分内容

有时候只需要保存网页中的部分文字内容,这时可以利用鼠标拖动选择需要的部分,再灵活运用右击快捷菜单或按【Ctrl】+【C】(复制)和【Ctrl】+【V】(粘贴)快捷键将网页上部分感兴趣的内容复制、粘贴到某一个空白文档中,将文档保存到指定位置,如图 3.11 所示。

提示

文本文件节省存储空间,但是只能保存文字信息,不能保存图片等多媒体信息。

图 3.11　保存部分页面内容

(3) 保存图片、视频等文件

网页内容是非常丰富的,浏览时除了保存文字信息以外,还经常会保存一些图片。

保存图片的方法:在图片上右击,选择“图片另存为”命令,如图 3.12 所示,在打开的“另存为”对话框内选择要保存的路径,键入图片的名称,单击“保存”按钮即可。

图 3.12　保存图片

网页上的超链接都指向一个资源,这个资源可以是一个页面,也可以是声音文件、视频文件、压缩文件等,要下载保存这些资源,操作方法是:在链接上单击鼠标右键,在弹出的快捷菜单中选择“目标另存为”命令,打开“另存为”对话框,在对话框内选择要保存的路径,键入要保存的文件的名称,单击“保存”按钮。

(4) 保存网页地址

保存网页地址只需要打开对应的网页页面,将地址栏中的地址复制、粘贴到相应的文档中即可。

IE 实训

1. 浏览 http://localhost/ChanPinJieShao/WY_2W. htm 页面,将 IE 参数设置成“使用当前页”,在考生文件夹下新建文本文件“msn. txt”。然后重启 IE,将网页的 URL 地址复制到“msn. txt”中并保存。

2. 浏览 http://localhost/index_renzhengks. htm 页面,找到“Microsoft 认证的介绍”链接,点击该链接,进入子页面详细浏览,将“微软认证说明”的信息拷贝到新建的文本文件 T61. txt 中,并放置在考生文件夹内。

3. 打开 http://localhost/ChanPinJieShao/WY_WORDCDROM. htm 页面,找到图片为“展”字的图片,将该图片保存至考生文件夹下,重命名为“展. jpg”。

3.4　Outlook 2016 的使用

- 掌握电子邮件的格式。
- 熟悉 Outlook 2016 的界面。
- 能够使用 Outlook 2016 收发邮件。
- 掌握邮件的转发和回复方法。
- 掌握邮件中附件的插入和保存方法。

3.4.1　Outlook 2016 简介

Outlook 2016 是 Microsoft 公司开发的 Office 2016 办公组件之一,是一种收、发、写、管理电子邮件的工具,使用它收发电子邮件十分方便。

通常我们在某个网站注册了自己的电子邮箱后,如要收发电子邮件,须登入该网站,输入自己的用户名和密码,进入电子邮件页面,然后进行电子邮件的收、发、写等操作。使用 Outlook 2016 后,这些顺序便一步跳过。只要你打开 Outlook 2016 界面,Outlook 2016 程序便自动与你注册的网站电子邮箱服务器联机工作,可以进行电子邮件的收发、通讯簿更新等操作,且所有邮件可脱机阅览。

在接收电子邮件时,Outlook 2016 会自动地把发件人的邮箱地址存入"通讯簿",供以后调用。

1. 电子邮件地址

每个电子邮箱都有一个电子邮件地址,且电子邮件地址的格式是固定的,具体如下:

<用户标识>@<主机域名>

符号"@"是电子邮件地址的专用标识符。使用邮箱进行电子邮件收发操作,需要收发方都具有电子邮箱,否则不能发送邮件。例如,图 3.13 所示的电子邮件地址表示用户 luck 在主机为 163. net 中的一个电子邮箱。

图 3.13　电子邮件地址

2. **电子邮件格式**

电子邮件都有两个基本的组成部分:信头和信体。

信头包括以下几项:

收件人:收件人的 E-mail 地址。收件人地址可以是一个,也可以是多个,多个收件人地址可以使用“;”隔开。

抄送:表示可以同时接收到此邮件的其他人的 E-mail 地址。

主题:概括描述邮件的主题,可以为一句话或一个词。

信体:信体即为收件人看到的正文内容,可以包含附件,照片、音频、文档等文件都可以作为邮件的附件发送。

3. **Outlook 2016 的使用**

在使用 Outlook 2016 收发电子邮件之前,必须先对 Outlook 进行帐户设置。操作步骤为:打开“控制面板”,单击“用户帐户”→“邮件”按钮,打开如图 3.14 所示的对话框。单击“电子邮件帐户”按钮,进入如图 3.15 所示的对话框,选择“电子邮件”选项卡,单击“新建”按钮,出现“添加帐户”对话框,如图 3.16 所示;选中“电子邮件帐户”单选按钮,单击“下一步”按钮,出现如图 3.17 所示的“自动帐户设置”信息,选中“手动设置或其他服务器类型”单选按钮,单击“下一步”按钮;出现如图 3.18 所示的信息,选中“POP 或 IMAP”单选按钮,单击“下一步”按钮;出现如图 3.19 所示的对话框,设置“用户信息”“服务器信息”“登录信息”(注:登录信息的密码不是邮箱密码,该密码为授权码,如图 3.20 所示)后,单击对话框右下角的“其他设置”按钮,出现如图 3.21 所示的“Internet 电子邮件设置”对话框,选择“发送服务器”选项卡,选中“我的发送服务器(SMTP)要求验证”复选框和“使用与接收邮件服务器相同的设置”单选按钮,单击“确定”按钮;全部填写、设置完并确认无误后,单击“下一步”按钮,进行帐户信息及服务器测试,测试成功,显示如图 3.22、图 3.23 所示的信息;单击“完成”按钮,帐户配置成功。

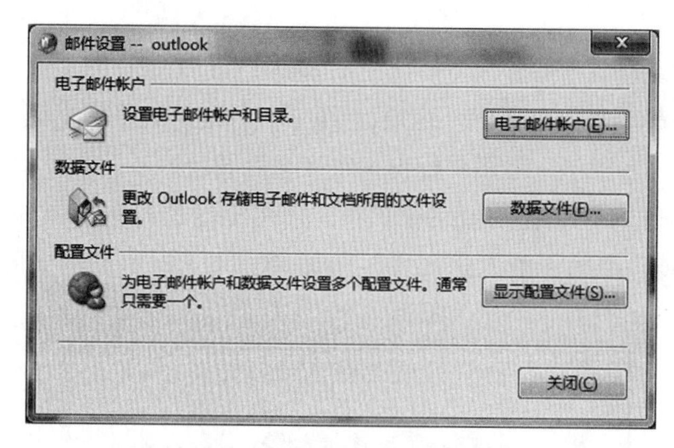

图 3.14 “邮件设置”对话框

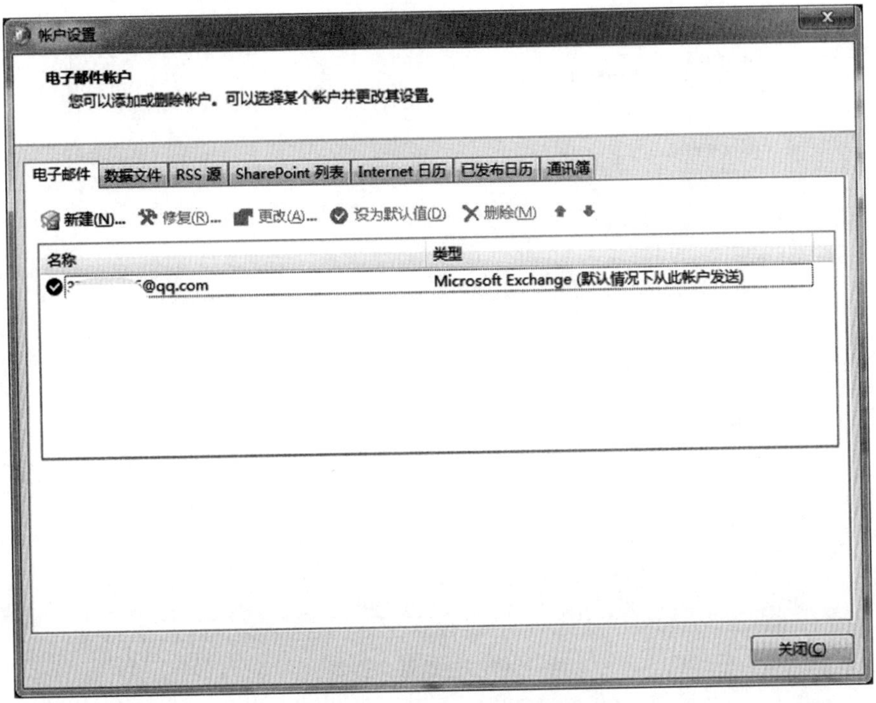

图 3.15　电子邮件帐户设置

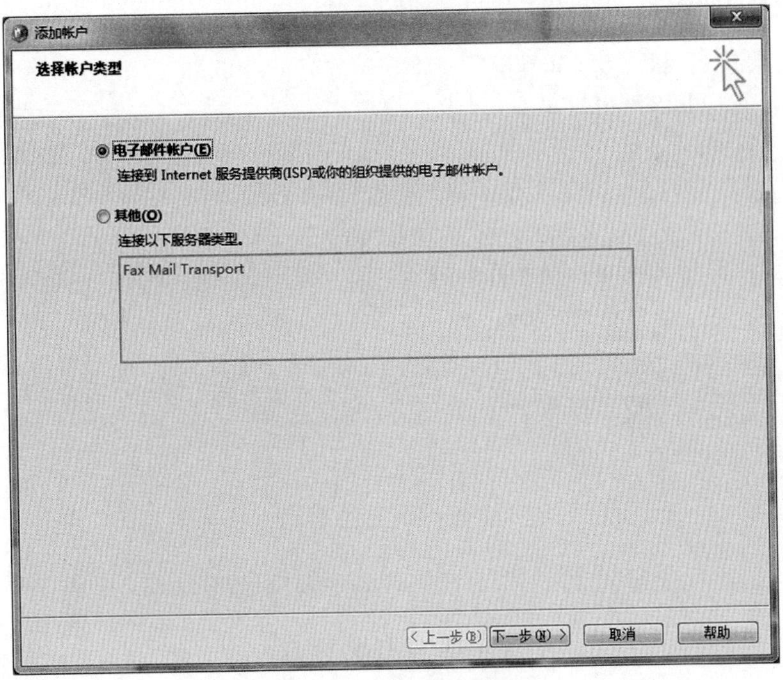

图 3.16　选择帐户类型

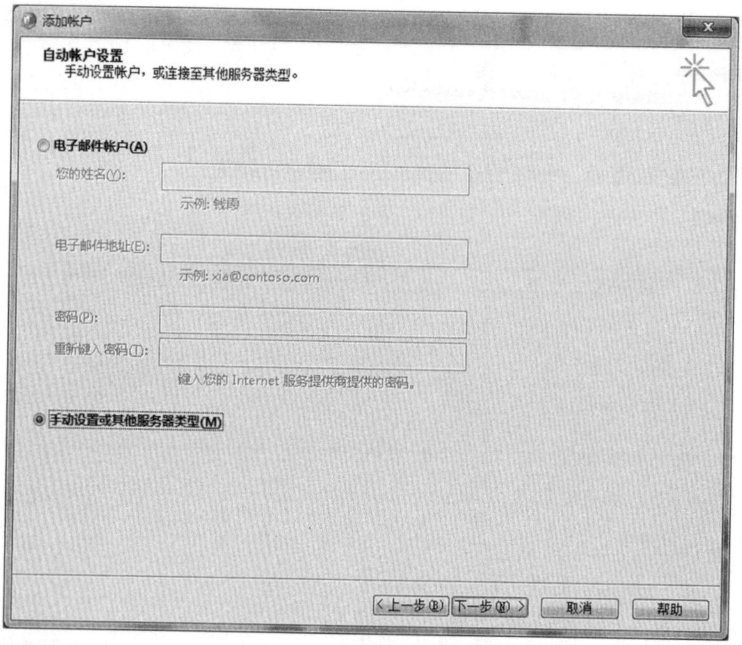

添加帐户

自动帐户设置
手动设置帐户，或连接至其他服务器类型。

电子邮件帐户(A)
您的姓名(Y):
示例: 钱雨
电子邮件地址(E):
示例: xia@contoso.com
密码(P):
重新键入密码(T):
键入您的 Internet 服务提供商提供的密码。

手动设置或其他服务器类型(M)

< 上一步(B) 下一步(N) > 取消 帮助

图 3.17　自动帐户设置

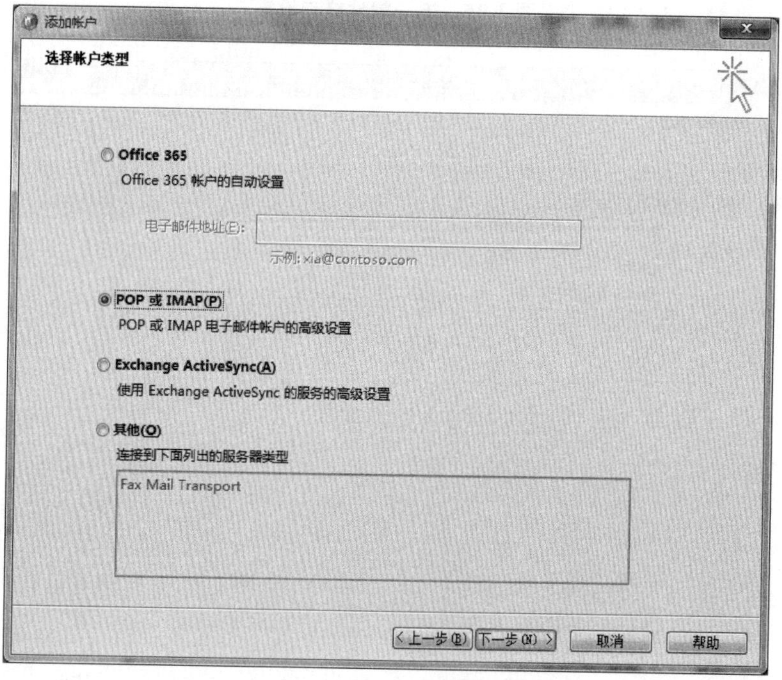

添加帐户

选择帐户类型

Office 365
Office 365 帐户的自动设置
电子邮件地址(E):
示例: xia@contoso.com

POP 或 IMAP(P)
POP 或 IMAP 电子邮件帐户的高级设置

Exchange ActiveSync(A)
使用 Exchange ActiveSync 的服务的高级设置

其他(O)
连接到下面列出的服务器类型
Fax Mail Transport

< 上一步(B) 下一步(N) > 取消 帮助

图 3.18　选择帐户类型

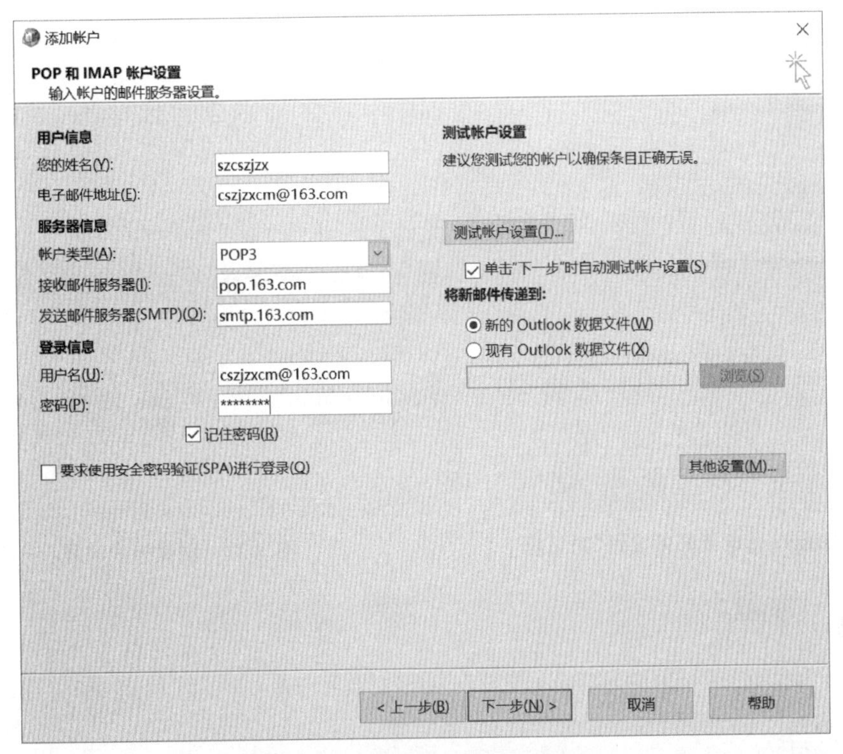

图 3.19　POP 和 IMAP 帐户设置

图 3.20　网易邮箱授权码

图 3.21　“Internet 电子邮件设置”对话框

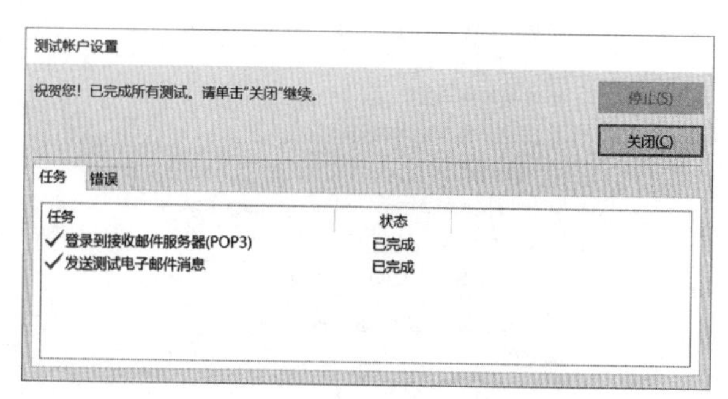

图 3.22　测试帐户设置

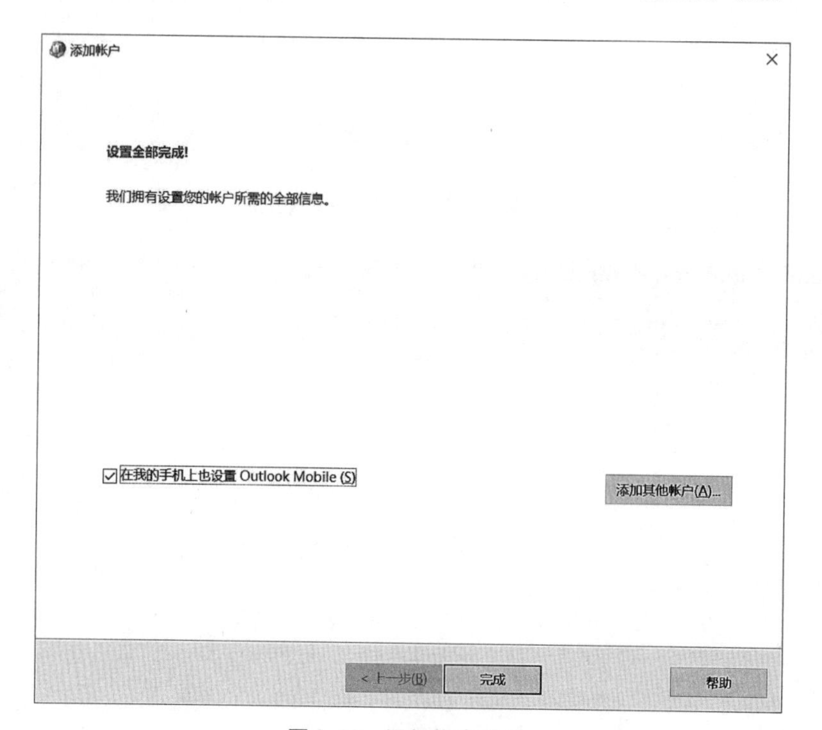

图 3.23　添加帐户成功

重新启动 Outlook，在电子邮件地址中输入邮箱地址，单击“连接”，就可以使用 Outlook 进行邮件的收发了。

3.4.2　电子邮件的接收和发送

1. 撰写和发送邮件

设置好账号后即可收发电子邮件了。发送一封新邮件，操作步骤如下：

① 打开 Outlook 2016 后,其界面如图 3.24 所示。

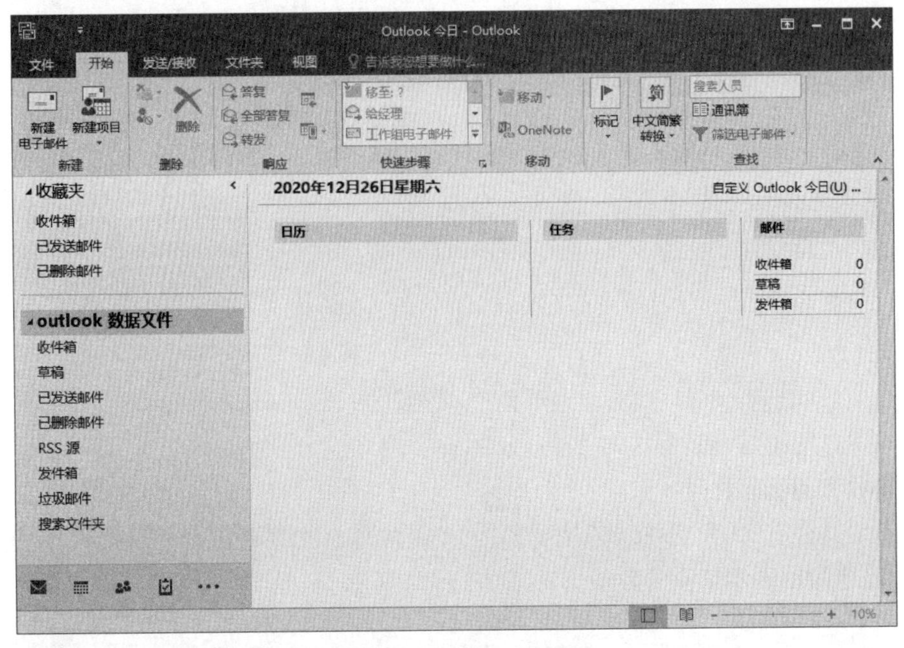

图 3.24　Outlook 界面

② 单击“新建电子邮件”按钮,打开新邮件界面,输入收件人、主题、邮件内容等信息,如图 3.25 所示。通过“邮件”选项卡或“插入”选项卡中的“附加文件”按钮可以添加附件,如图 3.26 所示。

图 3.25　创建新邮件

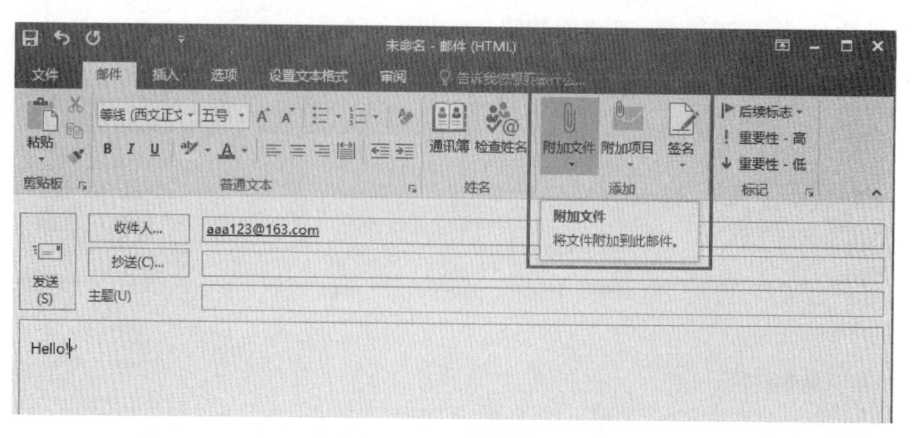

图 3.26　添加附件

③ 单击“发送”按钮,发送邮件。

2. 接收和阅读邮件

单击工具栏上的“发送/接收”选项卡,可接收邮件。文件夹可以显示接收、发送、已发送邮件、已删除邮件和草稿的数量信息,如图 3.27 所示。

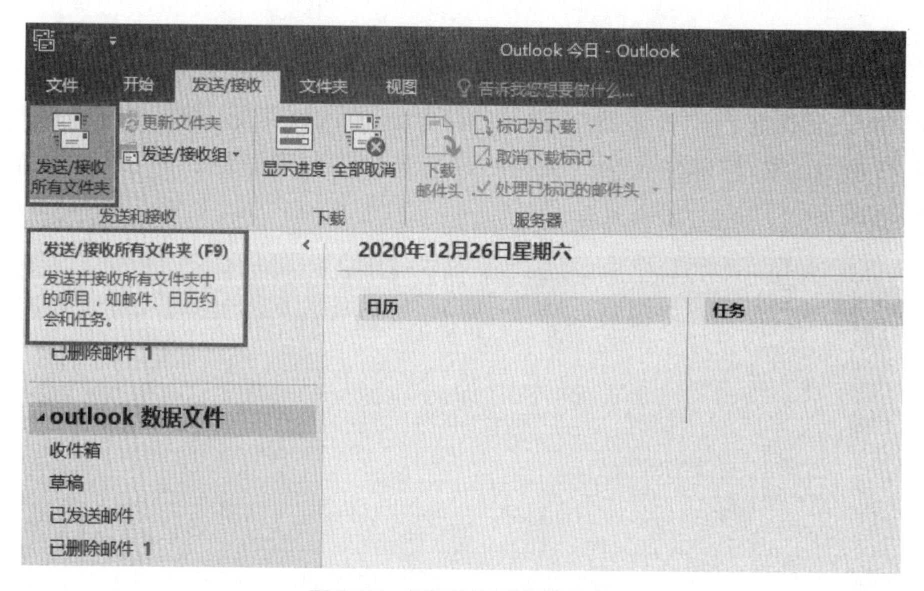

图 3.27　“发送/接收”选项卡

打开邮箱内邮件,可以阅读邮件,如邮件中包含附件,可以通过打开邮件中的“保存附件”按钮进行附件的下载与保存。

3. 回复与转发

(1) 回复

阅读完一封邮件后需要回复时,只需要单击界面中的“答复”或者“全部答复”按钮,即可弹出回信窗口。此时,发件人和收件人地址已经全部自动填写完成,原邮件的内容也在邮件内容中作为引用内容。填写好回信内容即可单击“发送”按钮。

(2) 转发

转发即对邮件进行传阅,通常在邮件发布的通知、文件等中使用较多。对于需要转发的邮件,在打开邮件窗口后,只需要点击“转发”按钮,填写收件人地址,必要时加上附件信息即可转发邮件。

4. 通讯簿

通讯簿是用来保存联系人邮箱及其他信息的一种工具。在发送邮件时,只需要从通讯簿中选择联系人,不需要每次都输入地址。

(1) 添加联系人

在 Outlook 中创建联系人,会给邮件的发送人带来便利。创建联系人的方法:单击“开始”→“新建项目”→“联系人”,如图 3.28 和图 3.29 所示。

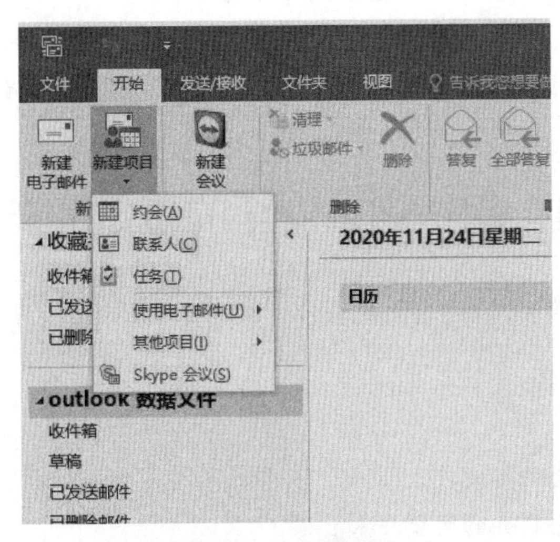

图 3.28　创建联系人

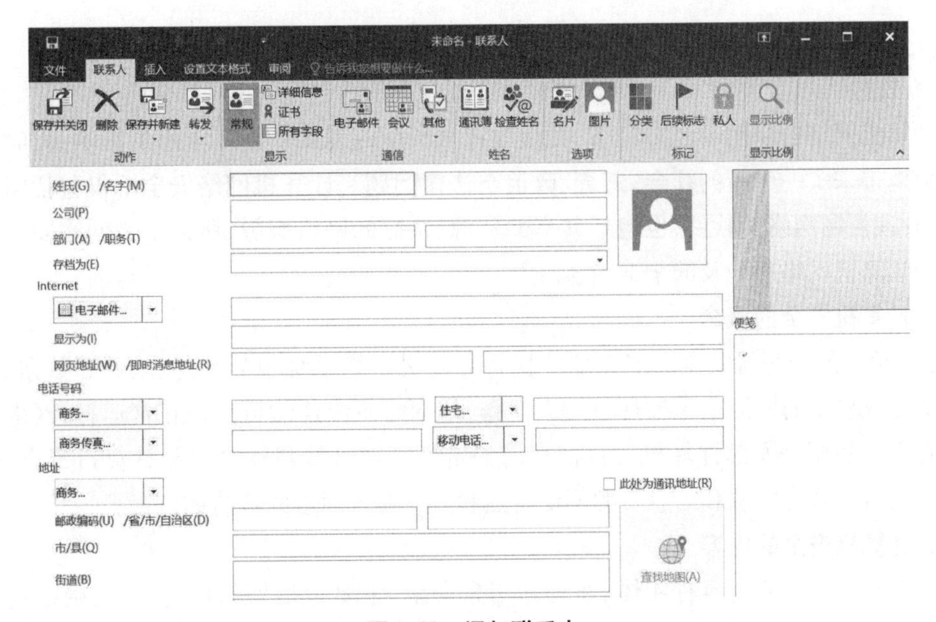

图 3.29　添加联系人

(2) 修改和删除联系人

删除联系人可以打开通讯簿,右击联系人列表信息图标,选择“文件”→“删除”命令或按【Delete】键;双击打开联系人图标可以进行修改操作。

Outlook 2016 实训

1. 给李老师发邮件,以附件的方式发送参加网络兴趣小组的名单。

李老师的 E-mail 地址为“jason_li@ sohu. com”,主题为“网络兴趣小组名单”,正文内容为“李老师,您好! 附件里是报名参加网络兴趣小组的同学名单和 E-mail 联系方式,请查看”。将考生文件夹下的“group. xls”添加到邮件附件中。

2. 接收来自朋友小明的邮件,将邮件中的附件“奔驰. jpg”保存在考生文件夹下,回复邮件。主题为“照片已收到”,正文内容为“收到邮件,照片已看到,祝好!”。

3.5 网络信息安全的概念和防控

知识技能目标

- 掌握计算机安全的定义。
- 了解计算机安全服务的主要技术。
- 知道网络安全的道德准则。

3.5.1 计算机安全的定义

计算机网络的应用已经对经济、文化教育与科学的发展产生了重要的影响,同时也不可避免地带来了一些新的社会、道德、政治与法律问题。计算机网络安全不仅包括组网的硬件、管理控制网络的软件,也包括共享的资源、快捷的网络服务,所以定义网络安全应考虑涵盖计算机网络所涉及的全部内容。

1. 计算机安全的概念

ISO 给出的计算机安全的定义是:“保护计算机网络系统中的硬件、软件和数据资源,不因偶然或恶意的原因遭到破坏、更改、泄露,使网络系统连续可靠地正常运行,网络服务正常有序。”我国公安部计算机管理监察司的定义是:“计算机安全是指计算机资产安全,即计算机信息系统资源和信息资源不受自然和人为有害因素的威胁和危害。”

2. 计算机安全的内容

网络安全涉及的内容有实体、系统和信息安全,主要包括外部环境安全、网络连接安

全、操作系统安全、应用系统安全、管理制度安全及人为因素影响。

3. 计算机安全的属性

计算机安全包括如下属性:可用性、可靠性、完整性、保密性和不可抵赖性。

国务院于1994年2月18日颁布的《中华人民共和国计算机信息系统安全保护条例》第一章第三条的定义是:计算机信息的安全保护,应当保障计算机及其相关的和配套的设备、设施(含网络)的安全,运行环境的安全,保障信息的安全,保障计算机功能的正常发挥,以维护计算机信息系统的安全运行。

3.5.2　计算机安全的主要服务技术

随着计算机网络的不断发展,计算机网络安全已经成为计算机安全的最大阵地。网络攻击已经成为计算机安全的主要因素,一般网络攻击分为主动攻击和被动攻击。为了保护网络资源免受威胁和攻击,计算机安全技术在密码及安全协议上发展了网络安全体系中的5类安全服务,即数据加密技术、认证技术、访问控制技术、数据完整性技术和入侵检测技术。另外,还有防火墙技术和防病毒技术等。

1. 数据加密技术

密码技术是保护信息最基础、最核心的手段。密码学是研究信息系统加密和解密变换的一门科学。目前密码学根据密钥类型不同分为保密密钥算法和公开密钥算法两大类。

保密密钥算法,又称对称算法,通信双方在加密和解密时使用相同且唯一的密钥进行计算。保密密钥算法的安全性主要依赖加密算法的强度和密钥的秘密性。

公开密钥算法,又称不对称算法,通信双方使用一对密钥(一个私人密钥即私钥,一个公开密钥即公钥),发信人先用收信人的公开密钥对数据进行加密,然后将加密后的数据发送给收信人。收信人收到信件后用自己的私人密钥进行解密。

2. 认证技术

认证技术是防止主动攻击的重要技术,对开放环境中的各种信息系统的安全有重要的作用。认证技术包括身份认证和消息认证。

身份认证的目的是信源识别和信宿识别。信源识别是验证信息发送者的真实性,信宿识别是验证接收者身份的真实性。

消息认证是保证消息在传递中未被窜改、重放和延迟等。消息认证的主要技术是数字签名。

3. 访问控制技术

访问控制是信息安全保障机制的重要内容,是实现数据保密性和完整性机制的主要手段。访问控制主要决定用户可以做什么,做到何种程度,其目的是控制用户访问资源的权限。

访问控制的主要手段有口令、登录控制、授权核查、日志、用户识别代码和审计。

4. 数据完整性技术

完整性服务即保证信息的正确性。完整性服务的主要技术有协议、纠错编码方法、密码校验法、数字签名和公证。

5. 入侵检测技术

入侵检测即通过从计算机网络或计算机系统中的若干个关键点收集信息并对其进行分析,从中发现网络或系统中是否有违反安全策略的行为和遭到袭击的迹象。

入侵检测主要由事件产生器、事件分析器、事件数据库和响应单元等模块构成。

6. 防火墙技术

防火墙是一个或一组在两个不同安全等级的网络之间执行访问控制策略的系统,是设置在被保护网络和外部网络之间的一道屏障。防火墙根据需要可以分为硬件防火墙和软件防火墙。防火墙能保护站点不被任意连接,其具有过滤所有进出网络的通信流量并且对穿过的流量进行安全策略的确认和授权的功能。

目前,根据防火墙在网络中的逻辑地位和物理位置,可以将其分为包过滤防火墙、应用型防火墙、主机屏蔽防火墙和子网屏蔽防火墙。

3.5.3　网络道德

“网络社会”生活是一种特殊的社会生活,正是它的特殊性决定了“网络社会”生活中的道德具有不同于现实社会生活中的道德的新的特点与发展趋势。网络道德作为一种实践精神,是人们对网络持有的意识态度、网上行为规范、评价选择等构成的价值体系,是一种用来正确处理、调节网络社会关系和秩序的准则。网络道德的目的是按照善的法则创造性地完善社会关系和自身,其社会需要除了规范人们的网络行为之外,还有提升和发展自己内在精神的需要。

网络道德的基本原则:诚信、安全、公开、公平、公正、互助。其主要准则有如下几点:

① 保护好自己的数据。

② 不使用盗版软件。

③ 不做“黑客”。

④ 网络自律。

课后习题

一、选择题

1. 调制解调器(Modem)的功能是________。

A. 将计算机的数字信号转换成模拟信号

B. 将模拟信号转换成计算机的数字信号

C. 将数字信号与模拟信号互相转换

D. 保证上网与接电话两不误

2. 计算机网络是一个________。

A. 管理信息系统　　B. 编译系统

C. 在协议控制下的多机互联系统　　D. 网上购物系统

3. 根据域名代码规定,表示政府部门网站的域名代码是________。

A. net　　B. com　　C. gov　　D. org

4. 广域网中采用的交换技术大多是________。

A. 电路交换　　B. 报文交换　　C. 分组交换　　D. 自定义交换

5. 通信技术主要用于扩展人的________。

A. 处理信息功能　　B. 传递信息功能

C. 收集信息功能　　D. 信息的控制与使用功能

6. 下列关于光纤通信的说法错误的是________。

A. 光纤通信是利用光导纤维传导光信号来进行通信的

B. 光纤通信具有通信容量大、保密性强和传输距离长等优点

C. 光纤线路的损耗大,所以每隔 1 ~2 km 就需要中继器

D. 光纤通信常用波分多路复用技术提高通信容量

7. 在因特网上,一台计算机可以作为另一台主机的远程终端,使用该主机的资源,该项服务称为________。

A. Telnet　　B. BS　　C. FTP　　D. WWW

8. Internet 是目前世界上第一大互联网,它起源于美国,其雏形是________。

A. CERNET　　B. NCPC

C. ARPANET　　D. GBNKT

9. 按照网络的拓扑结构划分,以太网(Ethernet)属于________。

A. 总线型拓扑结构　　B. 树型拓扑结构

C. 星型拓扑结构　　D. 环型拓扑结构

10. 主要用于实现两个不同网络互联的设备是________。

A. 转发器　　B. 集线器　　C. 路由器　　D. 调制解调器

11. 要在 Web 浏览器中查看某一电子商务公司的主页,应知道________。

A. 该公司的电子邮件地址　　B. 该公司法人的电子邮箱

C. 该公司的 WWW 地址　　D. 该公司法人的 QQ 号

12. 从技术上讲,计算机安全不包括________。

A. 实体安全　　B. 系统安全　　C. 信息安全　　D. 通信安全

13. 计算机病毒是一种________。

A. 特殊的计算机部件　　B. 游戏软件

C. 人为编制的特殊程序　　D. 能传染的生物病毒

14. 在计算机网络中,英文缩写 LAN 的中文名是________。

A. 局域网　　B. 城域网　　C. 广域网　　D. 无线网

15. 电话拨号连接是计算机个人用户常用的接入因特网的方式。称为“非对称数字用户线”的接入技术的英文缩写是________。

A. ADSL　　B. ISDN　　C. ISP　　D. TCP

16. 用综合业务数字网(又称一线通)接入因特网的优点是上网通话两不误,它的英文缩写是________。

A. ADSL　　B. ISDN　　C. ISP　　D. TCP

17. Internet 提供的最常用、便捷的通信服务是________。

A. 文件传输(FTP)　　B. 远程登录(Telnet)

C. 电子邮件(E-mail)　　D. 万维网(WWW)

18. 计算机网络最突出的优点是________。

A. 运算速度快　　B. 存储容量大

C. 运算容量大　　D. 可以实现资源共享

19. 在一间办公室内要实现所有计算机联网,一般应选择________网。

A. GAN　　B. MAN　　C. LAN　　D. WAN

20. 所有与 Internet 相连接的计算机必须遵守的一个共同协议是________。

A. HTTP　　B. IEEE 802.11　　C. TCP/IP　　D. IPX

21. 下列 URL 的表示方法正确的是________。

A. http://www.microsoft.com/index.html　　B. http:\www.microsoft.com/index.html

C. http://www.microsoft.com　index.html　　D. http:www.microsoft.com/index.html

22. FTP 是因特网中________。

A. 用于传送文件的一种服务　　B. 发送电子邮件的软件

C. 浏览网页的工具　　D. 一种聊天工具

23. 计算机网络中,若所有的计算机都连接到一个中心节点上,当一个网络节点需要传输数据时,首先传输到中心节点上,然后由中心节点转发到目的节点,这种连接结构称为________。

A. 总线型结构　　B. 环型结构　　C. 星型结构　　D. 网状结构

24. 下列度量单位中,用来度量计算机网络数据传输速率(比特率)的是________。

A. MB/s　　B. MIPS　　C. GHz　　D. Mb/s

25. 主要用于实现两个不同网络互联的设备是________。

A. 转发器　　B. 集线器　　C. 路由器　　D. 调制解调器

26. 下列关于电子邮件的说法正确的是________。

A. 收件人必须有 E-mail 地址,发件人可以没有 E-mail 地址

B. 发件人必须有 E-mail 地址,收件人可以没有 E-mail 地址

C. 发件人和收件人都必须有 E-mail 地址

D. 发件人必须知道收件人的邮政编码

27. IPv4 地址和 IPv6 地址的位数分别为________。

A. 4,6　　B. 8,16　　C. 16,24　　D. 32,128

28. 下列上网方式中采用无线网络传输技术的是________。

A. ADSL　　B. Wi-Fi　　C. 拨号接入　　D. 以上都是

29. 无线移动网络最突出的优点是________。

A. 资源共享和快速传输信息　　B. 提供随时随地的网络服务

C. 文献检索和网上聊天　　D. 共享文件和收发邮件

二、操作题

1. 某模拟网站的主页地址是"http://localhost/index.htm",打开此主页,浏览"等级考试"页面,查找"等级考试介绍"的页面内容并将它以文本文件的格式保存到考生文件夹下,命名为"DJKSJS.txt"。

2. 打开 http://localhost/ChanPinJieShao/WY_WORDCDROM.htm 页面,找到图为"展"字的图片,将该照片保存至考生文件夹下,重命名为"展.jpg"。

3. 打开 http://localhost/dengjikaoshi/dengji_dagang_4.htm 页面,找到"基本要求"的介绍,在考生文件夹下新建文本文件"基本要求.txt",并将网页中的关于基本要求的介绍内容复制到文件"基本要求.txt"中,并保存。

4. 打开 http://localhost/index.htm 页面,浏览"等级考试"页面,找到更多"考试说明"的链接,在考生文件夹下新建文本文件"search.txt",复制链接地址到"search.txt"中,并保存。

5. 给张卫国同学发一封 E-mail,祝贺他考入北京大学,并将考生文件夹下的一个贺卡文件"ka.txt"作为附件一起发送。

具体如下:

【收件人】zhangwg@mail.home.com

【主题】祝贺

【函件内容】由衷地祝贺你考取北京大学数学系,为未来的数学家而高兴。

6. 接收来自朋友小明的邮件,将邮件中的附件"奔驰.jpg"保存在考生文件夹下,并回复该邮件,主题为"照片已收到",函件内容为"收到邮件,照片已看到,祝好!"。

第4章

Word 2016 的使用

【本章导读】

Word 2016 是 Microsoft 公司开发的 Office 2016 办公组件之一，它是一个具有丰富的文字处理功能，图、文、表格混排，所见即所得，易学易用等特点的文字处理软件。对 Word 文档的编辑能力已成为人们日常生活、工作与学习的基本能力之一。本章将主要介绍 Word 2016 的使用方法，包括 Word 2016 的启动与退出、文档的基本操作、文本的编辑、格式化文本和段落、表格的制作与计算以及在文档中插入各种对象的方法等。通过本章的学习，读者可以掌握运用 Word 来制作并编辑日常生活和工作中的各种文档，如工作安排、会议记录、招聘启事、海报活动和制度规范等。

【教学目标】

- 掌握 Word 2016 的启动与退出的方法。
- 熟悉 Word 2016 的窗口组成。
- 掌握文档的创建、打开、保存、保护、关闭和打印等操作技术。
- 掌握文本的输入和编辑方法。
- 掌握设置文本和段落格式的方法。
- 掌握设置版面的方法。
- 掌握表格的创建、编辑和美化等操作技术。
- 掌握表格中的排序和计算方法。
- 掌握在文档中插入图片的方法。
- 掌握绘制并编辑图形的操作技术。
- 掌握创建文本框的方法。

【考核目标】

- 掌握创建、打开和保存文档，并在文档中输入和编辑文本的操作技术。
- 能够熟练完成对文档中的文本和段落进行各种格式设置。
- 掌握在文档中创建、编辑和使用表格的操作技术。
- 掌握在文档中创建图片、图形和文本框，以及对这些对象进行基本设置的操作技术。

4.1 Word 2016 的基础操作

随着办公自动化的普及和推广,作为 Office 2016 办公软件常用组件之一的 Word 2016 在办公领域中发挥的作用日趋重要。本章主要介绍 Word 2016 软件的基础知识和操作。在学习使用 Word 2016 编辑文档之前,先来学习如何启动并退出 Word 2016,然后掌握该软件的工作窗口。

知识技能目标

- 掌握 Word 2016 的启动与退出方法。
- 熟悉 Word 2016 的窗口组成。
- 掌握 Word 2016 文档的打开、退出、关闭等操作技术。
- 掌握 Word 2016 的几种视图方式。

4.1.1 Word 2016 的启动

启动 Word 2016 的常用方法有以下几种:

◎ 通过"开始"菜单启动:单击桌面左下角的"开始"按钮,在弹出的"开始"菜单中选择"Word 2016"命令。

◎ 通过搜索框启动:在搜索框中输入"Word 2016",在"最佳匹配"中单击"Word 2016"应用即可。

◎ 通过桌面快捷启动图标启动:双击桌面上的 Word 2016 快捷启动图标,可启动 Word 2016。

◎ 双击文档启动:双击计算机上已有的 Word 文档,可启动 Word 2016 并打开该文档。

4.1.2 Word 2016 的窗口组成

Word 2016 的工作窗口主要包括快捷访问工具栏、标题栏、"文件"选项卡、功能区、标尺、工作区、滚动条、状态栏、文档视图工具栏和显示比例控制栏等,如图 4.1 所示。

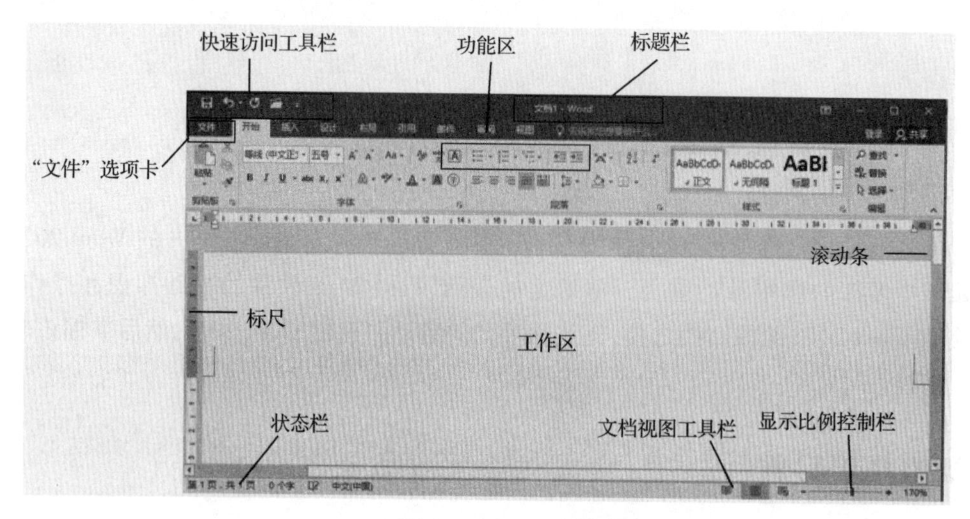

图 4.1　Word 2016 窗口

◎ 快速访问工具栏:其作用是将常用的工具按钮集中到此,以方便操作。该工具栏默认包含 3 个按钮,分别用于保存文档、撤消操作、恢复操作,可根据需要增加或删除。

◎ 标题栏:位于工作窗口的最上方,用于显示当前 Word 文档的名称。标题栏最右侧为窗口控制按钮组,当工作窗口处于非最大化和最小化状态时,此按钮组从左到右其作用依次为最小化窗口、最大化窗口和关闭窗口。

◎ "文件"选项卡:单击该选项卡,可对 Word 文档执行新建、保存、另存、打印和发送等操作,并可对 Word 2016 的参数进行设置。

◎ 功能区:功能选项卡位于标题栏下方,通常有"开始""插入"等 9 个不同类别的选项卡,不同选项卡包含不同类别的命令按钮组。单击某个选项卡,将在功能区出现与该选项卡类别相对应的多组操作命令供选择。有的选项卡平时不出现,在某种特定条件下才会自动显示,提供该情况下的命令按钮。例如,在文档中插入某一张图片,然后在选中该图片的情况下,功能选项卡中会显示"图片工具—格式"选项卡,如图 4.2 所示。

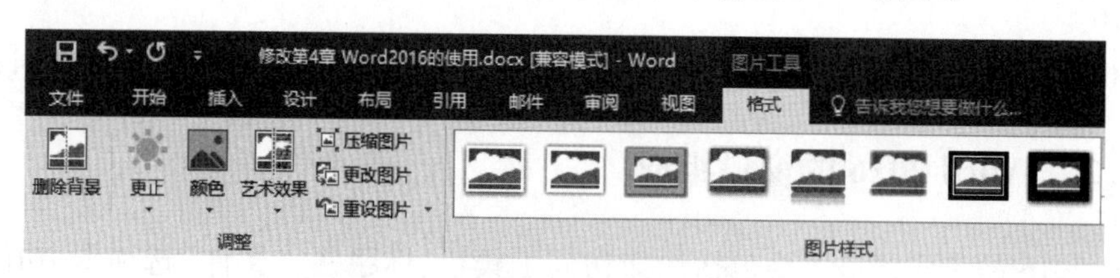

图 4.2　"图片工具—格式"选项卡

◎ 标尺:Word 2016 提供了水平标尺和垂直标尺两种标尺,其作用是用于确定文本和对象在页面中的位置。水平标尺左端有 3 个滑块,拖曳滑块,可快速调整段落的缩进距离。

◎ 工作区:位于功能区下方,默认显示为空白页面。该区域主要用于对文档内容进行各种编辑操作,是 Word 2016 最重要的组成部分之一。该区域中闪烁的短竖线为插入光标,光标所在位置即代表输入文本的位置。

◎ 滚动条:同样有水平滚动条和垂直滚动条两种,拖曳滚动条,可以查看当前无法显

示在页面中的其他内容。

◎ 状态栏:位于工作窗口的最下方,主要用于显示当前文档的相关信息,如当前页数、总页数、字数、当前输入语言/输入状态等。

◎ 文档视图工具栏:该栏中提供了三个视图按钮,单击相应按钮,便可切换到对应的视图模式。

◎ 显示比例控制栏:该栏用于控制页面显示比例,可拖曳滑块,直接调整比例大小,也可单击比例数字进行调整。

4.1.3 Word 2016 的退出

退出 Word 2016 的常用方法有以下两种:

◎ 单击标题栏右侧的"关闭"按钮 ✕。

◎ 若 Word 2016 为当前活动窗口,则可直接按【Alt】+【F4】组合键。

4.1.4 Word 2016 的视图

Word 2016 提供了页面视图、阅读视图、Web 版式视图、大纲视图和草稿等多种视图模式。利用状态栏中的视图按钮或功能区中的"视图"选项卡下的按钮(图 4.3),可在不同视图模式间切换。

图 4.3 视图按钮

◎ 页面视图:它可以显示 Word 2016 文档的打印外观,主要包括页眉、页脚、图形对象、分栏设置、页边距等元素,是最接近打印外观的页面视图。

◎ 阅读视图:它是阅读文档的最佳方式,功能区等窗口元素被隐藏起来。在阅读视图中,用户还可以单击"视图"按钮,选择各种阅读工具。

◎ Web 版式视图:它以网页的形式显示 Word 2016 文档,Web 版式视图适用于发送电子邮件和创建网页。

◎ 大纲视图:它主要用于 Word 2016 文档的设置和显示标题的层级结构,并可以方便地折叠和展开各种层级的文档。大纲视图广泛用于 Word 2016 长文档的快速浏览和设置。

◎ 草稿:它取消了页边距、分栏、页眉/页脚和图片等元素,仅显示标题和正文,是最节省计算机系统硬件资源的视图方式。当然现在计算机系统的硬件配置都比较高,基本上不存在由于硬件配置偏低而使 Word 2016 运行遇到障碍的问题。

4.2 文档操作与文本编辑

Word 文档是文本和其他如表格、图形等各种对象的载体，管理好文档就能更好地利用这些资源。下面将主要介绍 Word 文档的一些重要管理操作，同时还会介绍文本的输入和各种基本操作。

- 掌握 Word 2016 中文本的输入方法。
- 掌握 Word 2016 中文本的编辑（选定、修改、复制、移动、删除、查找与替换等）方法。
- 掌握 Word 2016 文档的新建、打开、保存、关闭和保护等操作技术。

4.2.1 新建文档

启动 Word 2016 后会自动新建一个名为“文档 1”的空白文档。除此之外，也可选用以下方法新建空白文档。

◎ 通过“新建”菜单命令：单击“文件”选项卡，选择“新建”命令，在界面右侧选择“空白文档”选项，如图 4.4 所示。

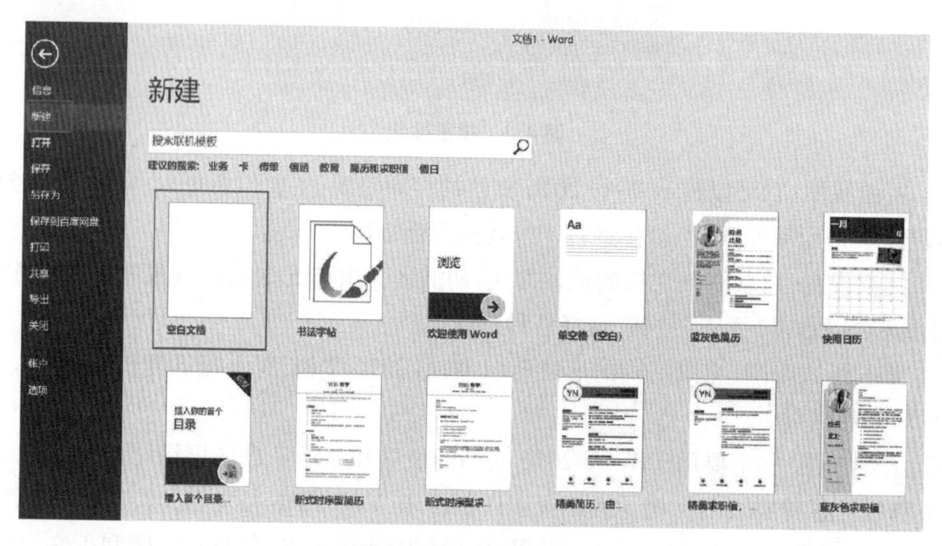

图 4.4 新建空白文档

◎ 通过快速访问工具栏：单击快速访问工具栏右侧的下拉按钮，在弹出的下拉列表中选择“新建”选项，在快速访问工具栏中就会出现图标 ，单击该图标，可新建文档。

◎ 通过快捷键：直接按【Ctrl】+【N】组合键。

4.2.2　打开文档

打开文档有以下几种常用方法。

◎ 通过“打开”命令打开：在“文件”选项卡中选择“打开”命令。

◎ 通过快速访问工具栏打开：单击快速访问工具栏中的“打开”按钮 。

◎ 通过快捷键打开：按【Ctrl】+【O】组合键。

执行以上任意操作后，都将启用“打开”对话框。利用左侧的导航窗格找到需打开的 Word 文档（也可利用上方的“路径”下拉列表框选择文档所在的位置）并选中，单击“打开”按钮，如图 4.5 所示。

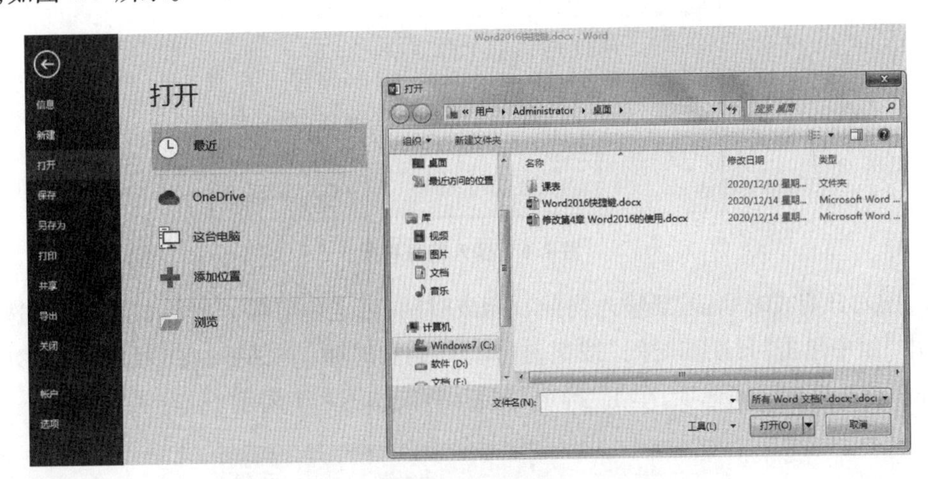

图 4.5　打开文档

技巧

若想快速打开最近使用过的文档，可单击“文件”→“打开”→“最近”，在列出的最近使用过的文档中选择所要的文档即可。

4.2.3　文本输入

在 Word 2016 中输入文本的方法很简单，常见的方法有以下几种：

◎ 普通输入：在工作区中单击鼠标定位插入光标，切换到需要的输入法后即可输入文本，所输文本将在插入光标处开始逐一显示。若在工作区的空白位置双击鼠标，可将插入光标定位到此处，然后可从此处开始输入所需文本。

◎ 分段：文本输入后，会根据页面大小自动换行，若需手动换行，可按【Enter】键来实现。

◎ 换行：文本输入后，如果要另起一行但不分段，则可按【Shift】+【Enter】组合键来实现。

◎ 插入特殊符号：若要输入特殊符号，可定位好插入光标，在“插入”选项卡的“符号”组中单击“符号”按钮 Ω符号▾，在弹出的下拉列表中可直接选择最近用过的某种符号。若在弹出的下拉列表中选择“其他符号”选项，则可打开“符号”对话框，在其中选择某个符号选项，单击“插入”按钮，即可在当前插入光标处插入该符号，如图 4.6 所示。

图 4.6　插入特殊符号

◎ 插入日期或时间：若要输入当前日期或时间，可定位好插入光标，在“插入”选项卡的“文本”组中单击“日期和时间”按钮，打开“日期和时间”对话框，在“可用格式”列表框中选择某种日期或时间选项，单击“确定”按钮即可，如图 4.7 所示。

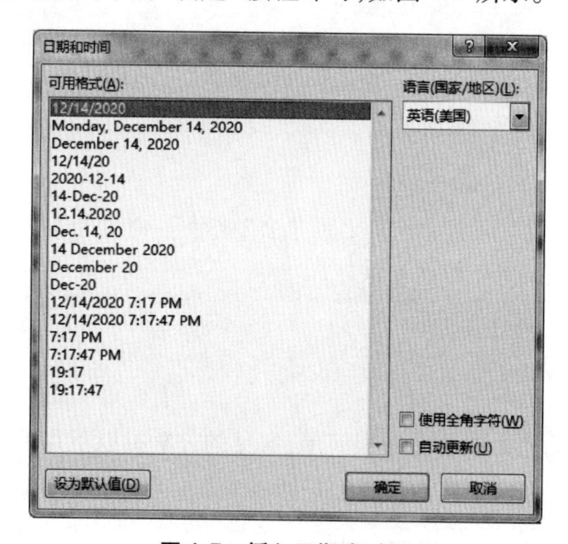

图 4.7　插入日期或时间

◎ 插入脚注和尾注：将插入光标定位到某文本处，在“引用”选项卡的“脚注”组中单击“插入脚注”按钮，可在当前页面底部输入脚注内容来说明脚注所在文本的情况；若单击“插入尾注”按钮，则可在文档末尾输入尾注内容来说明尾注所在文本的情况。

4.2.4　保存文档

保存文档是指将新建的文档、编辑过的文档保存到计算机中，以便以后可以重新打开并使用其中的信息。Word 2016 中保存文档可分为保存新建的文档、另存文档和自动保存文档三种。

1. 保存新建的文档

保存新建的文档的方法主要有以下几种。

◎ 通过“保存”命令保存：在“文件”选项卡中选择“保存”命令，首次保存会切换至“另存为”面板，单击“浏览”按钮，选择保存路径和保存类型，如图 4.8 所示。

◎ 通过快速访问工具栏保存：单击快速访问工具栏中的“保存”按钮 。

◎ 通过快捷键保存：按【Ctrl】+【S】组合键。

执行以上任意操作后，都将打开“另存为”对话框。利用左侧的导航窗格和上方“路径”下拉列表框设置保存位置，在“文件名”下拉列表框中输入文档保存的名称，单击“保存”按钮即可。

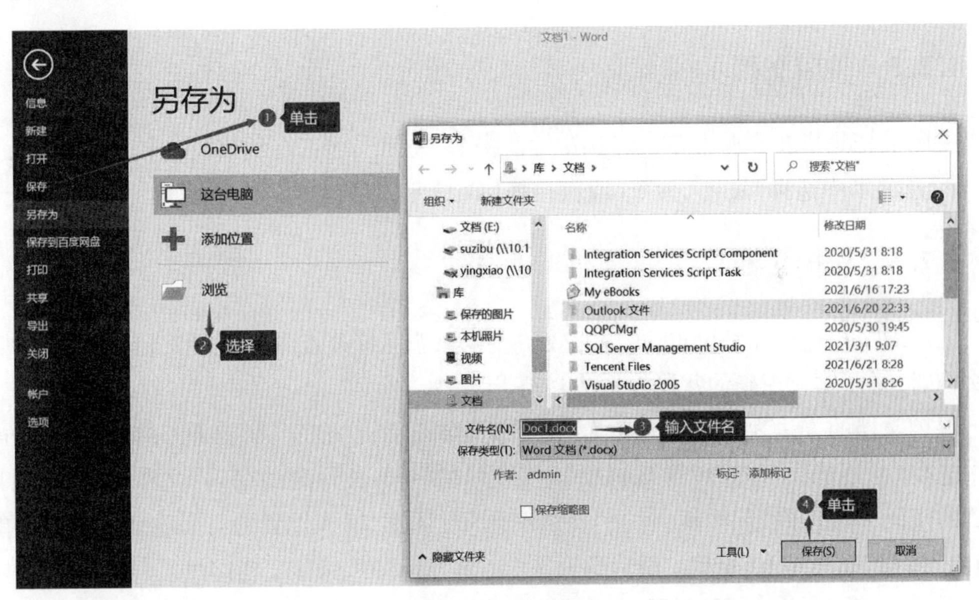

图 4.8　保存文档

提示

如果文档已经保存过，再执行保存操作，将不会打开“另存为”对话框，而是直接替换之前保存的文档内容。

2. 另存文档

如果需要对已保存的文档进行备份，则适用另存为操作，其方法为：在“文件”选项卡中选择“另存为”命令，在打开的“另存为”对话框中按保存文档的方法操作即可。

3. 自动保存文档

设置自动保存后，Word 2016 将按设置的间隔时间自动保存文档，以避免当遇到突然断电等意外情况时丢失文档数据，其方法为：在“文件”选项卡中选择“选项”命令，打开“Word 选项”对话框，单击左侧列表框中的“保存”选项，选中“保存自动恢复信息时间间隔”复选框，在右侧的数值框中设置自动保存的时间间隔，如图 4.9 所示，完成后确认即可。

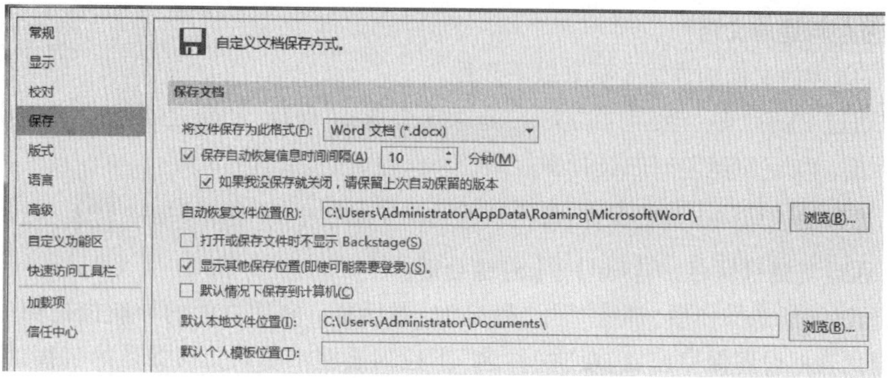

图 4.9　设置自动保存文档的时间间隔

4.2.5　关闭文档

关闭文档是指在不退出 Word 2016 的前提下，关闭当前正在编辑的文档，其方法为：在“文件”选项卡中选择“关闭”命令，或直接按【Ctrl】+【W】组合键。

4.2.6　保护文档

通过对文档进行加密设置，可以有效防止他人恶意修改或删除重要文档。当打开加密的文档时，必须输入正确的密码才能成功打开。

保护文档的方法为：打开“另存为”对话框，单击下方的“工具”按钮，在弹出的下拉列表中选择“常规选项”，打开“常规选项”对话框，在“打开文件时的密码”文本框中输入打开文档的密码，单击“确定”按钮，打开“确认密码”对话框，输入设置的打开密码并确认，单击“确定”按钮，如图 4.10 所示。最后返回“另存为”对话框，保存文档即可。

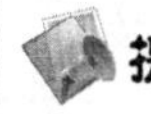

提示

在“修改文件时的密码”文本框中可设置需要修改文档时的密码信息。设置后同样会打开“确认密码”对话框，按要求确认输入的密码信息。

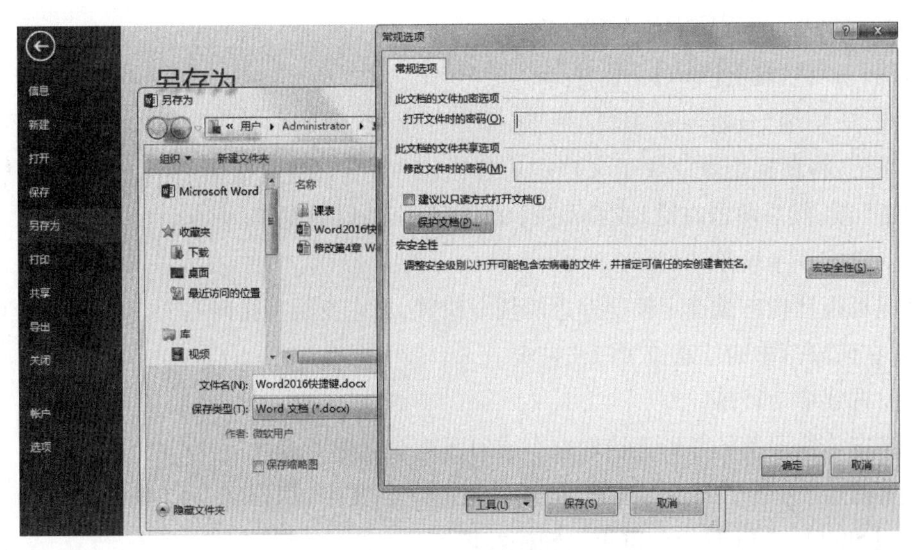

图 4.10　保护文档

4.2.7　文本编辑

创建文档后就需要对文本内容进行各种编辑，如选定文本、更改文本、删除文本、移动和复制文本、查找和替换文本等，这些都是 Word 2016 最基础和最重要的操作之一，下面依次介绍。

1. 选定文本

修改、删除、移动或复制文本前，需要先选定编辑的文本对象。（在文档编辑中 Word 遵循"先选定再操作"的规则。）

（1）选定一行文字

方法一：将鼠标光标移动到该行左侧，当指针变为向右上方指的空心状态时，单击鼠标左键。

方法二：按【Home】键，将光标移到行首，按住【Shift】键不放，再按【End】键；反过来也可以，即用【End】键将光标移到行尾，按住【Shift】键不放，再按【Home】键。

（2）选定多行文字

方法一：在用鼠标选定一行文字后向上或向下拖动鼠标。

方法二：用【Home】或【End】键将光标移到行首或行尾，按住【Shift】键不放，再按【End】或【Home】键选定一行。继续按住【Shift】键不放，使用上下光标键，每按一次可向上或向下逐行选定。

（3）选定一个句子

按住【Ctrl】键不放，单击句子中的任意位置。

（4）选定一个字或者词

将鼠标光标指向要选定的字或者词，双击左键即可。

（5）选定 Word 文档中的全部文字

方法一：用快捷键【Ctrl】+【A】。

方法二：使用“开始”→“编辑”→“选择”→“全选”命令。

方法三：将鼠标指针放置于文档左边任意位置，当它变成指向右上方的状态时，按住【Ctrl】键不放，然后单击左键，或者不按【Ctrl】键，三击鼠标左键。

（6）选定一个段落

将鼠标指针指向欲选定段落左边的任意位置，当它变得呈指向右上方的样子时双击左键，或者在该段落中的任意位置三击左键。

（7）选定多个段落

在选定一个段落的基础上接着向上或向下拖动鼠标即可。

若要选定光标所在处到文档开头或结尾的全部文字，用【Ctrl】+【Shift】+【Home】或【Ctrl】+【Shift】+【End】组合键可以轻松实现。

（8）选定特定的一块文字

先单击欲选文字的开始处，按住【Shift】键不放，再单击欲选文字的结束处。如果欲选文本内容的结束处不在可视范围之内，还需要滚动文本内容到所需的位置。

（9）选定光标所在处到行首或行尾的全部文字

按住【Shift】键不放，再按【Home】键或【End】键即可。

若要从光标处向上或向下快速选定，可按住【Shift】键不放，再按【Page up】键或【Page down】键即可。

（10）纵向选定一块文字

按住【Alt】键不放，用鼠标拖动。

2. 插入和改写文本

若在文档中漏输了文本，或需要修改输入错误的文本，可分别在插入和改写状态下实现操作。

◎ 插入文本：默认状态下，在状态栏中可看到“插入”按钮，表示当前文档处于插入状态，直接在插入点处输入文本，该处文本后面的内容将随插入光标自动向右移动。

◎ 改写状态：在状态栏中单击“插入”按钮或直接按【Insert】键可切换至改写状态（再次单击“改写”按钮或按【Insert】键可切换回插入状态），将插入光标定位到需修改的文本左侧，输入修改的文本，此时文档的文本会被输入的文本替换。

3. 删除文本

如果在文档中发现文本录入错误，可以使用删除操作将其从文档中删除。常用的方法有以下几种。

◎ 删除选定的文本：按【Delete】键或【Backspace】键，可以删除文本。

◎ 将插入光标定位到某处，按【Backspace】键，删除光标左侧的文本；按【Delete】键，删除光标右侧的文本。

4. **移动文本**

移动文本是指将选定的文本移至另一个位置,原位置将不再保留该文本。在 Word 2016 中可选用以下方法实现文本的移动操作。

◎ 通过工具按钮移动:选定文本,在“开始”选项卡的“剪贴板”组中单击“剪切”按钮,在目标位置单击,定位插入光标,在“剪贴板”组中单击“粘贴”按钮。

◎ 通过右键菜单移动:选定文本后,在所选文本上单击鼠标右键,在弹出的快捷菜单中选择“剪切”命令剪切文本,在目标位置单击鼠标右键,在弹出的快捷菜单中单击“粘贴选项”栏下的“保留源格式”按钮。

◎ 通过快捷键移动:选定要移动的文本,按【Ctrl】+【X】组合键剪切文本,将插入光标定位到目标位置,按【Ctrl】+【V】组合键粘贴文本。

◎ 通过拖曳鼠标移动:选定文本后,将鼠标指针移到所选文本上,按住鼠标左键不放并拖曳所选文本到目标位置即可。

5. **复制文本**

复制文本是指将选定的文本复制到目标位置,原位置同样保留文本内容。与移动文本相似,复制文本也有多种方法可实现操作。

◎ 通过工具按钮复制:选定文本,在“开始”选项卡的“剪贴板”组中单击“复制”按钮,在目标位置单击,定位插入光标,在“剪贴板”组中单击“粘贴” 按钮。

◎ 通过右键菜单复制:选定文本后,在所选文本上单击鼠标右键,在弹出的快捷菜单中选择“复制”命令,在目标位置单击鼠标右键,在弹出的快捷菜单中单击“粘贴选项”栏下的“保留源格式”按钮。

◎ 通过快捷键复制:选定要复制的文本,按【Ctrl】+【C】组合键复制文本,将插入光标定位到目标位置,按【Ctrl】+【V】组合键粘贴文本。

◎ 通过拖曳鼠标复制:选定文本后,将鼠标指针移到所选文本上,按住【Ctrl】键的同时,按住鼠标左键不放并拖曳所选文本到目标位置即可。

6. **查找文本**

当需要找到文档中的某个文本对象时,可利用导航窗格查找,其方法为:在“视图”选项卡的“显示”组中选中“导航窗格”复选框或直接按【Ctrl】+【F】组合键,打开导航窗格,在上方的文本框中输入需要查找的文本。

提示

查找到文本后,导航窗格中将显示该文本所在段落的内容选项。选择对应的选项便可快速定位到该文本中。另外,单击“上一处”按钮或“下一处”按钮,可逐一查看找到的文本对象。

7. **替换文本**

替换文本是指将原有的文本替换为更正后的文本。如果需要将文档中大量出现的某个文本全部替换为其他文本，使用此功能可以极大地提高操作效率。

8. 撤消与恢复

编辑文本的过程中，如果出现了误操作，可以通过撤消的方法来取消该操作。如果在撤消后发现不应该撤消，还能通过恢复的方法进行恢复。

撤消：单击快速访问工具栏中的“撤消”按钮或按【Ctrl】+【Z】组合键。

恢复：单击快速访问工具栏中的“恢复”按钮或按【Ctrl】+【Y】组合键。

Word 实训 1

1. 在 Word 文档中录入“我最喜欢看《红楼梦》。在数学中我们不仅学到了 +、-，还学到了 ×、÷。我每天都很开心 ☺”，并存储为文件 w1. docx。

2. 将 w1. docx 文档中的文字内容复制四次，并将所有各段文字连接成一个段落，并存储为文件 w2. docx。

3. 将 w2. docx 中的“红楼梦”全部替换为“西游记”，在“西游记”一词后添加脚注“四大名著之一”，并存储为文件 w3. docx。

4.3 格式设置与文档打印

格式设置主要针对的是文本和段落，包括设置字体、字号、字形和文本颜色，设置段落缩进、段间距、对齐方式、项目符号和编号等。另外，本节还将介绍与页面设置和文档打印相关的内容。

知识技能目标

- 掌握设置文本和段落格式的方法。
- 掌握添加项目符号和编号的方法。
- 掌握设置版面的方法。
- 掌握分栏的操作技术。

4.3.1 设置文本格式

Word 中的文本具有许多属性，如字体外观、字号大小、字形、文本颜色和文本效果等，因此，对文本的格式设置就是对这些属性进行设置。实际操作中，可利用功能区中的“字体”组或“字体”对话框进行设置。

1. 利用“字体”组设置文本格式

利用“字体”组设置文本格式的方法：选定文本对象，在“开始”选项卡的“字体”组中单击相应的按钮或选择相应的选项即可。该组中部分参数的作用分别如下：

◎ “字体”下拉列表：在其中可选择计算机中已安装的任意字体，如宋体、黑体等。

◎ “字号”下拉列表框：在其中可选择字号大小，如五号、二号、12、14 等。

◎ “加粗”按钮：可加粗显示字体。

◎ “倾斜”按钮：可倾斜显示字体。

◎ “下划线”按钮：可为文本添加下划线，若单击右侧的下拉按钮，还可在弹出的下拉列表中选择更多的下划线样式。

◎ “删除线”按钮：可为文本添加删除线。

◎ “下标”按钮：可将选定的文本设置为下标样式，如 CO_2。

◎ “上标”按钮：可将选定的文本设置为上标样式，如 x^2。

◎ “文本效果和版式”按钮：单击它后可在弹出的下拉列表中选择某种预设的文本效果，也可在弹出的下拉列表中选择“轮廓”“阴影”“发光”“映像”等选项，并在弹出的子列表中为文本设置相应的效果属性。

◎ “以不同颜色突出显示本文”按钮：可为文本添加当前设置的颜色作为背景来突出显示文本。若单击右侧的下拉按钮，则可在弹出的下拉列表中为文本选择其他的背景颜色。

◎“字体颜色”按钮：可为文本添加当前设置的字体颜色。若单击右侧的下拉按钮，则可在弹出的下拉列表中为文本选择其他的颜色。

技巧

选定文本后，稍微向右上方移动鼠标指针，此时将出现浮动工具栏，利用它可快速为文本设置部分属性，包括字体外观、字号、字形和字体颜色等。

2. 利用“字体”对话框设置文本格式

若在“字体”组中无法找到需要设置的参数，则可在“开始”选项卡的“字体”组中单击其右下角的“展开”按钮或直接按【Ctrl】+【D】组合键，打开“字体”对话框，利用“字体”选项卡和“高级”选项卡进行设置，如图 4.11 所示。其中，“字体”选项卡中的参数与“字体”组中的参数大致相似，下面重点说明“高级”选项卡中部分参数的作用。

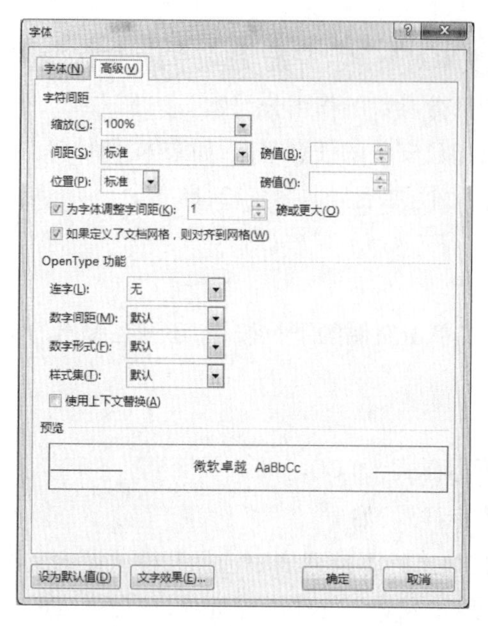

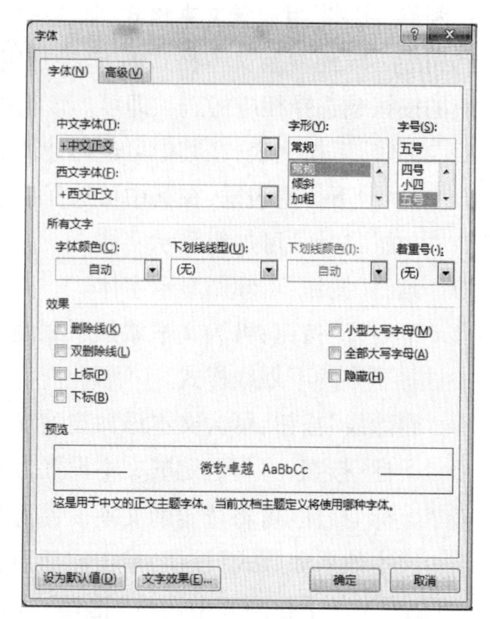

图 4.11 “字体”对话框

◎“缩放”下拉列表框：可设置文本的缩放比例，默认为 100%，此时显示为正常大小。当比例大于 100% 时文本会拉宽显示，当比例小于 100% 时文本会收缩显示。

◎“间距”下拉列表框：可设置字符与字符之间的距离，包括“标准”“加宽”“紧缩”三种。选择某种间距后，可进一步在右侧的“磅值”数值框中设置间距大小。

◎“位置”下拉列表框：可设置文本相对于所在行的垂直位置，包括“标准”“提升”“降低”三种。同样地，可以通过右侧的“磅值”数值框精确设置位置高低。

4.3.2 设置段落格式

段落虽然是由文本组成的，但还具有一些文本没有的属性，如段落对齐方式、缩进距离、行间距和段间距等。设置段落格式便是对这些属性进行设置，以使文档的结构更加清晰、层次更为分明。

1. 设置段落对齐方式

段落对齐方式主要包括左对齐、居中对齐、右对齐、两端对齐和分散对齐等。左对齐表示以段落左端为参考，对齐段落各行；居中对齐表示以段落两端为参考，在居中的位置对齐段落各行；右对齐表示以段落右端为参考，对齐段落各行；两端对齐表示以段落两端为参考，将段落各行（最后一行除外）同时对齐；分散对齐表示以段落两端为参考，将段落各行（包括最后一行）同时对齐。

设置段落对齐的方法有以下几种：

◎ 选定要设置的段落（包括其后的段落标记），在“开始”选项卡的“段落”组中单击相应的对齐按钮，如图 4.12 所示。

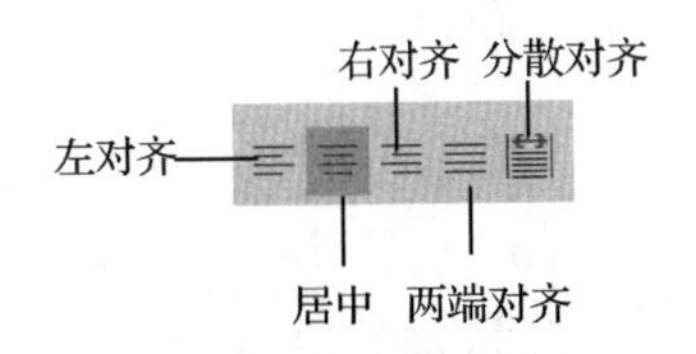

图 4.12　设置段落对齐方式

◎ 选定要设置的段落，单击“段落”组右下方的“展开”按钮，打开“段落”对话框，在“对齐方式”下拉列表框中选择对齐方式，如图 4.13 所示。

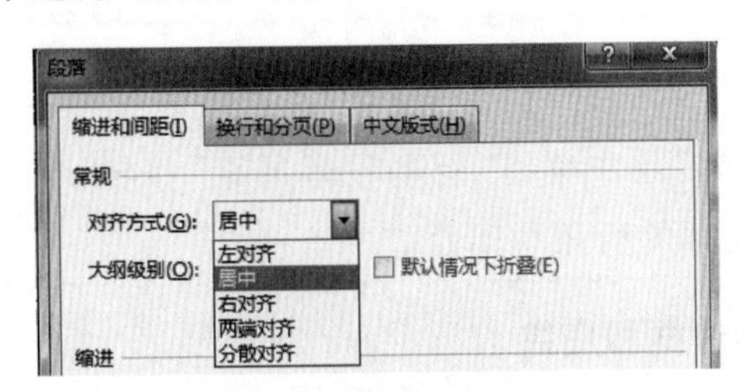

图 4.13　选择段落对齐方式

◎ 选定要设置的段落，利用浮动工具栏中的对齐按钮设置。

2. 设置段落缩进

段落缩进包括左缩进、右缩进、首行缩进和悬挂缩进四种。左缩进表示以段落左端为参考，整个段落向右缩进；右缩进表示以段落右端为参考，整个段落向左缩进；首行缩进表示以段落左端为参考，段落第一行向右缩进；悬挂缩进表示以段落第一行左端为参考，将除第一行以外的段落各行向右缩进。

设置段落缩进可以利用标尺和“段落”对话框来设置，其方法分别如下：

◎ 利用标尺设置：选定段落或将插入光标定位在段落中，拖曳水平标尺中的各个缩进滑块，便可直观地调整段落的缩进距离。其中，各滑块的作用如图 4.14 所示。

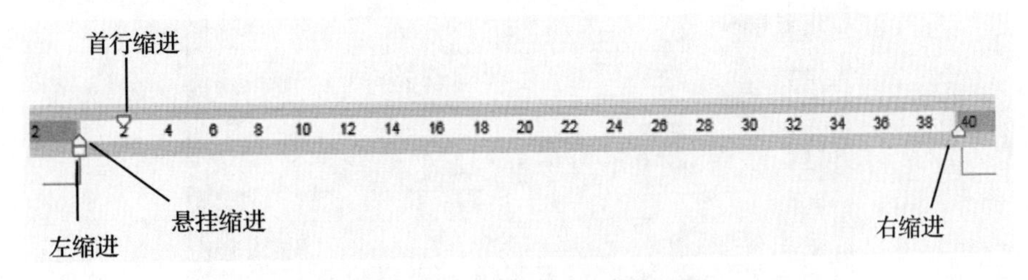

图 4.14　利用标尺设置段落缩进

◎ 利用“段落”对话框设置：选定段落或将插入光标定位在段落中，单击“段落”组右下方的“展开”按钮，打开“段落”对话框，在“缩进”栏中进行设置。

3. 设置行距和段落间距

通过对段落各行的距离和段落与段落之间的距离进行设置，可以使文档内容更加清晰，结构更有层次。其设置方法为：选定段落，打开“段落” 对话框，在“间距”栏的“段前”和“段后”数值框中输入数值，可设置段落间距，在“行距”下拉列表框中选择相应的选项，并在右侧数值框中输入数值，可设置行距，如图 4.15 所示。

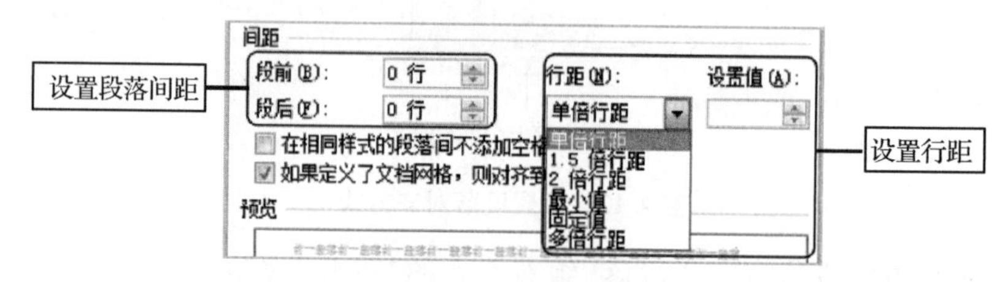

图 4.15　精准设置段落间距和行距

技巧

选定段落后，在“段落”组中单击“行和段落间距”按钮，在弹出的下拉列表中选择某个选项，可快速设置段落的行距和间距。

4. 设置文字和段落的边框和底纹

边框和底纹不仅适用于文字，也适用于段落和页面的设置。在“段落”组中点击 ，在下拉列表中选择 边框和底纹(O)...，可打开如图 4.16 所示的“边框和底纹”对话框。在“边框”选项卡中，可以选择边框的类型，还可以设置不同的线型、颜色和宽度，具体效果可以在旁边预览。切换到“底纹”选项卡，可以选择不同的填充颜色，同时还可以用图案来填充。

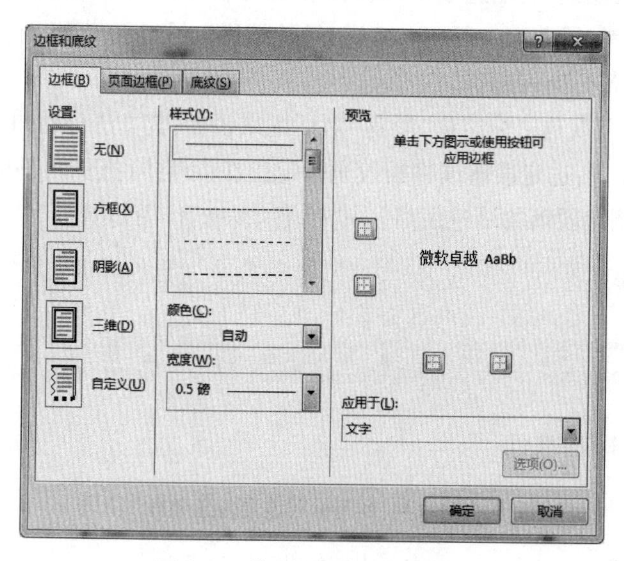

图 4.16　“边框和底纹”对话框

提示

在“应用于”中选择“文字”和“段落”，两者效果不同，在具体操作过程中要注意。

5. 添加项目符号

项目符号适用于并列关系的多个段落，添加项目符号的方法为：选定多个需要添加项目符号的段落，在“开始”选项卡的“段落”组中单击“项目符号”按钮右侧的下拉按钮，在弹出的下拉列表中选择某种项目符号即可，如图 4.17 所示。

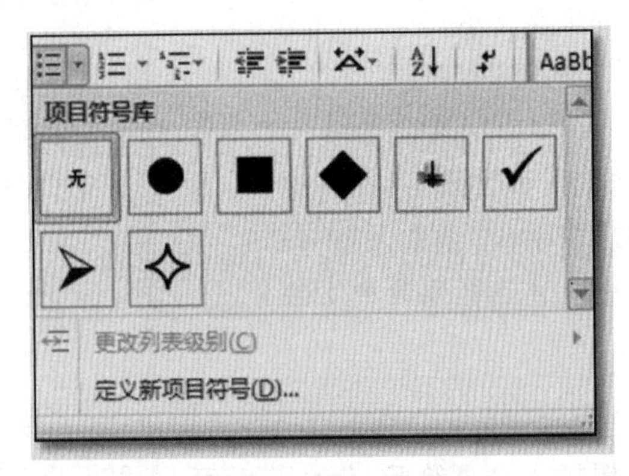

图 4.17　添加项目符号

技巧

单击“项目符号”按钮右侧的下拉按钮，在弹出的下拉列表中选择“定义新项目符号”选项，可打开“定义新项目符号”对话框。在其中单击“符号”按钮或“图片”按钮，可在打开的对话框中选择某种符号或图片作为项目符号并添加到段落中。

6. 添加编号

对于按一定顺序或层次结构排列的段落，则可为其添加编号，其方法为：选定要添加编号的多个段落，在“开始”选项卡的“段落”组中单击“编号”按钮右侧的下拉按钮，在弹出的下拉列表中选择某种编号样式即可，如图 4.18所示。若选择“定义新编号格式”选项，则可在打开的对话框中重新定义新的编号格式。

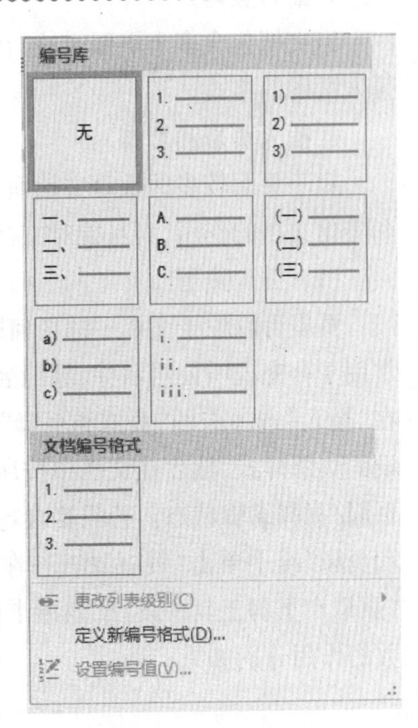

图 4.18　添加编号

4.3.3　设置版面

除了对文本和段落进行设置外，Word 2016 还允许对页面进行设置，以满足实际工作中对不同排版的需求。

1. 页面设置

页面设置主要指的是对页边距、纸张大小和纸张方向进行设置，其方法为：单击“布局”选项卡的“页面设置”组中的“展开”按钮，打开“页面设置”对话框，单击“页边距”选项卡，在“页边距”栏的“上”“下”“左”“右”

数值框中可设置页面内容与页面边框之间的距离，如图 4.19 所示，在“纸张方向”栏中可选择页面内容为纵向显示还是横向显示；单击“纸张”选项卡，可在“纸张大小”栏的下拉列表框中选择纸张大小，也可在“宽度”和“高度”数值框中自定义纸张大小。

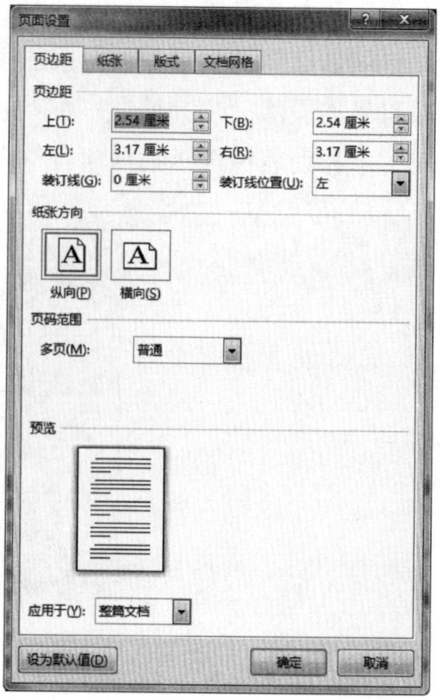

技巧

在“布局”选项卡的“页面设置”组中单击“页边距”按钮、“纸张方向”按钮和“纸张大小”按钮，可在弹出的下拉列表中快速选择预设的页边距、纸张方向和纸张大小。

图 4.19 “页面设置”对话框

2. 插入分页符

在文档中的某个位置插入分页符后，分页符后面的内容将自动显示在下一个页面中，此操作可以轻松控制页面显示的内容。

插入分页符的方法：将插入光标定位到需插入分页符的文本处，在“布局”选项卡的“页面设置”组中单击“分隔符”按钮，在弹出的下拉列表中选择“分页符”选项即可。

3. 插入页码

当文档包含多个页面时，可在文档中插入页码来标记页码的顺序，并可进一步设置所插入页码的格式。

4. 插入页眉和页脚

对于页面较多的长篇文档而言，页眉与页脚是非常实用的对象，它们不仅能起到统一和美化文档的作用，而且能对文档信息进行有效的补充说明。

（1）插入页眉

页眉可以位于文档中的任何区域，但根据文档的浏览习惯，页眉一般放置在页面顶部，常用于补充说明公司名称、部门名称、文档标题、文件名和作者姓名等。插入页眉的方法：在“插入”选项卡的“页眉和页脚”组中单击“页眉”按钮，在弹出的下拉列表中选择某种预设的页眉样式，然后在文档中按所选的页眉样式输入所需的内容，完成后按【Esc】键退出页眉/页脚编辑状态。若需要自行设置页眉的内容和格式，则可在“插入”选项卡的“页眉和页脚”组中单击“页眉”按钮，在弹出的下拉列表中选择“编辑页眉”选项，利用功能区的“页眉和页脚工具—设计”选项卡便可对页眉内容进行编辑，如图 4.20 所示。其中部分参数的作用分别如下：

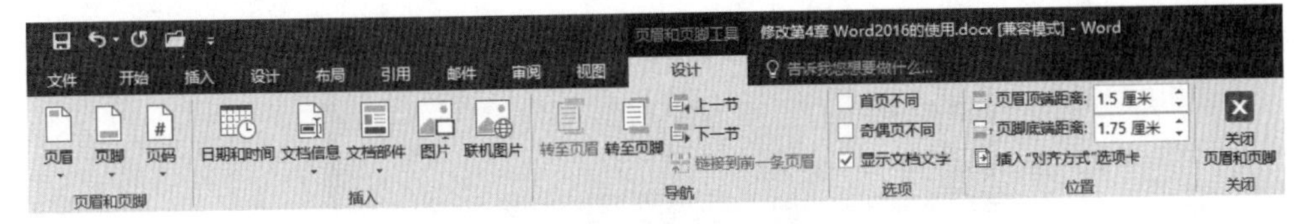

图 4.20　编辑页眉参数

◎"日期和时间"按钮:单击之,可在打开的"日期和时间"对话框中插入日期和时间。

◎"文档部件"按钮:单击之,可在弹出的下拉列表中选择需插入的与本文档相关的信息,如标题、单位和发布日期等。

◎"图片"按钮:单击之,可在打开的对话框中选择页眉中需要使用的图片。

◎"首页不同"复选框:选中该复选框,可使文档第一页不显示页眉/页脚。

◎"奇偶页不同"复选框:选中该复选框,可单独设置文档奇数页和偶数页的页眉/页脚。

◎"关闭页眉和页脚"按钮:单击之,可退出页眉/页脚编辑状态。

(2) 插入页脚

页脚一般位于文档中每个页面的底部区域,也用于显示文档的附加信息,如日期、公司标识、文件名或作者名等,但最常见的是在页脚中显示页码。

插入页脚的方法:在"插入"选项卡的"页眉和页脚"组中单击"页脚"按钮,在弹出的下拉列表中选择某种预设的页脚样式,然后在文档中按所选的页脚样式输入所需的内容即可,操作方法与创建页眉相似。

**技巧**

单击"页眉"按钮或"页脚"按钮,在弹出的下拉列表中选择"删除页眉"选项或"删除页脚"选项,可快速清除页眉和页脚内容。

5. 设置页面边框和底纹

为页面添加边框和底纹,可以进一步美化文档,提高其可读性和专业性。在 Word 2016 中利用"边框和底纹"对话框可以轻松设置页面的边框和底纹效果。

6. 添加水印

在文档中添加水印可以在不影响内容的情况下提醒使用者文档的重要性或用途,也可以防止非法使用。添加水印的方法:在"设计"选项卡的"页面背景"组中单击"水印"按钮,在弹出的下拉列表中可直接选择预设的水印效果,也可选择"自定义水印"选项,此时将打开"水印"对话框,如图 4.21 所示,设置水印参数后,单击"确定"按钮即可。其中部分参数的作用分别如下:

图 4.21　设置水印效果

◎“图片水印”单选项：选中后可单击“选择图片”按钮，在打开的对话框中选择某张图片作为水印。

◎“文字水印”单选项：选中后可添加文字作为水印，并激活下方的参数选项。

◎“文字”下拉列表框：可输入水印内容，也可直接选择已有的水印内容。

◎“字体”下拉列表框：可选择水印文字的字体外观。

◎“字号”下拉列表框：可选择水印文字的字号大小。

◎“颜色”下拉列表框：可设置水印文字的颜色。

◎“版式”栏：可设置水印在文档中的显示方向。

7. 页面分栏

对页面进行分栏后，可将文本内容在页面中显示为多栏排列，既节省版面，又能满足排版需求。其方法为：在“布局”选项卡的“页面设置”组中单击“分栏”按钮，在弹出的下拉列表中选择栏数对应的选项即可。也可选择“更多分栏”选项，打开“分栏”对话框，在其中进一步设置分栏参数，如图 4.22 所示。

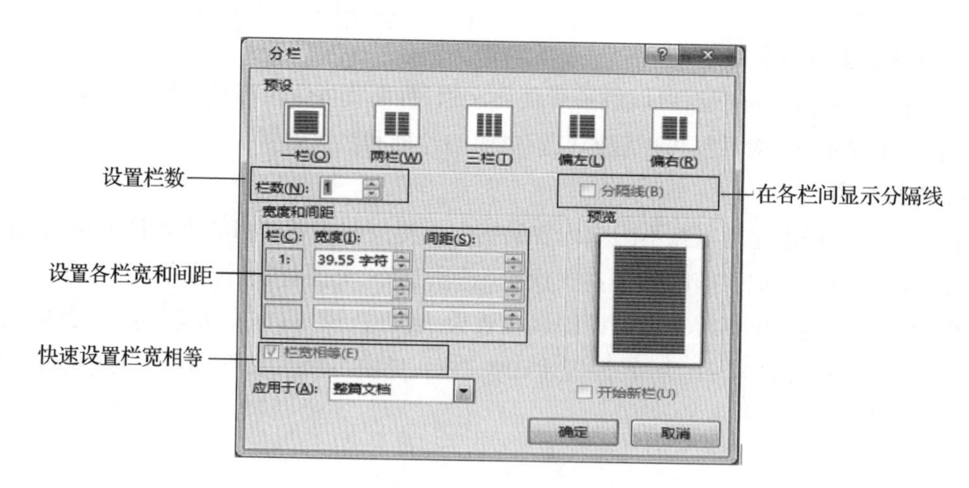

图 4.22　设置分栏参数

8. **首字下沉**

首字下沉是指放大段落开头的第一个文本，使其占据多行的空间，从而形成更为复杂的版面效果。

4.3.4 预览并打印文档

打印文档之前，应对文档内容进行预览，通过预览效果来对文档中不妥的地方进行调整，直到预览效果符合需要后，再设置打印份数和打印范围等参数，并最终执行打印任务。

预览并打印文档的方法：单击“文件”选项卡，选择左侧的“打印”选项，此时便可在右侧的界面中预览文档的打印效果。在预览区域的左下方可切换预览页面，拖曳右下方的滑块可调整预览显示比例。预览无误后，可设置打印任务，完成后单击“打印”按钮即可打印文档。其中设置打印任务的各个参数的作用分别如下：

◎“份数”数值框：可设置打印的份数。

◎“打印机”下拉列表框：可选择成功连接到计算机上的打印机对应的选项。

◎“打印所有页”下拉列表框：可选择打印的范围，如打印所有页面或打印当前页面等，默认为打印整篇文档。

◎“页数”文本框：可输入页码来自定义打印的范围。例如，“1－3”表示打印第1页至第3页页面；“1,3－5,7”则表示打印第1页、第3页、第4页、第5页和第7页页面。

◎“单面打印”下拉列表框：可设置单面打印或双面打印。

◎“调整”下拉列表框：可选择打印顺序，“1,2,3　1,2,3　1,2,3”表示循环打印，“1,1,1　2,2,2　3,3,3”表示按页打印。

◎“纵向”下拉列表框：可设置纸张方向。

◎“A4”下拉列表框：可设置纸张大小。

◎“正常边距”下拉列表框：可设置页边距。

◎“每版打印1页”下拉列表框：可设置每版打印的页面数量。

Word 实训2

1. 打开“Word素材\Word实训2\4-3-1练习.docx”，进行以下操作：

(1) 将文中所有错词“漠视”替换为红色“模式”；将标题段“8086/8088 CPU的最大模式和最小模式”的中文设置为黑体，英文设置为Arial Unicode MS、红色、四号，字符间距加宽2磅，标题段文字居中，并添加红色1磅方框和黄色底纹。

(2) 将正文各段文字“为了……超大规模集成电路”的中文设置为五号、仿宋，英文设置为Arial Unicode MS、五号，并将第1段首字下沉3行(距正文0.2厘米)；各段落左右各缩进1字符，段前间距为0.5行。

(3) 为正文第1段“为了……模式。”中的CPU加一脚注“Central Process Unit”；为正文第 2 段“所谓最小模式……名称的由来。”和第 3 段“最大模式……划分为四代:”分别添加编号“1)”“2)”。

(4) 将文档页面的纸型设置为“A4”,页面上、下边距各为 2.5 厘米,左、右边距各为 3.5 厘米,页面设置为每行 41 字符、每页 40 行。页面垂直对齐方式为“居中对齐”。

(5) 插入分页符,将正文倒数第 1 至第 4 行放在第 2 页,并为其设置项目符号“●”。

(6) 为页面添加内容为“计算机”的文字水印,并将文件另存为“4-3-1 已完成.docx”。

2. 打开“Word 素材\Word 实训 2\4-3-2 练习.docx”,进行以下操作:

(1) 将标题段“4. 电子商务技术专利框架”文字设置为三号、蓝色、黑体、加粗、居中。将倒数第 5 行文字“表 4-1 国内外在中国申请的专利统计”设置为四号、楷体、居中,并加绿色边框、黄色底纹。

(2) 为文档中的第 8 行到第 12 行(共五行)添加新定义的项目符号“✂”。

(3) 将标题段后的第 1 段“根据对国内、外电子商务专利技术……是知识和信息技术相结合的成果。”进行分栏,要求分成 3 栏,栏宽相等,栏间加分隔线。

(4) 设置页眉为“电子商务技术专利”,字体大小为“小五号”。

(5) 将文件另存为“4-3-2 已完成.docx”。

4.4 表格的制作与应用

表格是一种可视化的交流模式,是一种组织整理数据的工具,它由多条在水平方向和垂直方向平行的直线构成,直线交叉形成了单元格,水平方向的一排单元格称为行,垂直方向的一排单元格称为列。利用表格可以将杂乱无章的信息管理得井井有条,从而提高文档内容的可读性。

知识技能目标

- 掌握创建表格的方法。
- 掌握编辑表格的方法。
- 掌握表格排序的方法。
- 掌握表格计算的方法。

4.4.1 创建表格

创建表格涉及两个环节:一是在文档中插入表格,二是在表格中输入文本内容。这两个环节都可以通过多种方法来实现,下面分别介绍。

1. 快速插入表格

将光标定位到需插入表格的位置,在“插入”选项卡的“表格”组中单击“表格”按钮,在

弹出的下拉列表中将鼠标指针移至“插入表格”栏的某个单元格上,此时呈黄色边框显示的单元格即表示将要插入的单元格,单击鼠标完成插入操作,如图4.23所示。

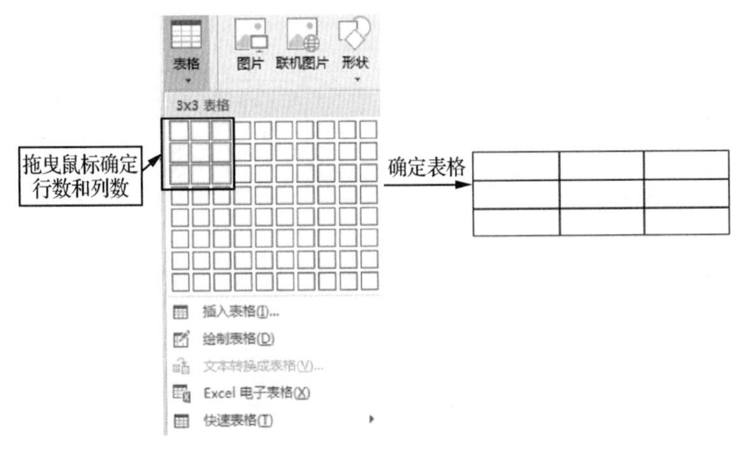

图 4.23 快速插入表格的过程

2. **通过对话框插入表格**

在“插入”选项卡的“表格”组中单击“表格”按钮,在弹出的下拉列表中选择“插入表格”选项,此时将打开“插入表格”对话框,在其中可设置表格尺寸和表格宽度,单击“确定”按钮便可插入表格,如图4.24所示。

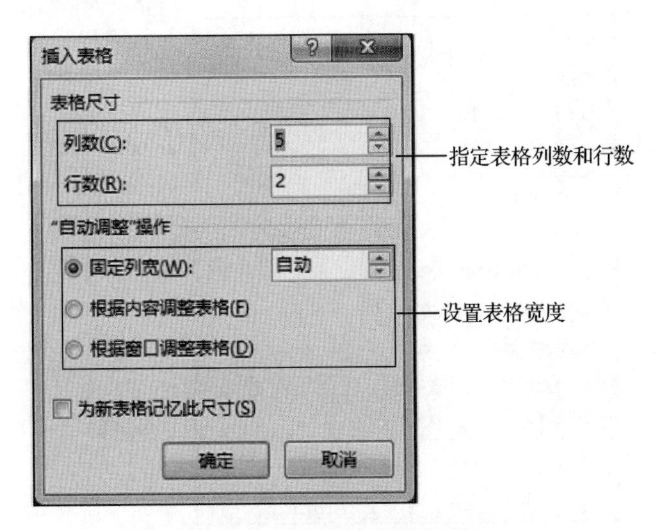

图 4.24 “插入表格”对话框

3. **绘制表格**

对于一些结构不规则的表格,可以通过手动绘制来创建,其方法为:在“插入”选项卡的“表格”组中单击“表格”按钮,在弹出的下拉列表中选择“绘制表格”选项,此时鼠标指针将变为铅笔形状,在文档编辑区拖曳鼠标即可绘制表格外边框,继续在外边框内拖曳鼠标可绘制表格的行和列。表格绘制完成后,按【Esc】键,退出绘制状态即可,整个过程如图4.25所示。

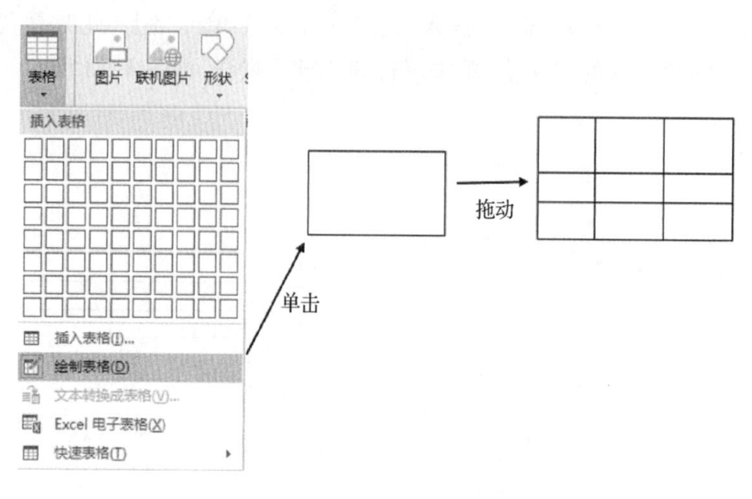

图 4.25　绘制表格的过程

4. 将文本转换为表格

如果文本按照表格的形式排列,且中间用制表位、空格和逗号等统一的符号间隔,便可快速将文本转换为表格,其方法为:选定所有需转换为表格的文本对象,在“插入”选项卡的“表格”组中单击“表格”按钮,在弹出的下拉列表中选择“文本转换成表格”选项,此时将打开“将文字转换成表格”对话框,默认其中的设置,单击“确定”按钮即可,如图 4.26所示。

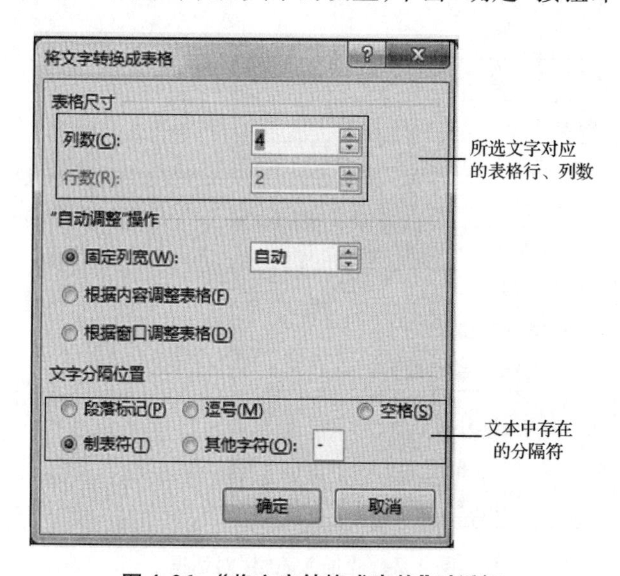

图 4.26　“将文字转换成表格”对话框

提示

Word 2016 允许将文本转换为表格,同样地,也可以将表格转换为文本,其方法为:选定表格后,在“表格工具—布局”选项卡的“数据”组中单击“转换为文本”按钮,打开“表格转换成文本”对话框,在其中设置转换后的分隔符,单击“确定”按钮即可。

5. 输入表格内容

创建表格后,便可在其中输入需要的内容。通常在相应的单元格中单击鼠标,将光标定位到其中后,即可输入文本。此外,还可使用以下方法来定位单元格。

◎ 使用方向键定位:利用键盘上的【↑】、【↓】、【←】和【→】键可将光标从当前单元格按相应方向定位到相邻的单元格。

◎ 使用【Tab】键定位:按【Tab】键可将光标从当前单元格向右定位到相邻的单元格中,当单元格处于最右侧时,会自动定位到下一行最左侧的单元格。

◎ 使用【Shift】+【Tab】组合键定位:按【Shift】+【Tab】组合键,可将光标从当前单元格向左定位到相邻的单元格中,当单元格处于最左侧时,会自动定位到上一行最右侧的单元格。

4.4.2　编辑与美化表格

为保证表格数据具备更好的可读性和美观性,可以对表格进行适当的编辑和美化操作。

1. 选定表格

选定表格主要包括选定单元格、行和列以及整个表格等,其方法分别如下:

◎ 选定单个单元格:将鼠标指针移至所选单元格的左边框偏右位置,当其变为形状➚时,单击鼠标即可选定该单元格,如图 4.27(a)所示。

◎ 选定连续的多个单元格:在表格中拖曳鼠标,即可选定拖曳起始位置处和释放鼠标位置处的所有连续单元格。另外,选定起始单元格,将鼠标指针移至目标单元格的左边框偏右位置,当其变为形状➚时,按住【Shift】键的同时单击鼠标,也可选定这两个单元格及其之间的所有连续单元格,如图 4.27(b)所示。

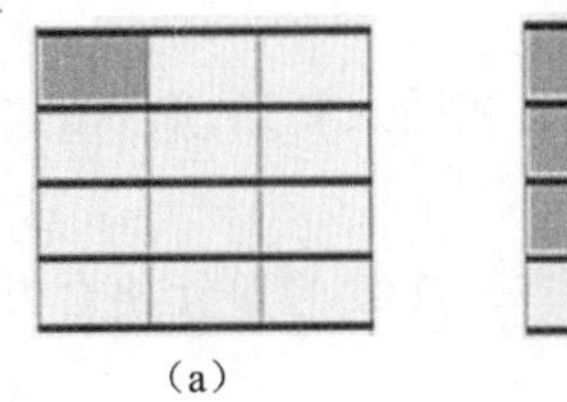

(a)

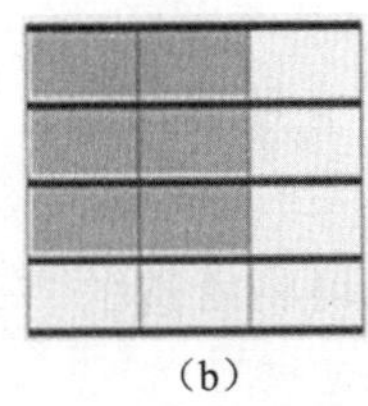

(b)

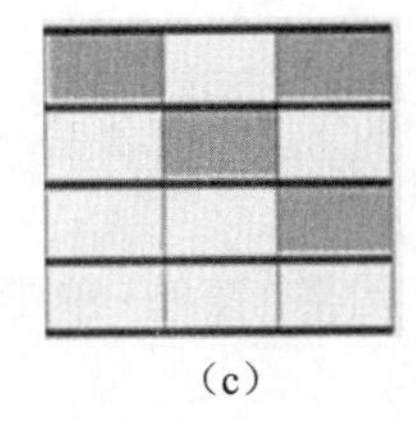

(c)

图 4.27　选定单元格操作

◎ 选定不连续的多个单元格:首先选定起始单元格,然后按住【Ctrl】键不放,依次选定其他单元格即可,如图 4.27(c)所示。

◎ 选定行:用拖曳鼠标的方法可选定行或连续的多行。另外,将鼠标指针移至所选行左侧,当其变为形状➔时,单击鼠标,可选定该行。利用【Shift】键和【Ctrl】键可实现选定连续多行和不连续多行的操作,方法与单元格的选定操作类似。

◎ 选定列:用拖曳鼠标的方法可选定一列或连续的多列。另外,将鼠标指针移至所选列上方,当其变为形状⬇时,单击鼠标,可选定该列。利用【Shift】键和【Ctrl】键可实现选定连续多列和不连续多列的操作，方法也与单元格的选定操作类似。

◎ 选定整个表格：按住【Ctrl】键不放，利用选定单个单元格、单行或单列的方法即可选定整个表格。另外，将鼠标指针移至表格区域，此时表格左上角将出现图标 ⊞，单击该图标，也可选定整个表格。

2. 修改表格布局

修改表格布局主要包括插入、删除、合并和拆分表格中的各种元素，其方法为：选定表格中的单元格、行或列，在"表格工具—布局"选项卡中利用"行和列"组与"合并"组中的相关参数进行设置即可，如图 4.28 所示。其中各参数的作用分别如下：

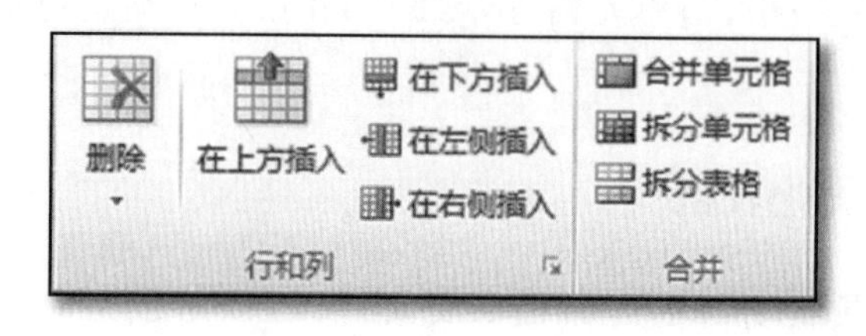

图 4.28　修改表格布局的主要参数

◎ "删除"按钮：单击之，可在弹出的下拉列表中执行删除单元格、行、列或表格的操作。当删除单元格时，会打开"删除单元格"对话框，要求设置单元格删除后剩余单元格的调整方式，如右侧单元格左移或下方单元格上移等。

◎ "在上方插入"按钮：单击之，可在所选行的上方插入新行，新行的数量与所选择的行数一致。

◎ "在下方插入"按钮：单击之，可在所选行的下方插入新行，新行的数量与所选择的行数一致。

◎ "在左侧插入"按钮：单击之，可在所选列的左侧插入新列，新列的数量与所选择的列数一致。

◎ "在右侧插入"按钮：单击之，可在所选列的右侧插入新列，新列的数量与所选择的列数一致。

◎ "合并单元格"按钮：单击之，可将所选的多个连续的单元格合并为一个新的单元格。

◎ "拆分单元格"按钮：单击之，将打开"拆分单元格"对话框，在其中可设置拆分后的列数和行数，单击"确定"按钮，即可将所选单元格按设置的数量拆分。

◎ "拆分表格"按钮：单击之，可在所选单元格处将表格拆分为上下两个独立的表格。

3. 应用表格样式

表格样式是表格格式的集合，包括表格边框和底纹格式、表格中的文本段落格式以及表格中单元格的对齐方式等。应用 Word 2016 预设的表格样式可以快速美化表格，其方法为：选定表格或将光标定位到单元格中，在"表格工具—设计"选项卡的"表格样式"组中选择某个样式选项即可，如图 4.29 所示。

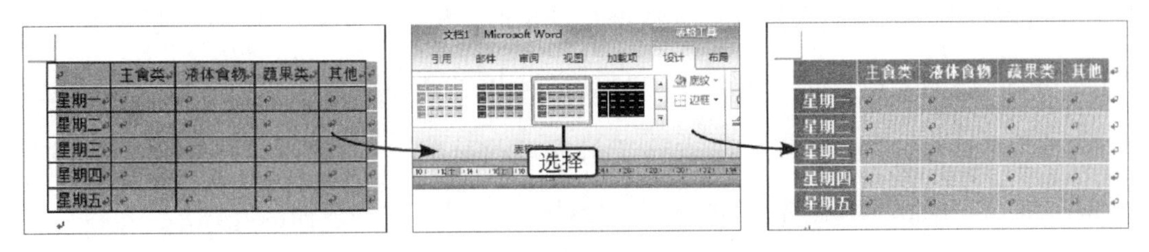

图 4.29　应用表格样式的过程

4. 设置单元格对齐方式

单元格对齐方式是指单元格中文本的对齐方式，其设置方法为：选定需设置对齐方式的单元格，在“表格工具—布局”选项卡的“对齐方式”组中单击相应的按钮即可，如图 4.30 所示。

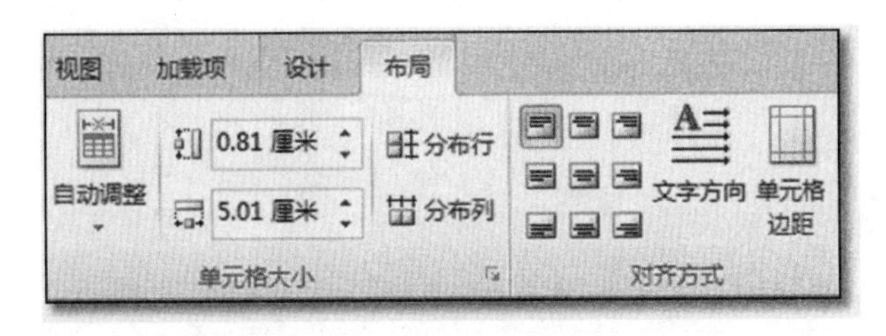

图 4.30　设置单元格对齐方式

技巧

选定单元格后，在其上单击鼠标右键，在弹出的快捷菜单中选择“单元格对齐方式”命令，在弹出的子菜单中单击相应的按钮，也可设置单元格的对齐方式。

5. 设置表格的行高和列宽

设置表格的行高和列宽的常用方法有以下两种：

◎ 拖曳鼠标设置：将鼠标光标移至行线或列线上，当其变为形状 ÷ 或 ⇹ 时，拖曳鼠标，即可调整行高或列宽。

◎ 精确设置：选定需调整行高或列宽所在的行或列，在“表格工具—布局”选项卡的“单元格大小”组的“高度”数值框或“宽度”数值框中即可设置精确的行高或列宽。

6. 设置单元格边框和底纹

设置单元格边框和底纹的方法如下：

◎ 设置单元格边框：选定需设置边框的单元格，在“表格工具—设计”选项卡的“表格样式”组中单击“边框”按钮右侧的下拉按钮，在弹出的下拉列表中选择相应的边框样式。

◎ 设置单元格底纹：选定需设置底纹的单元格，在“表格工具—设计”选项卡的“表格样式”组中单击“底纹”按钮右侧的下拉按钮，在弹出的下拉列表中选择所需的底纹颜色。

4.4.3　排序和计算表格数据

Word 2016 表格具备简单的排序和计算功能，能满足对数据最基本的排列和计算要求。

当需要对表格中的数据记录重新排列或统计结果时，便可在“表格工具—布局”选项卡中操作。单击“表格工具—布局”选项卡的“数据”组中的“排序”按钮 A↓Z 排序，打开如图 4.31 所示的“排序”对话框，在其中可按要求设置排序顺序。单击“数据”组中的“公式”按钮 fx 公式，打开如图 4.31 所示的“公式”对话框，在其中可选择所需函数。

排序
主要关键字(S)
列 1 类型(Y): 拼音 ◉ 升序(A)
使用: 段落数 ○ 降序(D)
次要关键字(T)
类型(P): 拼音 ◉ 升序(C)
使用: 段落数 ○ 降序(N)
第三关键字(B)
类型(E): 拼音 ◉ 升序(I)
使用: 段落数 ○ 降序(G)
列表
○ 有标题行(R) ◉ 无标题行(W)
选项(O)... 确定 取消

图 4.31 “排序”对话框

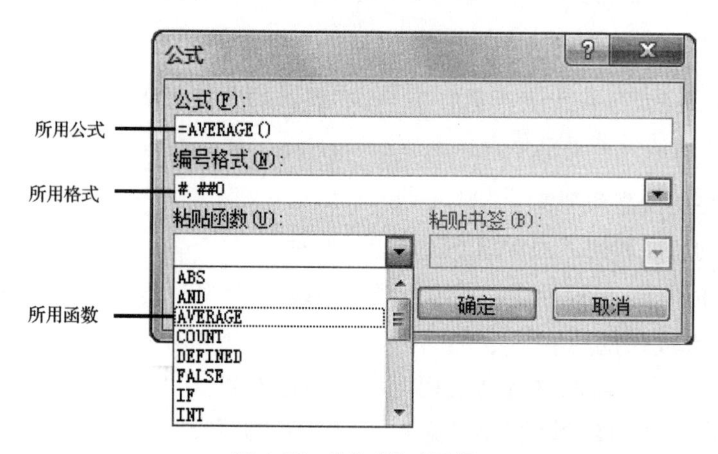

图 4.32 “公式”对话框

提示

如果需要对左侧的数据求平均值，则正确的公式应该是“=AVERAGE(LEFT)”；如果需要对上方的数据求和或求平均值，则把“( )”里面的参数改为“ABOVE”即可。

Word 实训3

1. 将“Word 实训3\4-4-1 练习.docx”文档中的5行文字转换成一个5行4列的表格，在表格最后一列的右边插入一空列，输入列标题“总分”，在这一列下面的各单元格中计算其左边相应3个单元格中数据的总和。设置表格样式为“网格表4-着色4”，表格居中。给表格第1行第1列单元格中的内容“考生号”添加“学号”下标。将表格列宽设置为2.4厘米，行高自动设置，表内文字和数据居中；再将表格内容按“外语”降序进行排序。以原文件名保存文档。

2. 打开“Word 实训3\4-4-2 练习.docx”文档，设置文档中的表格居中。将B1:F1单元格的字体格式设置为楷体、四号、加粗，将单元格内容(“星期一”“星期二”“星期三”“星期四”“星期五”)的文字方向更改为“纵向”，垂直对齐方式为“水平居中”。将第1列文字设置为三号，对齐方式为“中部居中”，B3:F6单元格对齐方式为“中部右对齐”。将第2行单元格底纹设置为灰色(自定义中的红色：192，绿色：192，蓝色：192)。设置表格外框线为1.5磅蓝色双窄线、内框线为1.0磅单实线，第2行上、下边框线为1.5磅蓝色单实线，并在第一个单元格中添加一条0.75磅红色单实线对角线。设置表格所有单元格上、下边距各为0.1厘米，左、右边距均为0.3厘米。最后以原文件名保存文档。

3. 参照如图4.33所示的样张制作一个6行5列的表格。对第1、2行第1列单元格进行合并；对第1行第2、3、4列单元格进行合并；对第6行第2、3、4列单元格进行合并，并将合并后的单元格均匀拆分为两列。最后保存文件为“4-4-3.docx”。

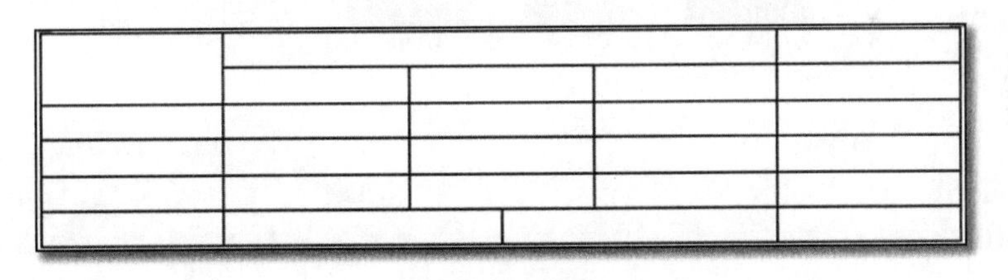

图4.33 样张

4.5 图文混排

在Word 2016中可以插入图片、形状、SmartArt、文本框和艺术字等对象，并通过强大的图文混排功能，形成各种专业、美观的文档效果。

知识技能目标

- 掌握插入图片、形状、SmartArt、文本框以及艺术字的方法。

4.5.1 图片的应用

在枯燥的文本中适时地使用图片,不仅能让文档使用者可以更轻松地理解文本所要表达的含义,而且能丰富文档本身,使其更加美观和生动。

1. 插入图片

在 Word 2016 中插入图片,方法为:将光标定位到需插入图片的位置,在"插入"选项卡的"插图"组中单击"图片"按钮,打开"插入图片"对话框,在其中选择需插入的图片,单击"插入"按钮,如图 4.34 所示。

图 4.34 "插入图片"对话框

2. 调整图片大小、位置和角度

将图片插入文档中后,选定图片,此时利用图片上出现的控制点,便可实现对图片的各种调整操作。

◎ 调整大小:将鼠标指针定位到图片边框上出现的 8 个白色控制点之一,当其变为双向箭头形状 ↔ 时,按住鼠标左键不放并拖曳鼠标,即可调整图片大小。其中对角线上的 4 个角上的控制点可等比例同时调整图片的高度和宽度,使图片等比例缩放;4 条边中间的控制点可单独调整图片的高度或宽度,但图片会变形。

◎ 调整位置:选定图片后,将鼠标指针定位到图片上,按住鼠标左键不放,并拖曳到文档中的其他位置,释放鼠标,即可调整图片的位置。

◎ 调整角度:调整角度即旋转图片,选定图片后将鼠标指针定位到图片上方出现的绿色控制点上,当其变为形状 时,按住鼠标左键不放并拖曳鼠标即可。

3. 裁剪与排列图片

将图片插入文档中后,可根据需要对图片进行裁剪和排列,使其能更好地配合文本,实现更丰富的图文混排效果。

◎ 裁剪图片:选定图片,在“图片工具—格式”选项卡的“大小”组中单击“裁剪”按钮,将鼠标指针定位到图片上出现的裁剪边框线上,按住鼠标左键不放并拖曳鼠标,释放鼠标后按【Enter】键或单击文档其他位置,即可完成裁剪。

◎ 排列图片:排列图片是指设置图片周围文本的环绕方式。选定图片,在“图片工具—格式”选项卡的“排列”组中单击“环绕文字”按钮,在弹出的下拉列表中选择所需环绕方式对应的选项即可。

4. 美化图片

Word 2016 提供了强大的美化图片功能,选定图片后,在“图片工具—格式”选项卡的“调整”组和“图片样式”组中即可进行各种美化操作,如图 4.35 所示。其中部分按钮的作用分别如下:

图 4.35　美化图片的各个按钮

◎ “更正”按钮:单击之,可在弹出的下拉列表中选择 Word 2016 预设的各种锐化、柔化、亮度和对比度效果。

◎ “颜色”按钮:单击之,可在弹出的下拉列表中设置不同的饱和度和色调等。

◎ “艺术效果”按钮:单击之,可在弹出的下拉列表中选择 Word 2016 预设的不同艺术效果。

◎ “图片样式”下拉列表框:在该下拉列表框中可快速为图片应用某种已设置好的图片样式。

◎ “图片边框”按钮:单击之,可在弹出的下拉列表中设置图片边框的颜色、粗细以及边框样式。

◎ “图片效果”按钮:单击之,可在弹出的下拉列表中设置图片的各种效果,如阴影效果、发光效果等。

4.5.2　形状的应用

形状不同于图片或剪贴画,它具有一些独特的性质和特点。Word 2016 提供了大量的形状,编辑文档时合理地使用这些形状,不仅能提高效率,而且能提升文档的质量。

1. 插入形状

在“插入”选项卡的“插图”组中单击“形状”按钮,在弹出的下拉列表中选择某种形状对应的选项,此时可执行以下任意一种操作完成形状的插入。

◎ 单击鼠标:单击鼠标,将插入默认尺寸的形状。

◎ 拖曳鼠标:在文档工作区中拖曳鼠标至适当大小后释放鼠标,可插入任意大小的形状。

2. 调整形状

选定插入的形状,可按调整图片的方法对其大小、位置和角度进行调整。除此以外,还可根据需要改变形状或编辑形状顶点。

◎ 更改形状:选定形状后,在“绘图工具—格式”选项卡的“插入形状”组中单击“编辑形状”按钮,在弹出的下拉列表中选择“更改形状”选项,并在弹出的子列表中选择需更改形状对应的选项即可。

◎ 编辑形状顶点:选定形状后,在“绘图工具—格式”选项卡的“插入形状”组中单击“编辑形状”按钮,在弹出的下拉列表中选择“编辑顶点”选项,此时形状边框上将显示多个黑色顶点,选定某个顶点后,拖曳顶点,可调整顶点位置,拖曳顶点两侧的白色控制点,可调整顶点所连接线段的形状,按【Esc】键,可退出编辑。

3. 美化形状

美化形状与美化图片的方法相似。选定形状后,在“绘图工具—格式”选项卡的“形状样式”组中即可进行各种美化操作。其中部分参数的作用分别如下:

◎ “形状样式”下拉列表框:在其中可快速为形状应用某种已设置好的样式效果。

◎ “形状填充”按钮:单击此按钮,可在弹出的下拉列表中设置形状的填充颜色,包括渐变填充、纹理填充和图片填充等多种效果。

◎ “形状轮廓”按钮:单击此按钮,可在弹出的下拉列表中设置形状轮廓框的颜色、粗细和样式等。

◎ “形状效果”按钮:单击此按钮,可在弹出的下拉列表中设置形状的各种效果,如阴影效果、发光效果等。

4. 为形状添加文本

除线条和公式类型的形状外,还可以为其他形状添加文本,其方法为:在形状上单击鼠标右键,在弹出的快捷菜单中选择“添加文字”命令,此时形状中将出现插入光标,输入需要的内容即可。

4.5.3 SmartArt 的应用

SmartArt 是一种具有设计师水准的图形对象,它具有合理的布局、统一的主题和层次分明的结构等优点,是有效提高文档专业性和编辑效率的实用工具。

1. 插入 SmartArt

在 Word 2016 文档中可轻松根据向导插入 SmartArt，其方法为：在“插入”选项卡的“插图”组中单击“SmartArt”按钮，打开“ 选择 SmartArt 图形”对话框，在左侧的列表框中选择某种类型，在中间的列表框中选择具体的 SmartArt 样式，单击“确定”按钮，如图 4.36 所示。

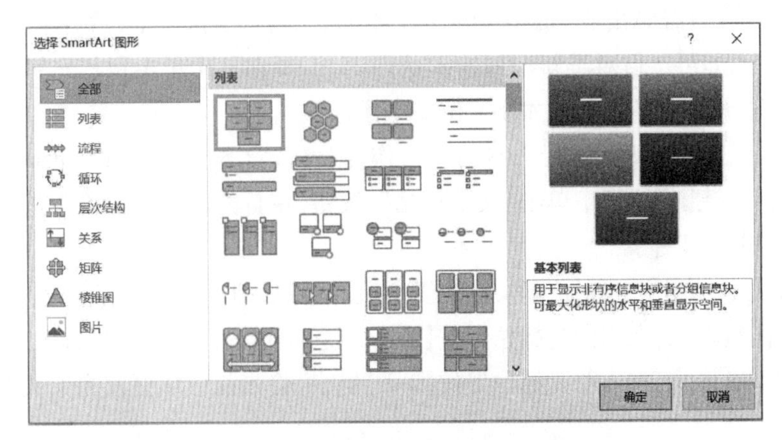

图 4.36　“选择 SmartArt 图形”对话框

2. 添加形状

SmartArt 具有一定的层级结构，根据需要，可以通过添加形状的操作对该结构进行调整，其方法为：选择 SmartArt 中的某个形状，在“SmartArt 工具—设计”选项卡的“创建图形”组中单击“添加形状”按钮右侧的下拉按钮，在弹出的下拉列表中选择添加的位置即可。

提示

“在后面添加形状”和“在前面添加形状”选项可添加同级形状；“在上方添加形状”选项可添加上级形状；“在下方添加形状”选项可添加下级形状；“添加助理”选项可在上级和下级之间添加形状。

3. 调整形状级别

调整形状级别是指更改当前形状的级别或位置，其方法为：选定 SmartArt 中的某个形状，利用“SmartArt 工具—设计”选项卡的“创建图形”组中的几种按钮进行调整即可，如图 4.37所示。

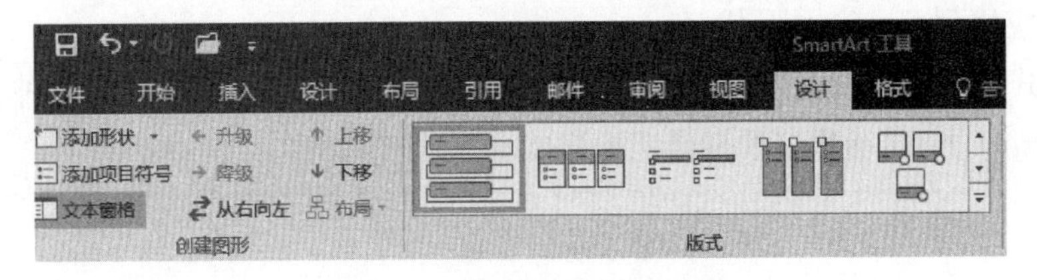

图 4.37　调整形状级别的按钮

各按钮的作用分别如下：

◎ “升级”按钮：将形状提升一个级别。

◎“降级”按钮:将形状下降一个级别。

◎“上移”按钮:在同级别中将形状向前移动一个位置。

◎“下移”按钮:在同级别中将形状向后移动一个位置。

4. 输入 SmartArt 内容

一般情况下,当需要在某个形状中输入文本时,只需选定该文本,然后单击鼠标将光标定位到其中输入即可。但对于新添加的形状而言,需要在其中单击鼠标右键,在弹出的快捷菜单中选择“编辑文字”命令,才能定位文本插入点。

若需要对整个 SmartArt 进行文本输入操作,则可选定 SmartArt,在“SmartArt 工具—设计”选项卡的“创建图形”组中单击“文本窗格” 按钮,在打开的文本窗格中进行输入,其中常见的操作有以下几种。

◎ 输入文本:单击形状对应的文本位置,定位光标后即可输入内容。

◎ 增加同级形状:在当前光标位置按【Enter】键,可增加同级形状并输入文本。

◎ 增加下级形状:在当前光标位置按【Tab】键,可将当前形状更改为下级形状,并输入文本。

◎ 增加上级形状:在当前光标位置按【Shift】+【Tab】组合键,可将当前形状更改为上级形状,并输入文本。

◎ 删除形状:利用【Delete】键或【Backspace】键可删除当前插入点所在项目中的文本,同时删除对应的形状。

5. 美化 SmartArt 样式

SmartArt 样式主要包括主题颜色和主题形状样式两种,设置方法为:选定 SmartArt,在“SmartArt 工具—设计”选项卡的“SmartArt 样式”组中进行设置即可,如图 4.38 所示。

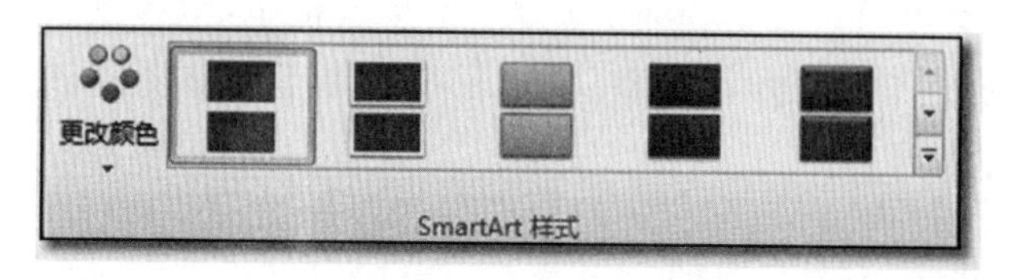

图 4.38 设置 SmartArt 样式的相关参数

其中部分参数的作用分别如下:

◎“更改颜色”按钮:单击此按钮,可在弹出的下拉列表中选择 Word 2016 预设的某种主题颜色以应用到 SmartArt 形状上。

◎“样式”下拉列表框:在该下拉列表框中可选择 Word 2016 预设的某种主题样式以应用到 SmartArt 上,包括建议的最佳匹配样式和三维样式等。

技巧

若要对 SmartArt 中的某个形状进行设置,可选定该形状,在“SmartArt 工具—格式”选项卡的“形状样式”组中进行设置。

4.5.4　文本框的应用

文本框可以被置于文档页面中的任何位置，而且可以放置文本、图片或表格等对象，是排版非常有效的工具之一。

1. 插入文本框

在 Word 2016 中插入文本框的方法有以下几种：

◎插入预设的文本框：在“插入”选项卡的“文本”组中单击“文本框”按钮，在弹出的下拉列表中即可选择所需样式的预设文本框。若在弹出的下拉列表中选择“Office. com 中的其他文本框” 选项，可在子列表中选择更多的文本框选项。

◎ 绘制文本框：在“插入”选项卡的“文本”组中单击“文本框”按钮，在弹出的下拉列表中选择“绘制文本框”选项，此时鼠标光标将变为十字光标状态，在文档工作区中按住鼠标左键不放并拖曳鼠标，即可绘制文本框。

◎ 绘制竖排文本框：在“插入”选项卡的“文本”组中单击“文本框”按钮，在弹出的下拉列表中选择“绘制竖排文本框”选项，按绘制文本框的方法在文档工作区中绘制竖排文本框即可。

2. 在文本框中输入文本

插入或绘制文本框后，即可在文本框中的光标处输入所需文本，其中竖排文本框按从上至下、从左至右的方向显示。

技巧

若选择“绘制文本框”选项后，可在文档工作区中单击鼠标插入文本框，此后文本框会随输入的文本自动扩张，删除文本后又会自动收缩。

3. 编辑与美化文本框

文本框具有与形状相同的特性，因此，其编辑和美化操作与形状的编辑和美化操作类似。

◎ 编辑文本框：拖曳文本框边框上的控制点，可调整文本框的大小；拖曳文本框上方的绿色控制点，可旋转文本框；将鼠标光标移至文本框边框上，当其变为形状 ✥ 时，拖曳鼠标，可移动文本框的位置。

◎ 美化文本框：在文本框边框上单击鼠标选定文本框，此时可在“绘图工具—格式”选项卡的“形状样式”组中对其进行美化，具体操作与美化形状类似。

◎ 美化文本：先在文本框中选定文本，然后在“开始”选项卡的“字体”组和“段落”组中按设置文本格式的方法进行操作。

4.5.5　艺术字的应用

艺术字可以看作预设了文本格式的文本框，由于其醒目的特性，经常用于制作突出的

标题和关键词等，以吸引读者的眼球。

1. 创建艺术字

在 Word 2016 中可以方便快捷地插入艺术字，其方法为：在“插入”选项卡的“文本”组中单击“艺术字”按钮，在弹出的下拉列表中选择所需的艺术字样式，然后在文档工作区中输入艺术字内容即可，如图 4.39 所示。

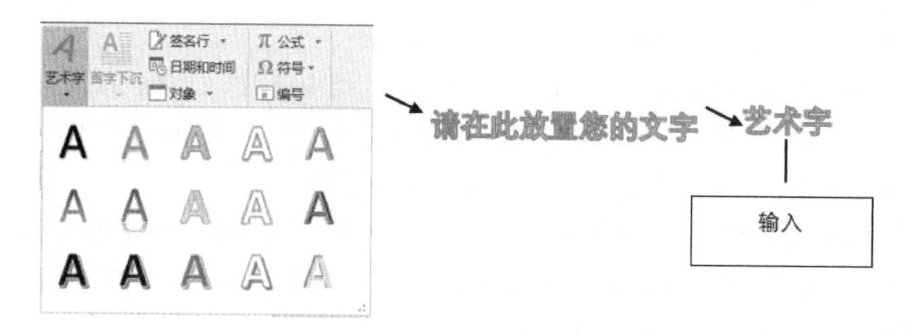

图 4.39　选择预设的文本框

2. 编辑与美化艺术字

由于艺术字相当于预设了文本格式的文本框，其编辑与美化操作与文本框完全相同，这里重点介绍更改艺术字形状的方法，此方法对于更改文本框中的文本也同样适用：先选定艺术字，在“绘图工具—格式”选项卡的“艺术字样式”组中单击“文本效果”按钮，在弹出的下拉列表中选择“转换”选项，再在弹出的子列表中选择某种形状对应的选项即可，如图 4.40 所示。

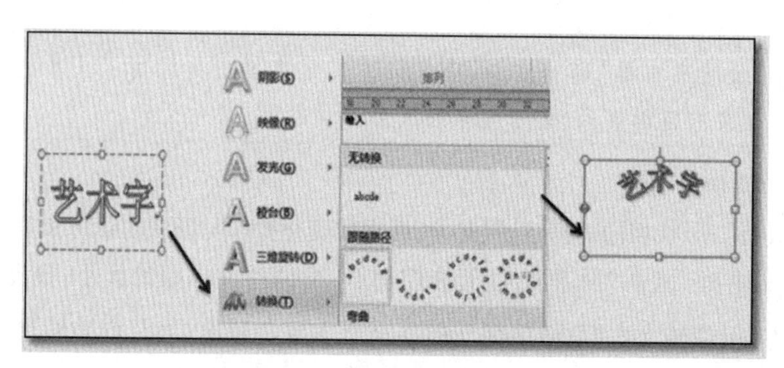

图 4.40　插入并输入艺术字的过程

Word 实训 4

1. 打开“Word 素材\Word 实训 4\4-5-1 练习.docx”文档，将页面设置为：A4 纸，上、下、左、右页边距均为 3 厘米，每页 40 行，每行 38 个字符。

2. 给文章加标题“火山的形成”，设置其格式为：隶书、小一号、标准红色、居中对齐，字符间距缩放 200%。

3. 设置正文第一段首字下沉2行，首字字体为楷体、标准蓝色，距正文0.5厘米，设置其他所有段落首行缩进2字符。

4. 为正文第四段设置标准蓝色双波浪线方框。

5. 在第三段适当位置插入艺术字“火山资源”，要求采用第三行第四列式样，艺术字格式为楷体、40号、加粗，环绕方式为四周型。

6. 在正文合适位置添加 SmartArt 中垂直框列表，把生存的动物列出来。设置 SmartArt 大小为：宽度为3厘米，高度为4厘米，文字居中显示。最后以原文件名保存文档。

4.6 Word 综合实训

4.6.1 火山的形成

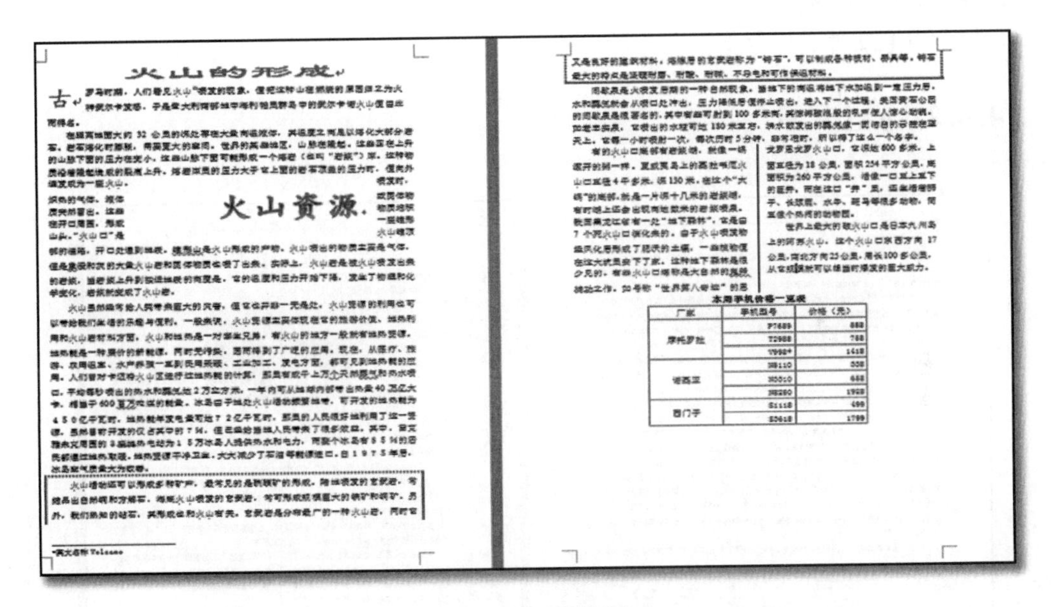

火山的形成

火山资源

本周手机价格一览表

厂家	手机型号	价格（元）
摩托罗拉	P7689	888
	T2988	788
	V998+	1418
诺西亚	M8110	508
	M3010	688
	M8290	1928
西门子	S1118	499
	S5618	1799

图 4.41 效果图 1

打开“Word 综合实训\综合实训素材\练习一. docx”，参照如图 4.41 所示的效果图，完成下列操作：

（1）将页面设置为：A4 纸，上、下、左、右页边距均为3厘米，每页40行，每行38个字符。

（2）给文章加标题“火山的形成”，设置其格式为：隶书、小一号、标准红色、居中对齐、字符间距缩放200%。

（3）设置正文第一段首字下沉2行，首字字体为楷体、标准蓝色，距正文0.5厘米，设置其他所有段落“在距离地面……爆发的巨大威力。”首行缩进2字符。

（4）为正文第四段设置标准蓝色双波浪线方框。

（5）在适当位置插入艺术字“火山资源”，要求采用第 3 行第 4 列式样，艺术字字体为楷体、40 号、加粗，环绕方式为四周型。

（6）将正文中所有“火山”设置为标准红色、带着重号。

（7）将正文最后两段“有的火山口底部有岩浆湖……时爆发的巨大威力。”分为等宽两栏，栏间加分隔线。

（8）在正文第一个“火山”右侧插入编号格式为“①,②,③…”的脚注，内容为“英文名称 Volcano”。

（9）将“本周手机价格一览表”设置为五号、宋体、加粗、居中。

（10）将文中后 9 行文字转换为一个 9 行 3 列的表格，设置表格列宽为 3 厘米，行高为 0.6 厘米，表格居中。

（11）合并表格第 1 列第 2—4 行单元格、第 5—7 行单元格、第 8—9 行单元格；将合并后单元格中重复的厂家名称删除，只保留一个；将表格中第 1 行和第 1 列的所有单元格中的内容设置为水平居中，其余各行各列单元格内容设置为中部右对齐；将表格所有框线设置为 1 磅红色单实线。

（12）以原文件名保存文档。

4.6.2 庐山风景

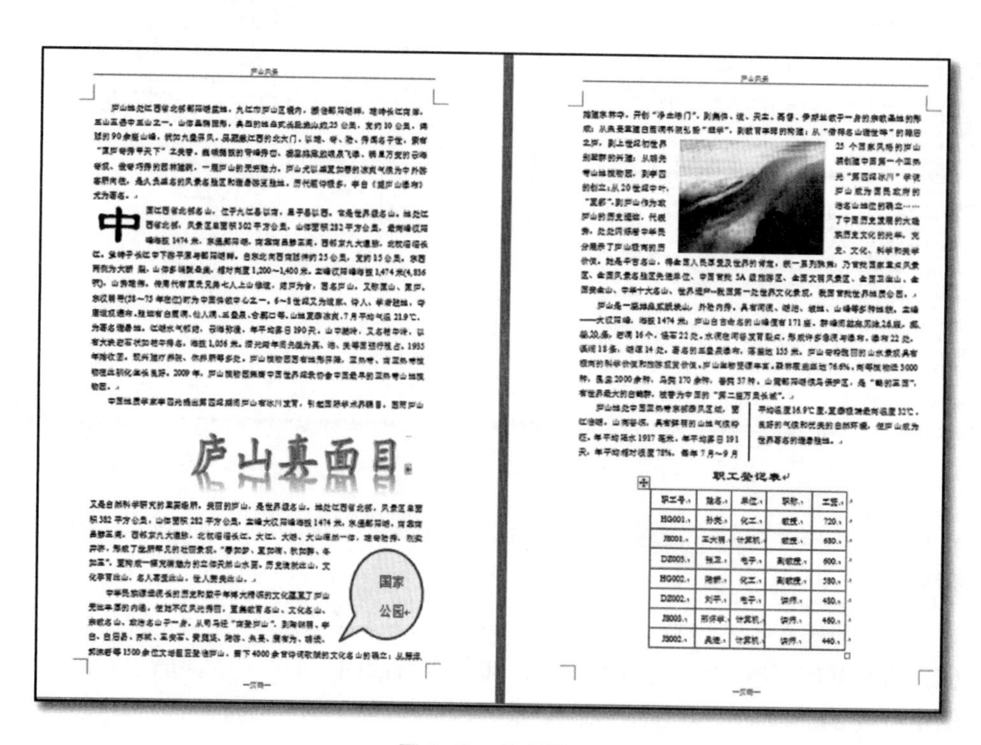

职工号	姓名	单位	职称	工资
HG001	孙亮	化工	教授	720
JS001	王大明	计算机	教授	680
DZ003	张卫	电子	副教授	600
HG002	陆新	化工	副教授	580
DZ002	刘平	电子	讲师	480
JS003	邢保华	计算机	讲师	460
JS002	吴迪	计算机	讲师	440

图 4.42　效果图 2

打开“Word 素材\Word 综合实训\综合实训素材\练习二. docx”，参照如图 4.42 所示的效果图，完成下列操作：

（1）将页面设置为：A4 纸，上、下、左、右页边距均为 3 厘米，每页 38 行，每行 40 个字符。

（2）设置正文第二段首字下沉 3 行，首字字体为隶书、标准绿色，其余各段（除职工登记表到结束外）首行缩进 2 字符。

（3）在正文适当位置插入艺术字“庐山真面目”，采用第 2 行第 2 列式样，设置艺术字字体为楷体、54 号，环绕方式为紧密型。

（4）给正文第三段加 1.5 磅标准红色带阴影边框，填充标准浅绿色底纹。

（5）在正文适当位置插入图片“练习二 pic3. jpg”，设置图片高度、宽度缩放比例均为 120%，环绕方式为四周型。

（6）在正文适当位置插入形状“椭圆形标注”，添加红色文字“国家公园”，字号为三号字，设置形状填充：标准黄色、四周型环绕方式文字、右对齐。

（7）将正文最后一段“庐山地处中国亚……避暑胜地。”分为等宽两栏，栏间加分隔线。

（8）设置页眉为“庐山风景”，页脚为“ - 页码 - ”，均居中显示。

（9）将文中后 12 行文字转换为一个 12 行 5 列的表格。设置表格居中，表格第 1—4 列列宽为 2 厘米，第 5 列列宽为 1.5 厘米，行高为 0.8 厘米，表格中所有文字水平居中。

（10）删除表格的第 8、9、10 三行；对表格进行排序，排序依据为“工资”列（主要关键字）、“数字”类型为降序，设置表格所有框线为 1 磅红色单实线。

（11）以原文件名保存文档。

4.6.3　地质仪器

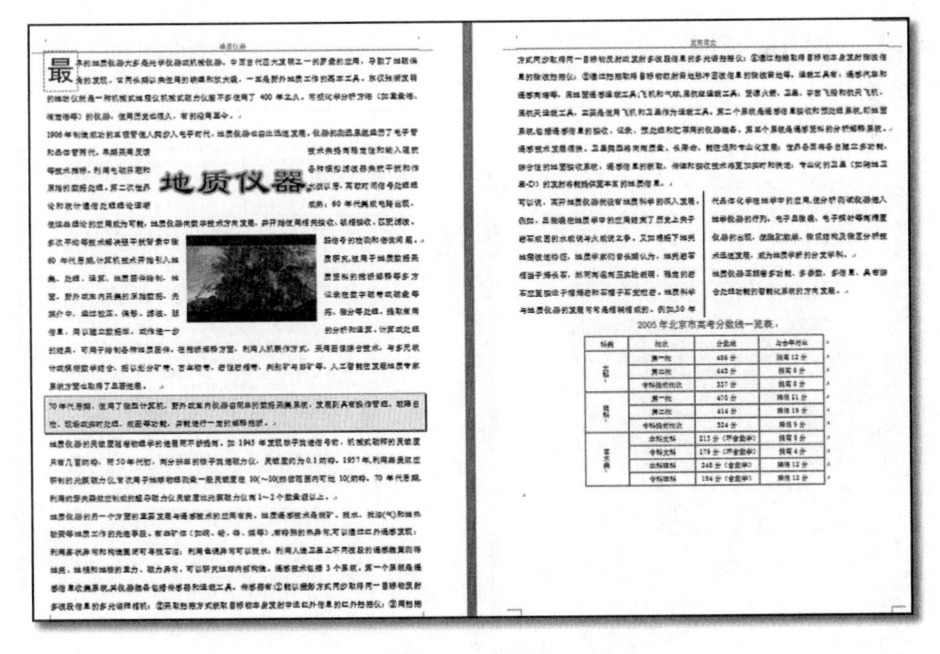

地质仪器

2005 年北京市高考分数线一览表

图 4.43　效果图 3

打开“Word 综合实训\综合实训素材\练习三. docx”，参照如图 4.43 所示的效果图，完成下列操作：

（1）将页面设置为：A4 纸，上、下、左、右页边距均为 2 厘米。

（2）在文章适当位置插入艺术字“地质仪器”，采用第 3 行第 2 列式样，设置艺术字字体格式为隶书、48 号字，形状效果为“发光变体→发光：5 磅；蓝色，主题 1”，环绕方式为“紧密型环绕”。

（3）设置正文（除“2005 年北京市高考分数线一览表”后的内容外）为 1.5 倍行距，第一段首字下沉 2 行，首字字体为黑体，其余各段首行缩进 2 字符。

（4）将正文中所有的“仪器”（除艺术字外）设置为标准红色、加粗。

（5）为正文第四段填充“白色，背景 1，深色 15%”底纹，加 1.5 磅绿色带阴影边框。

（6）参考样张（图 4.43），在正文适当位置以四周型环绕方式插入图片“练习三 pic3.jpg”，设置图片高度为 4 厘米，宽度为 6 厘米。

（7）设置奇数页页眉为“地质仪器”，偶数页页眉为“发展简史”。

（8）将正文最后两段“可以说……系统的方向发展。”分为等宽两栏，栏间加分隔线。

（9）将文中后 11 行文字转换成一个 11 行 4 列的表格，设置表格居中，表格第 1 列列宽为 2 厘米，其余各列列宽为 3 厘米，表格行高为 0.6 厘米，表格中所有文字水平居中。

（10）设置表格外框线、第 1 行与第 2 行间的内框线为 1.5 磅红色单实线，其余内框线为 0.5 磅红色单实线；分别将表格第 1 列的第 2—4 行、第 5—7 行、第 8—11 行单元格合并，并将其中的单元格内容（“文科”“理科”“艺术类”）的文字方向更改为“垂直”。

（11）以原文件名保存文档。

4.6.4 中国母亲河

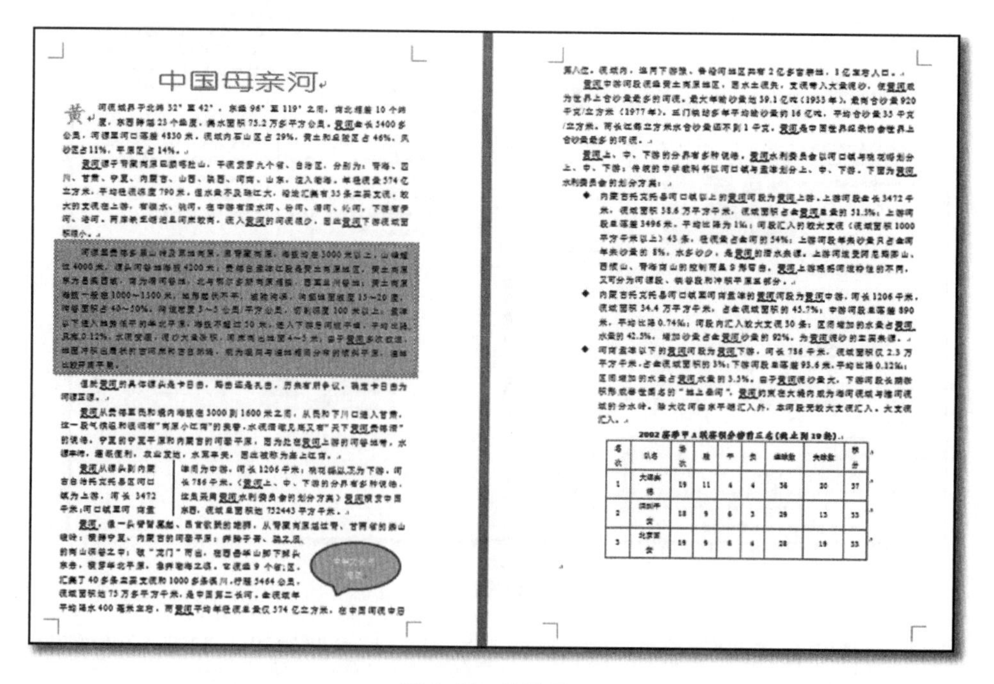

图 4.44 效果图 4

打开"Word 综合实训\综合实训素材\练习四. docx"，参照如图 4.44 所示的效果图，完成下列操作：

（1）将页面设置为:A4 纸，上、下、左、右页边距均为 3 厘米，每页 40 行，每行 36 个字符。

（2）给文章加标题"中国母亲河"，设置其格式为:幼圆、一号、标准红色、居中对齐，字符间距缩放 150%。

（3）设置正文第一段首字下沉 2 行、距正文 0.5 厘米，首字字体为楷体、标准蓝色，设置其余段落（除倒数 5 行内容外）首行缩进 2 字符。

（4）为正文第三段设置标准蓝色双波浪线方框，填充"白色，背景 1，深色 25%"底纹。

（5）将正文第六段分为偏左两栏，加分隔线。

（6）为正文中所有"黄河"添加双波浪下划线。

（7）为正文第十至第十二段设置项目符号:标准绿色实心菱形。

（8）在正文适当位置插入"椭圆形标注"形状，设置其环绕方式为"四周型"，填充"彩色填充-橙色，强调颜色 6"，并在其中添加文字"中华文化的摇篮"，字体格式为宋体、四号、加粗。

（9）将文中最后 4 行文字转换成一个 4 行 9 列的表格，并在"积分"列按公式"积分 = 3 × 胜 + 平"计算并输入相应内容。

（10）设置表格第 2 列、第 7 列、第 8 列列宽为 2 厘米，其余列列宽为 1 厘米，行高为 0.6 厘米，表格居中；设置表格中所有文字水平居中；设置所有表格线为 1.5 磅蓝色双窄线。

（11）以原文件名保存文档。

4.6.5　地球化学发展简史

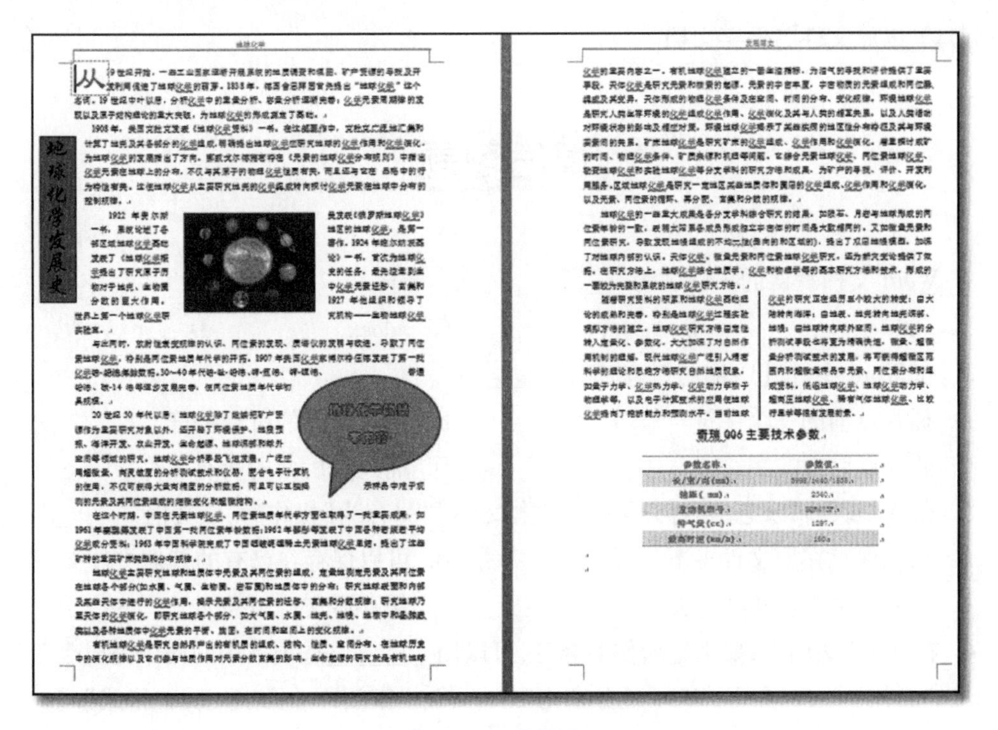

图 4.45　效果图 5

打开“Word 综合实训\综合实训素材\练习五. docx”，参照如图 4.45 所示的效果图，完成下列操作：

（1）将页面设置为：A4 纸，上、下页边距为 2.5 厘米，左、右页边距为 3 厘米，每页 42 行，每行 40 个字符。

（2）在适当位置插入竖排文本框，并输入文字“地球化学发展简史”，设置其字体格式为华文行楷、二号字、标准红色，设置文本框环绕方式为“四周型”，填充标准蓝色。

（3）设置正文第一段首字下沉 2 行，首字字体为隶书、标准蓝色，其他段落（除倒数 7 行文字外）首行缩进 2 字符。

（4）将正文中所有的“化学”设置为标准红色，加双波浪下划线。

（5）设置奇数页页眉为“地球化学”，偶数页页眉为“发展简史”，均居中显示。

（6）在正文适当位置插入图片“练习五 pic2. jpg”，设置图片的宽度、高度缩放 150%，环绕方式为“四周型”。

（7）在正文适当位置插入形状“椭圆形标注”，添加文字“地球化学的基本内容”，设置文字格式为华文彩云、标准红色、三号字，设置形状格式为标准浅蓝色填充色、紧密型环绕方式。

（8）将正文最后一段“随着研究资料……有发展前景。”分为等宽两栏，栏间加分隔线。

（9）将文中后 6 行文字转换成一个 6 行 2 列的表格，使用“网格表 1 浅色”表格样式；设置表格居中、表格中所有文字水平居中；设置表格列宽为 5 厘米、行高为0.6 厘米。

（10）设置表格第 1—2 行间的框线为 1 磅蓝色单实线，设置表格所有单元格的左、右边距均为 0.3 厘米。

（11）以原文件名保存文档。

课后习题

1. Word 文档默认的扩展名为________。

A. . txt　　B. . dotx　　C. . docx　　D. . rtf

2. 在 Word 中，按【Delete】键，将删除________。

A. 插入点前的一个字符　　B. 插入点前的所有字符

C. 插入点后面的字符　　D. 插入点后面的所有字符

3. 在 Word 编辑状态下，打开了一个文档，进行“另存为”操作后，该文档________。

A. 只能保存在原文件夹下　　B. 可以保存在已有的其他文件夹下

C. 不能保存在新建文件夹下　　D. 保存后文档被关闭

4. 在 Word 文档中，要拒绝所作的修订，可以用________选项卡中的命令完成。

A. “常用”　　B. “任务窗格”　　C. “审阅”　　D. “格式”

5. 在 Word 中,如果插入的表格其内、外框线是虚线,要想将框线变成实线,可在________对话框中实现。(假使光标在表格中)

A. “虚线”　　B. “边框和底纹”　　C. “选中表格”　　D. “制表位”

6. Word 的查找功能所在的选项卡是________。

A. 插入　　B. 视图　　C. 编辑　　D. 文件

7. 在 Word 编辑状态下,若要在当前位置插入一个笑脸符号,则可选择的操作是________。

A. 单击“插入”→“绘图”→“基本形状”中的笑脸

B. 单击“视图”→“绘图”→“基本形状”中的笑脸

C. 单击“视图”→“形状”→“基本形状”中的笑脸

D. 单击“插入”→“形状”→“基本形状”中的笑脸

8. 在 Word 编辑状态下,如果要设定文档背景,应该选择________。

A. “文件”按钮　　B. “开始”选项卡

C. “设计”选项卡　　D. “视图”选项卡

9. 当打开 Word 文档后,文档的插入点总是在________。

A. 任意位置　　B. 文档的开始位置

C. 最后存盘时的位置　　D. 文档的末尾

10. 在 Word 编辑状态下,设置了标尺后,下列________方式可以同时显示水平标尺和垂直标尺。

A. 大纲视图　　B. 页面视图　　C. 草稿视图　　D. Web 版式视图

11. 下列关于 Word 分栏的说法不正确的是________。

A. 分栏的宽度可以不同　　B. 各栏的宽度必须相同

C. 分栏数可以调整　　D. 各栏之间的间距不是固定的

12. 在 Word 编辑状态下,若要计算表格中一行的平均值,所用的函数应是________。

A. AVERAGE( )　　B. SUM( )　　C. AND( )　　D. INT( )

13. 插入图片后,如要改变图片大小而又保持长宽比例不变,可以用鼠标拖动图片的________。

A. 中间　　B. 边缘　　C. 顶角　　D. 任意位置

14. 要在 Word 文档中插入和编辑复杂的数学公式文本,可执行________命令。

A. “插入”选项卡中的“公式”　　B. “插入”选项卡中的“数字”

C. “表格工具—布局”选项卡中的“公式”　　D. “开始”选项卡中的“样式”

15. 在 Word 中,选定文档内容之后,单击“开始”选项卡中的“复制”按钮,是将选定的内容复制到________。

A. 指定位置　　B. 另一个文档中　　C. 剪贴板　　D. 磁盘

16. 下列关于 Word 保存文档的说法错误的是________。

A. Word 只能以“. docx”的类型来保存

B. Word 可以将一篇文档保存在不同的位置

C. Word 可以将一篇文档以不同的名称保存

D. 若某文档是第一次保存,Word 会打开“另存为”对话框

17. 在 Word 中要给修订内容加上标记,可以选择________。

A. “审阅”选项卡中的“修订”命令　　B. “视图”选项卡中的“标记”命令

C. “插入”选项卡中的“标记”命令　　D. “文件”选项卡中的“选项”命令

18. 设置首字下沉格式可以使段落的第一个字符下沉,首字最多可以下沉________行。

A. 1　　B. 8　　C. 16　　D. 10

19. 在 Word 中,按________组合键可以选取光标当前位置到文档末的全部文本。

A. 【Shift】+【Ctrl】+【End】　　B. 【Shift】+【Ctrl】+【Home】

C. 【Ctrl】+【Alt】+【End】　　D. 【Alt】+【Ctrl】+【Home】

20. 在 Word 中,如果要选定较长的文档内容,可先将光标定位于其起始位置,再按住________键,用鼠标单击其结束位置即可。

A. 【Ctrl】　　B. 【Shift】　　C. 【Alt】　　D. 【End】

21. 在 Word 中,如果要在文档中选定的位置添加一些专有的符号,可使用________选项卡中的“符号”命令。

A. “开始”　　B. “文件”　　C. “插入”　　D. “页面内容”

22. 在 Word 表格中,如果将两个单元格合并,原有两个单元格的内容________。

A. 不合并　　B. 完全合并

C. 部分合并　　D. 有条件的合并

23. 在 Word 编辑状态下,当前正在编辑一个新建文档“文档 1”,当执行“文件”选项卡中的“保存”命令后________。

A. 该“文档 1”被存盘

B. 弹出“另存为”对话框,提供进一步操作

C. 自动以“文档 1”为名存盘

D. 不能以“文档 1”存盘

24. 要对 Word 文档进行字数统计,可以选择自定义状态栏中的________。

A. 拼写和语法检查　　B. 修订　　C. 语言　　D. 字数统计

25. 若想实现图片位置的微调,可以使用________的方法。

A. 【Shift】键和方向键　　B. 【Delete】键和方向键

C. 【Ctrl】键和方向键　　D. 【Alt】键和方向键

26. 设置页眉和页脚,先选择________选项卡。

A. “开始”　　B. “插入”　　C. “引用”　　D. “布局”

27. 下列关于 Word 中表格处理的说法错误的是________。

A. 可以通过标尺调整表格的行高和列宽

B. 可以将表格中的一个单元格拆分成几个单元格

C. Word 提供了绘制斜线表头的功能

D. 不能用鼠标调整表格的行高和列宽

28. 采用________做法,不能增加标题与正文之间的距离。

A. 增加标题的段前间距　　B. 增加第一段的段前间距

C. 增加标题的段后间距　　D. 增加标题和第一段的段后间距

29. 下列操作中,________不能选取全部文档。

A. 执行“开始”选项卡的“编辑”组中的“选择”→“全选”命令或按【Ctrl】+【A】组合键

B. 将光标移动到左页边距,当光标变为空心箭头时,按住【Ctrl】键,单击文档

C. 将光标移动到左页边距,当光标变为空心箭头时,连续三击文档

D. 将光标移动到左页边距,当光标变为空心箭头时,双击文档

30. 要改变文字方向,应该在________选项卡中设置。

A. “开始”　　B. “视图”　　C. “插入”　　D. “布局”

31. 在 Word 中,与打印机输出完全一致的显示视图称为________视图。

A. 普通　　B. 大纲　　C. 页面　　D. 主控文档

32. 下列操作中不会打开对话框的是________。

A. 在编辑新的、未命名的文档时,选择“文件”→“保存”命令

B. 在编辑旧文档时,选择“文件”→“保存”命令

C. 选择“文件”→“另存为”命令

D. 选择“文件”→“打开”命令

33. 在 Word 中执行打印任务后,下列描述正确的是________。

A. 打印时,可以切换到其他窗口　　B. 打印时,不能切换到其他窗口

C. 打印结束之前,不能关闭打印窗口　　D. 当打印未结束时,不能执行打印任务

34. 在 Word 编辑状态下,打开了 S1. docx 文档,把当前文档以 S2. docx 为名进行“另存为”操作,则________。

A. 当前文档是 S1. docx　　B. 当前文档是 S2. docx

C. 当前文档是 S1. docx 与 S2. docx　　D. S1. docx 与 S2. docx 都被关闭

35. 在 Word 编辑状态下,建立了 5 行 5 列的表格,除第 5 行与第 5 列相交的单元格以外,各单元格内均有数字,将插入点移动到该单元格内后进行“公式”操作,则________。

A. 可以计算出列或行中数字的和　　B. 仅能计算出第 5 列中数字的和

C. 仅能计算出第 5 行中数字的和　　D. 不能计算数字的和

36. 要将 Word 文档中选定的文字移动到指定位置上去,对它进行的第一步操作是________。

A. 选择“剪贴板”组中的“复制”命令

B. 选择“剪贴板”组中的“清除”命令

C. 选择“剪贴板”组中的“剪切”命令

D. 选择“剪贴板”组中的“粘贴”命令

37. 分栏可以在________选项卡下操作。

A. “开始”　　B.“视图”　　C. “插入”　　D. “布局”

38. 在 Word 中,复制文本的快捷键是________。

A. 【Ctrl】+【C】　　B. 【Ctrl】+【I】

C. 【Ctrl】+【A】　　D. 【Ctrl】+【V】

39. 在 Word 的“表格属性”对话框中,表格的对齐方式中不存在________。

A. 左对齐　　B. 两端对齐　　C. 右对齐　　D. 居中

40. 在 Word 中,制表位的类型有________。

A. 左、右、居中、小数点对齐　　B. 左、右、居中、竖线对齐

C. 左、右、居中、竖线和小数点对齐　　D. 左、右、居中对齐

第 5 章

Excel 2016 的使用

本章导读

学会了 Word 的相关知识后，我们发现虽然 Word 中的表格也能进行一些公式计算，但是其功能仍不尽如人意。下面我们将开始学习表格处理软件 Excel 2016。

Excel 是一款目前非常流行、应用广泛的电子表格制作软件，可用于对数据进行组织、计算、分析和统计，也可以通过各种形式的图表形象地表现数据，还可以对表格中的数据进行排序、筛选、分类汇总等操作。Excel 最基本的功能就是制作表格，在表格中记录相关数据与信息，以便日常生活和工作中记录、查询与管理信息。

教学目标

- 熟悉 Excel 2016 的基本功能、运行环境、启动和退出的方法。
- 熟悉工作簿和工作表的基本概念和基本操作，工作簿和工作表的建立、保存和退出；数据输入和编辑；工作表和单元格的选定、输入、删除、复制、移动；工作表的重命名和工作表窗口的拆分和冻结。
- 掌握工作表的格式化方法，包括设置单元格格式、设置列宽和行高、设置条件格式、使用样式、自动套用格式和使用模板等。
- 掌握单元格绝对地址和相对地址的概念，工作表中公式的输入和复制，常用函数的使用方法。
- 掌握图表的建立、编辑、修改以及修饰操作技术。
- 掌握数据清单的概念，数据清单的建立，数据清单内容的排序、筛选、分类汇总，数据合并，数据透视表的建立。

考核目标

- 考点 1：工作表的命名、数据表的建立、工作表的复制、文件的保存。
- 考点 2：单元格的设置。
- 考点 3：行列的设置。
- 考点 4：筛选与排序。
- 考点 5：分类汇总。
- 考点 6：公式与函数的使用。

- 考点 7:图表的建立。
- 考点 8:表的自动套用格式应用。
- 考点 9:数据透视表的操作。
- 考点 10:图表区域格式的设定。

5.1 Excel 2016 的基础操作

知识技能目标

- 掌握 Excel 2016 的基本知识。
- 掌握 Excel 2016 的启动与退出的方法。
- 熟悉 Excel 2016 的界面和主要功能模块。
- 掌握 Excel 2016 的基础元素,如单元格、工作表、工作簿的关系。
- 掌握工作簿和工作表的基本操作。
- 掌握单元格的基本操作。

5.1.1 Excel 2016 的基础知识

Excel 2016 是在 Windows 环境下运行的系列软件之一,它继承了 Windows 应用软件的优秀风格,为用户提供了极为友好的窗口、菜单、对话框和快捷菜单等。

Excel 主要是以表格方式处理数据,对于表格的建立、编辑、访问与检索等操作十分简便。用户不用纸和笔就能处理表格,不用编程就能完成数据处理,用户的每一步操作都能立即看到结果。

Excel 处理的文档可以是由多张工作表组成的工作簿,每张工作表又是由行、列交叉形成的单元格组成的,因此,Excel 可以直接处理工作簿中某工作表某行、某列处的单元格中的数据,即 Excel 处理的是真三维数据表格。

Excel 提供了非常丰富的函数,可以进行复杂的数据分析和报表统计。Excel 还具有丰富的作图功能,使表格、图形和文字有机结合,并且操作简单方便。

Excel 以数据库管理方式来管理表格中的数据,具有排序、检索、筛选、汇总和统计等功能,并具有独特的制表、作图与计算等手段。

Excel 可以与 Office 组件中的其他软件(如文字处理软件 Word、电子演示文稿制作软件 PowerPoint、数据库 Access 等)相互交换和传送数据。

1. 启动 Excel 2016

方法一:用鼠标双击桌面上的快捷方式来启动 Excel 2016。

方法二:通过“开始”菜单启动 Excel 2016,如图 5.1 所示。如果经常使用 Excel 2016,系统会自动将 Excel 2016 的快捷方式添加到“开始”菜单上方的常用程序列表中,单击即可打开。

方法三:双击 Excel 文件,可打开 Excel 2016,同时也打开相应的文件。

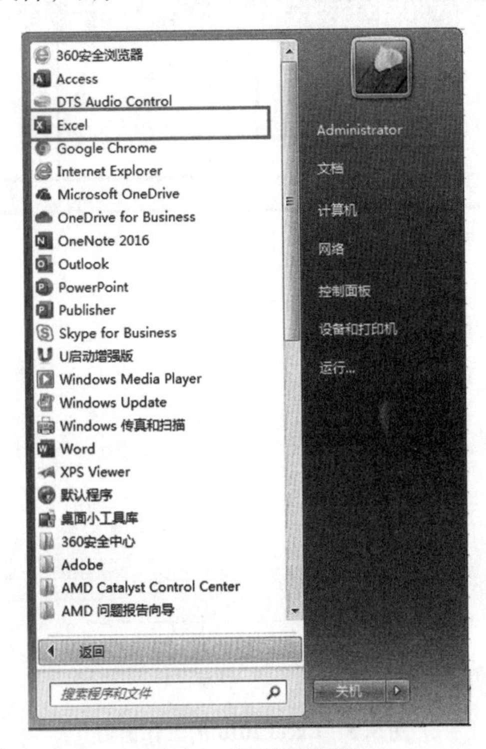

图 5.1　“开始”菜单

2. 认识 Excel 2016 的工作环境

启动 Excel 2016 后,可以看到如图 5.2 所示的界面。

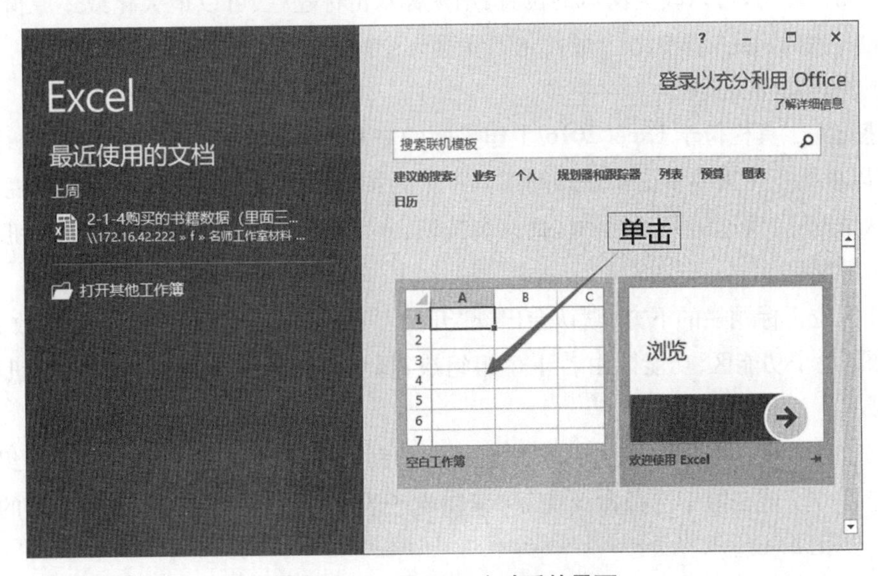

图 5.2　Excel 2016 启动后的界面

单击“空白工作簿”,我们将进入 Excel 2016 的工作窗口,如图 5.3 所示。

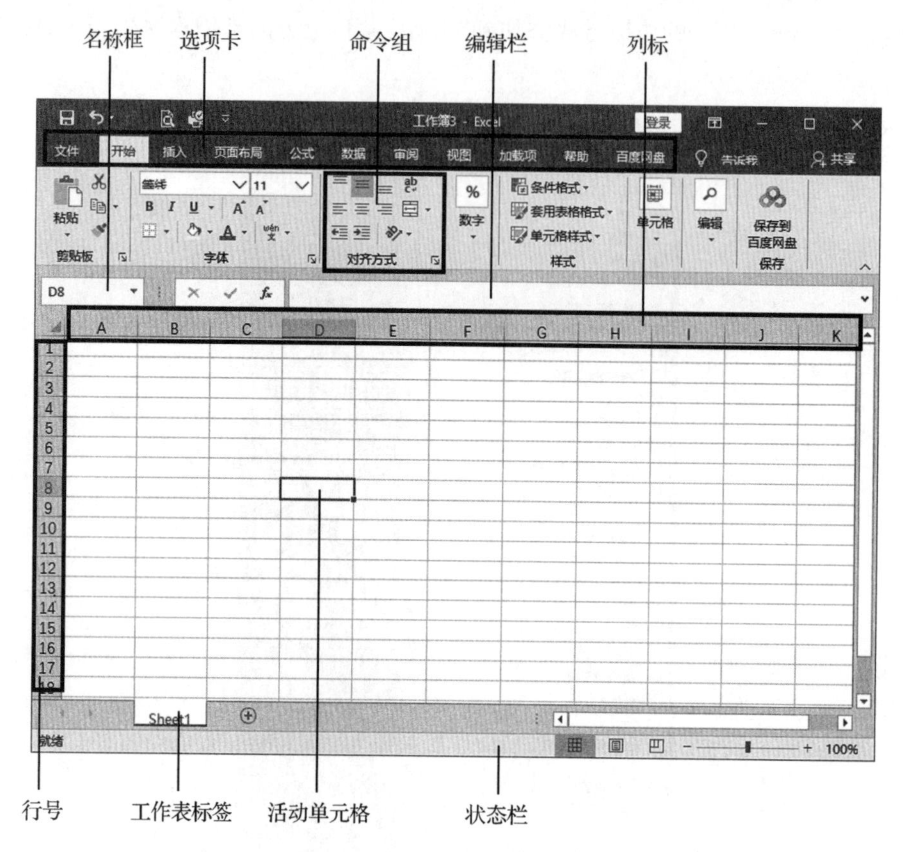

图 5.3　Excel 2016 的工作窗口

(1) 标题栏

标题栏位于 Excel 2016 工作窗口的最上方,用于显示当前正在编辑的电子表格和程序名称。拖动标题栏,可以改变窗口的位置;用鼠标双击标题栏,可以最大化或还原窗口。在标题栏的右侧分别是“最小化”“最大化”“关闭”三个按钮。

(2) 快速访问工具栏

快速访问工具栏位于 Excel 2016 工作界面的左上方,用于快速执行一些操作。使用过程中,可以根据工作需要单击快速访问工具栏中的按钮添加或删除快速访问工具栏中的工具。默认情况下,快速访问工具栏包括三个按钮,分别是“保存”“撤消”“重复”按钮。

(3) 功能区

功能区位于标题栏的下方,默认会出现“开始”“插入”“页面布局”“公式”“数据”“审阅”“视图”七个功能区,功能区由若干个组组成,每个组由若干个功能相似的按钮和下拉列表组成。

Excel 2016 程序将很多功能类似、性质相近的命令按钮集成在一起,命名为“组”。用户可以非常方便地在组中选择命令按钮,编辑电子表格,如“页面布局”选项卡下的“页面设置”组,如图 5.4 所示。

为了方便使用Excel 2016表格运算分析数据，在有些组的右下角还设计了一个启动按钮↘，单击该按钮后，根据所在的组，会弹出不同的对话框，可以在对话框中设置电子表格的格式或运算分析数据等。

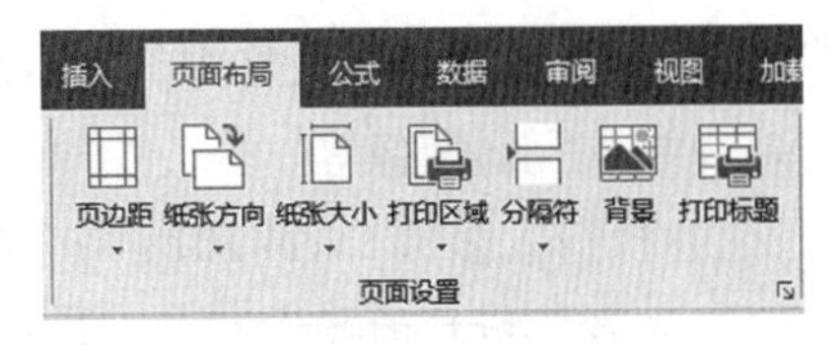

图5.4　“页面设置”组

（4）工作区

工作区位于Excel 2016程序窗口的中间，是Excel 2016对数据进行分析对比的主要工作区域，在此区域中可以向表格输入内容并对内容进行编辑，插入图片，设置格式及效果等。

（5）编辑栏

编辑栏位于工作区的上方，其主要功能是显示或编辑所选单元格中的内容，用户可以在编辑栏中对单元格中的数值进行函数计算等操作。编辑栏的左端是“名称框”，用来显示当前选定单元格的地址，如图5.5所示。

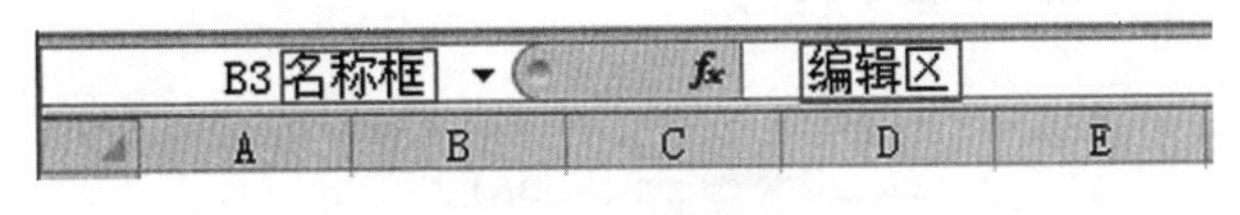

图5.5　编辑栏

（6）状态栏

状态栏位于Excel 2016窗口的最下方，在状态栏中可以显示工作表中的单元格状态，还可以通过单击视图切换按钮选择工作表的视图模式。在状态栏的最右侧，可以通过拖动显示比例或单击“放大”“缩小”按钮来调整工作的显示比例。

3. Excel 2016的基本元素

Excel 2016中包括三个基本元素，分别是工作簿、工作表、单元格。下面将介绍三个基本元素的基本知识。

（1）工作簿、工作表及单元格

① 工作簿。

在Excel 2016中，工作簿是用来存储并处理数据的文件，其文件扩展名为“.xlsx”。一个工作簿由一张或多张工作表组成，默认情况下包含一张工作表，默认名称为Sheet1，可以通过“新工作表”按钮⊕新建工作表，理论上可建无限多张工作表。它类似于财务管理中所用的账簿，由多页表格组成，将相关的表格和图表放在一起，非常便于处理。Excel 2016刚启动时自动创建的文件“工作簿1”就是一个工作簿。

② 工作表。

工作表类似于账簿中的账页，是存储和处理数据的主要空间，是最基本的工作单位。它包含按行和按列排列的单元格，是工作簿的一部分，也称为电子表格。使用工作表可以对数据进行组织和分析，工作表可以包含的数据有字符、数字、公式、图表等。

③ 单元格。

单元格是组成工作表的基本单位，也是Excel 2016进行数据处理的最小单位，输入的数据就存放在这些单元格中,它可以存储多种形式的数据,包括文字、日期、时间、数字、声音、视频、图形、图像等。

在执行大多数 Excel 2016 命令前,必须先选定要操作的单元格。这种用于输入可编辑数据,或者执行其他操作的单元格称为"活动单元格"或"当前单元格"。活动单元格周围会出现深绿色的框,并且对应的行号和列标会突出显示,如图 5.6 所示。

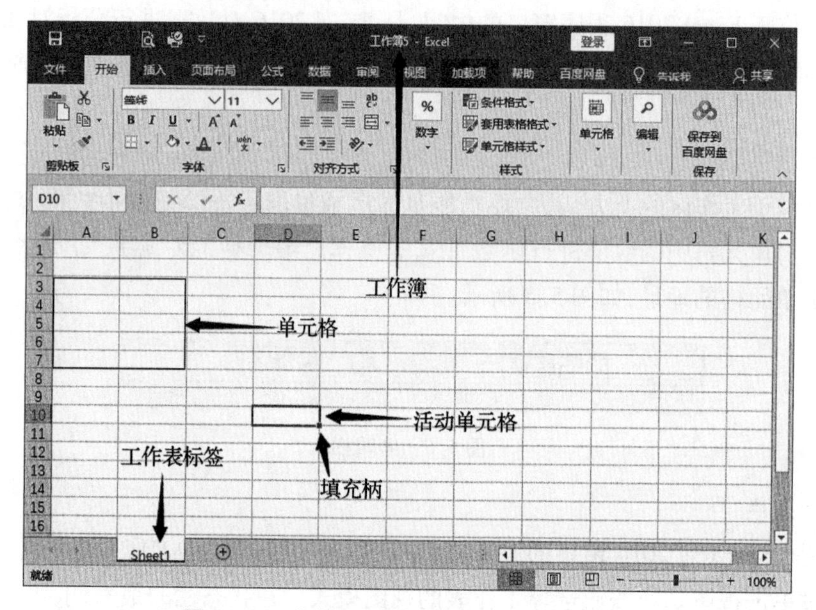

图 5.6　工作簿、工作表、单元格、活动单元格

(2) 工作簿、工作表及单元格的关系

工作簿、工作表及单元格之间是包含与被包含的关系,一个工作簿中可以有多张工作表,而一张工作表中可包含多个单元格。它们三者之间是相互依存的关系,也是 Excel 2016 中最基本的三个元素。

 **更上一层楼**

按【F1】键,可显示 Excel 2016 的帮助窗格。

按【Ctrl】+【F1】组合键,可显示或隐藏功能区。

按【Alt】+【F1】组合键,可创建当前范围中数据的嵌入图表。

按【Alt】+【Shift】+【F1】组合键,可插入新的工作表。

5.1.2　工作簿的基本操作

1. 新建工作簿

执行"文件"→"新建"→"空白工作簿"命令,可建立新的工作簿,如图 5.7 所示。开启的新工作簿,Excel 2016 会依次以工作簿 1、工作簿 2……来命名,要重新给工作簿命名,可在存储文件时变更。

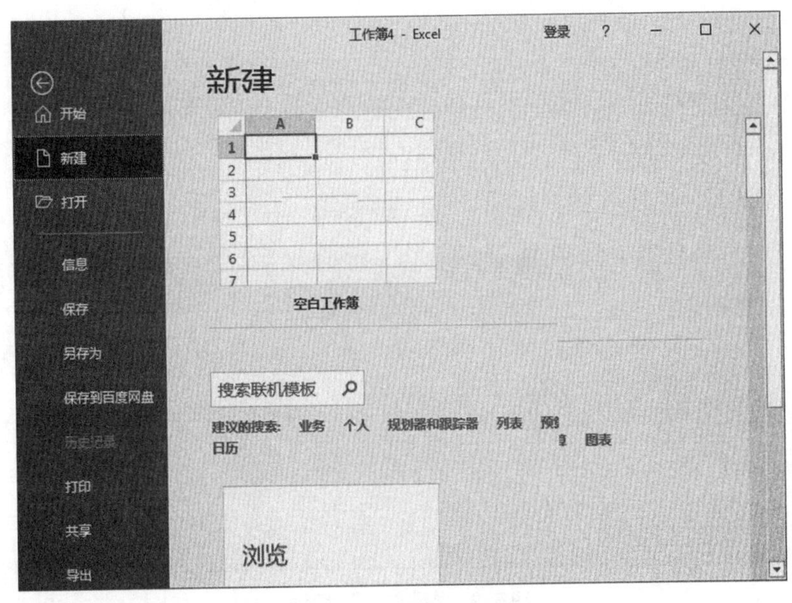

图 5.7　新建工作簿

2. 保存工作簿

结束工作前，一定要做好存盘的工作。要保存文件，可直接单击快速访问工具栏上的“保存”按钮，如果是第一次存盘，会开启“另存为”窗口，如图 5.8 所示。当你修改了工作簿的内容，而再次单击“保存”按钮时，就会将修改后的工作簿直接保存。若想要保留原来的文件，又要保存新的修改内容，可选择“文件”→“另存为”命令，以另一个文档名来保存，如图 5.9 所示。

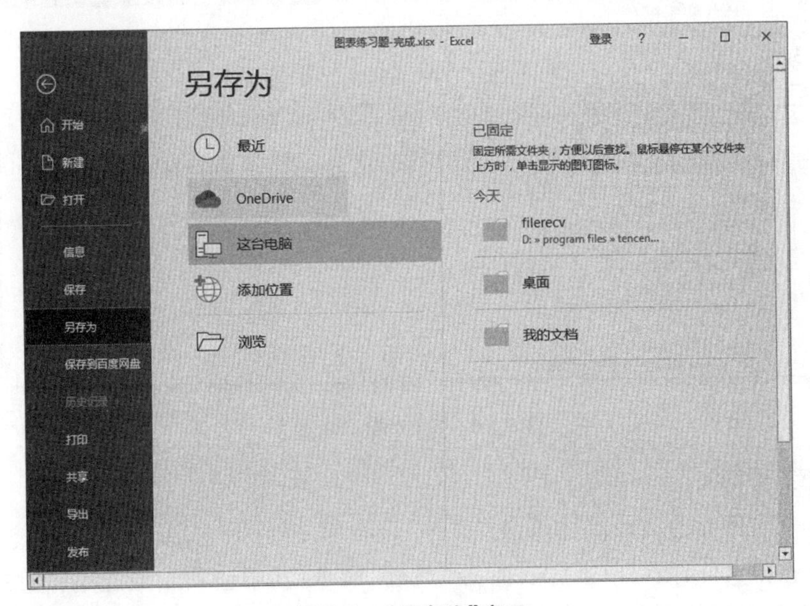

图 5.8　“另存为”窗口

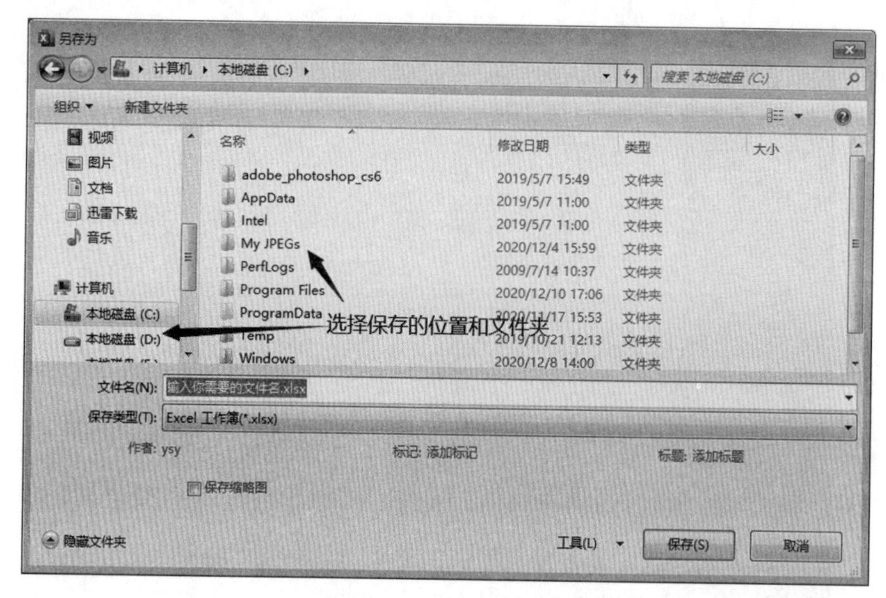

图 5.9 “另存为”对话框

在保存时预设会将保存类型设定为“Excel 工作簿(*. xlsx)”,不过此格式的文件无法在 Excel 2000/2003 等版本打开,若是需要在这些 Excel 版本打开工作簿,那么建议你将保存类型设定为“Excel 97-2003 工作簿(*. xls)”,如图 5.10 所示。

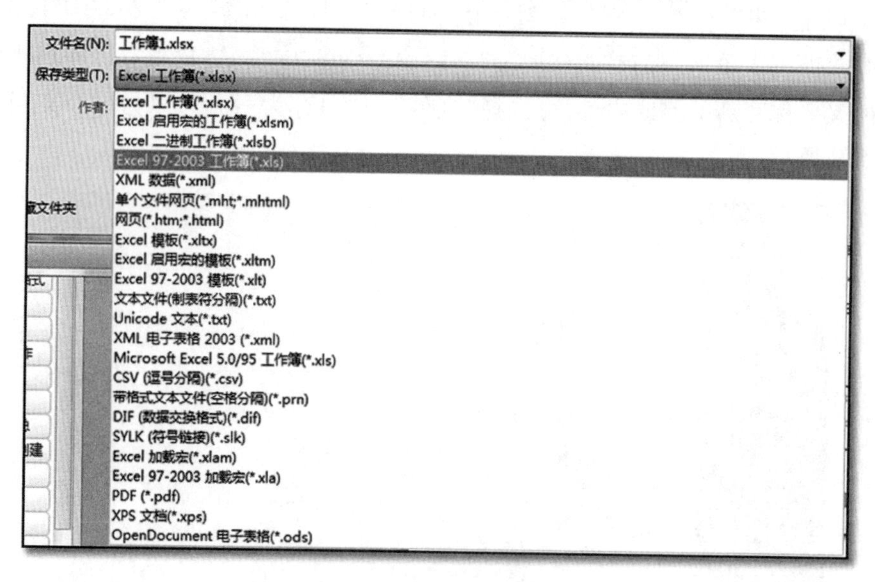

图 5.10 选择“保存类型”

3. 打开工作簿

要打开之前保存的文件,请切换至“文件”选项卡,再选择“打开”命令。若想打开最近编辑过的工作簿文件,则可单击“文件”→“最近”命令,其中会列出最近编辑过的文件,若有想要打开的文件,单击文件名即可,如图 5.11 所示。

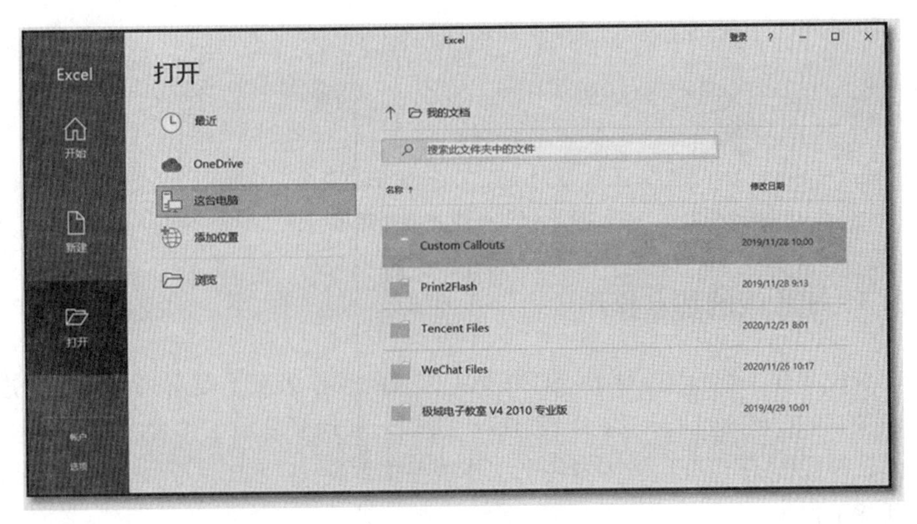

图5.11 打开工作簿

4. **退出** Excel 2016

Excel 2016版本中，如果关闭所有Excel文件，就会自动退出Excel应用程序。关闭Excel文件的方法有很多，常用的方法如下：

◎ 单击应用程序标题栏最右上端的“关闭”按钮，如图5.12所示。

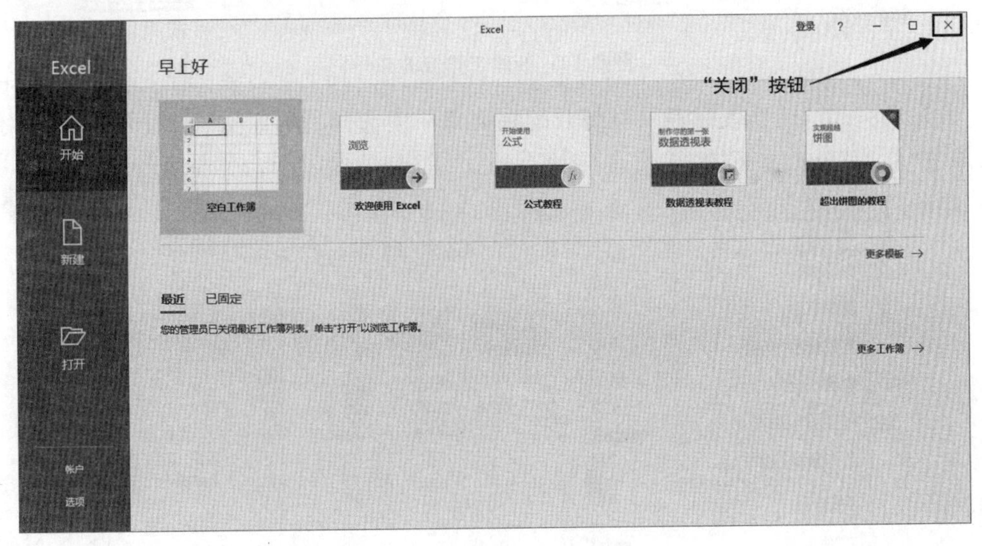

图5.12 退出Excel 2016窗口

◎ 右击Excel窗口标题栏空白处，打开控制菜单，在下拉菜单中选择“关闭”命令。

◎ 按快捷键【Alt】+【F4】。

如果关闭前文件已被修改，但还没有保存，系统就会弹出如图5.13所示的对话框，询问是否要保存当前被修改过的文件。

图 5.13　保存提醒对话框

5.1.3　工作表的基本操作

工作表包含在工作簿中，对 Excel 2016 工作表的操作事实上是对每张工作表进行操作，工作表的基本操作包括新建工作表、选择工作表、移动或复制工作表、删除工作表和重命名工作表等操作，下面介绍较为常用的工作表操作方法。

1. 新建工作表

一个工作簿预设有一张工作表(Sheet1)，若不够用，可以自行插入新的工作表。

方法一：单击"新工作表"按钮，如图 5.14 所示。

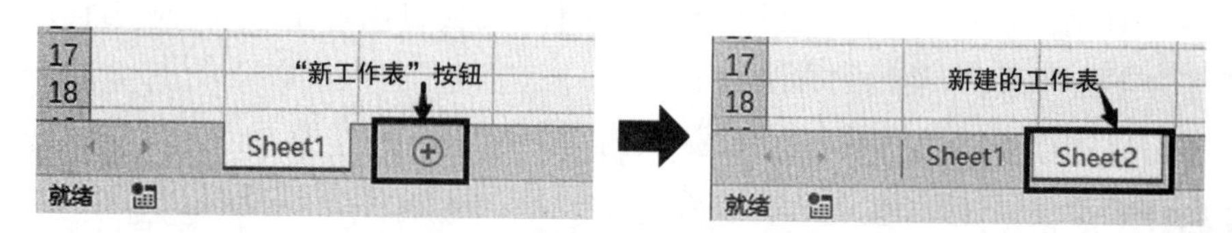

图 5.14　新建工作表方法一

方法二：右击"工作表标签"，在打开的快捷菜单中选择"插入"命令，打开"插入"对话框，单击"常用"选项卡下的"工作表"图标，单击"确定"按钮，如图 5.15 所示。

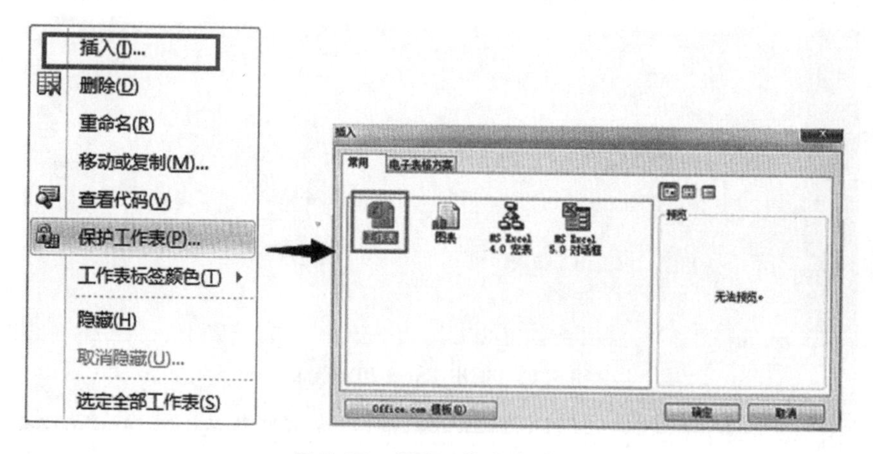

图 5.15　新建工作表方法二

当前使用的工作表标签会呈白色，如果想要编辑其他工作表，只要单击相应的工作表标签，即可切换工作表。

2. 重命名工作表

在 Excel 2016 工作簿中，工作表的默认名称为"Sheet + 数字"，如 Sheet1、Sheet2 等，为

了便于直观地表示工作表的内容，可对工作表进行重新命名，操作方法为：使用鼠标右击要重新命名的工作表，在弹出的快捷菜单中选择“重命名”命令，此时需要重新命名的工作表标签呈高亮显示，输入新的工作表名称，按下【Enter】键即可，如图 5.16 所示。

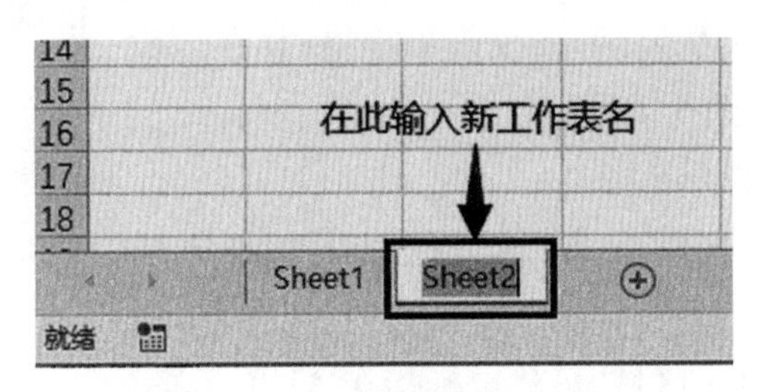

图 5.16　工作表重命名效果图

3. 删除工作表

对于不再需要的工作表，可在工作表的标签上单击鼠标右键，在打开的快捷菜单中选择“删除”命令将它删除。若所要删除的工作表中含有内容，还会出现提示对话框，请你确认是否要删除，避免误删了重要的工作表，如图 5.17 所示。

图 5.17　删除工作表

4. 移动或复制工作表

不仅可以在一个工作簿里移动或复制工作表，还可以把表移动或复制到其他工作簿中。若要移动工作表，只需用鼠标单击要移动的工作表标签，然后拖到新的位置即可。若要复制工作表，只需先选定工作表，按下【Ctrl】键，然后拖动工作表到新的位置即可。当然，用这种方法可以同时移动或复制几个工作表。移动后，以前不相邻的工作表可变成相邻的工作表。

更上一层楼

在 Excel 2016 中显示与隐藏工作表标签还可以通过“Excel 选项”对话框进行设置。单击“文件”→“选项”命令，此时，会弹出“Excel 选项”对话框，在“Excel 选项”对话框的左侧，选择“高级”命令，然后在对话框右侧找到“显示工作表标签”复选框。如果想隐藏工作表标签，则取消选中该复选框，并单击“确定”按钮；如果要显示工作表标签，则选中该复选框，并单击“确定”按钮。

5.1.4　单元格的基本操作

在 Excel 2016 中，每一个单元格都有一个专有的名称，默认的名称是列标加行号，如

B3，表示 B 列第 3 行。

1. **选择单元格**

（1）选择单个单元格

在单元格内单击鼠标左键，可选取该单元格，并在名称框内显示单元格地址，如图 5.18 所示。

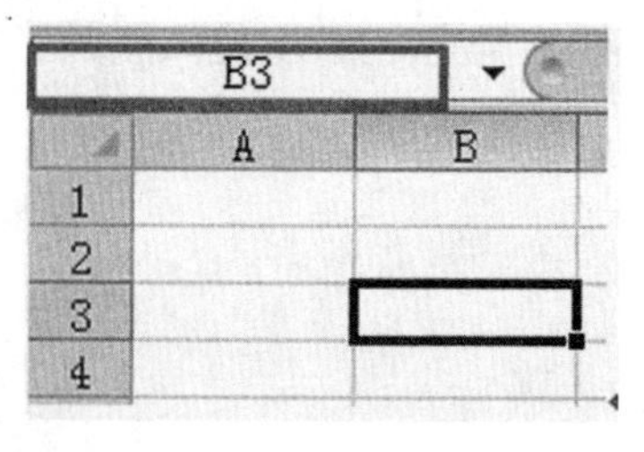

图 5.18　选择单元格

（2）选择多个连续的单元格

若要选择多个连续的单元格，可通过以下几种方法实现。

方法一：如选择 A1:G1 区域，可将鼠标指在 A1 单元格，然后按住鼠标左键不放并拖动到 G1 单元格，最后再放开鼠标左键，如图 5.19 所示。

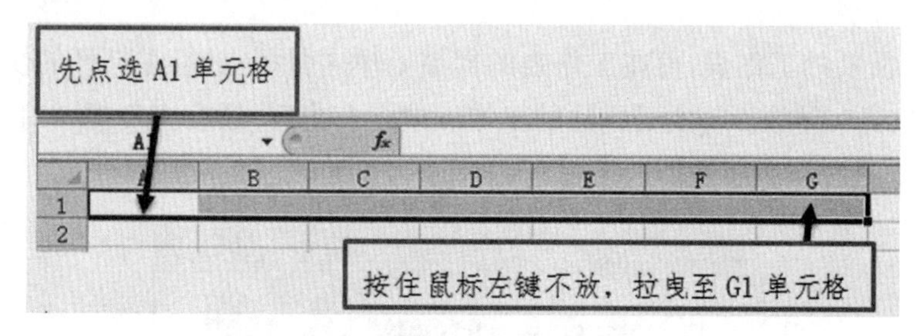

图 5.19　选择 A1:G1 单元格

方法二：选中需要选择的单元格区域的左上角的单元格，然后按住【Shift】键不放，并单击单元格区域右下角的单元格。

方法三：在单元格名称框中输入需要选择的单元格区域地址（如 A1:G5），然后按下【Enter】键。

 **提示**

如果要选取多个不连续的单元格，只需按住【Ctrl】键不放，然后依次单击要选择的单元格即可。

（3）选择全部单元格

若要选取工作表中的所有单元格，只要按下左上角的“全选按钮”即可，如图 5.20 所示。

图 5.20　选择全部单元格

（4）选择行

◎ 选择一行：将鼠标指针指向需要选择的行对应的行号处，当鼠标指针呈➔时，单击鼠标左键，可选中该行的所有单元格。

◎ 选择连续的多行：选中需要选择的起始行号，然后按住鼠标左键不放，拖动至需要选择的末尾行号处，释放鼠标左键即可。

◎ 选择不连续的多行：按下【Ctrl】键不放，然后依次单击需要选择的行对应的行号即可。

（5）选择列

◎ 选择一列：将鼠标指针指向需要选择的列对应的列标处，当鼠标指针呈↓时，单击鼠标左键，可选中该列的所有单元格。

◎ 选择连续的多列：选中需要选择的起始列标，然后按住鼠标左键不放，拖动至需要选择的末尾列标处，释放鼠标左键即可。

◎ 选择不连续的多列：按下【Ctrl】键不放，然后依次单击需要选择的列对应的列标即可。

2. 合并单元格

选择要合并的单元格区域，单击“开始”选项卡下的“对齐方式”组中的“合并后居中”按钮，如图 5.21 所示。

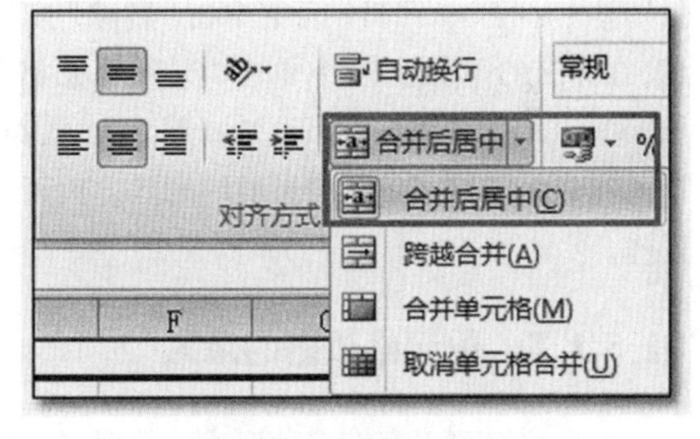

图 5.21　合并单元格

3. 插入单元格

（1）插入行

单击左边的行号选中一行，然后在“开始”选项卡的“单元格”组中单击“插入”按钮下方的下拉按钮，在弹出的下拉列表中单击“插入工作表行”选项，即可在所选择的行的上面插入空白行。

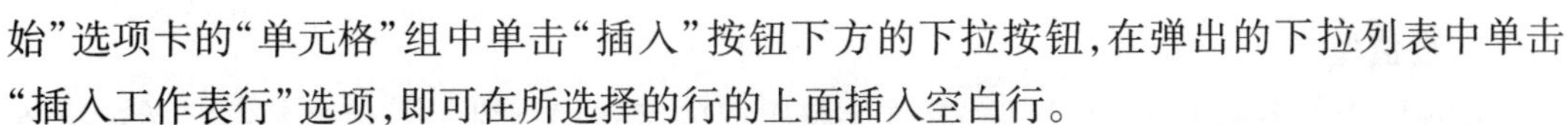

（2）插入列

单击列标，选中一列，然后在“开始”选项卡的“单元格”组中单击“插入”按钮下方的下拉按钮，在弹出的下拉列表中单击“插入工作表列”选项，即可在所选择的列的左侧插入空白列。

（3）插入单元格

选中某个单元格，然后在“开始”选项卡的“单元格”组中单击“插入”按钮下方的下拉按钮，在弹出的下拉列表中单击“插入单元格”选项，弹出“插入”对话框，如图 5.22 所示，选择活动单元格的移动方式，单击“确定”按钮，即可完成单元格的插入。也可用插入单元格的方式，完成插入整行或整列的操作。

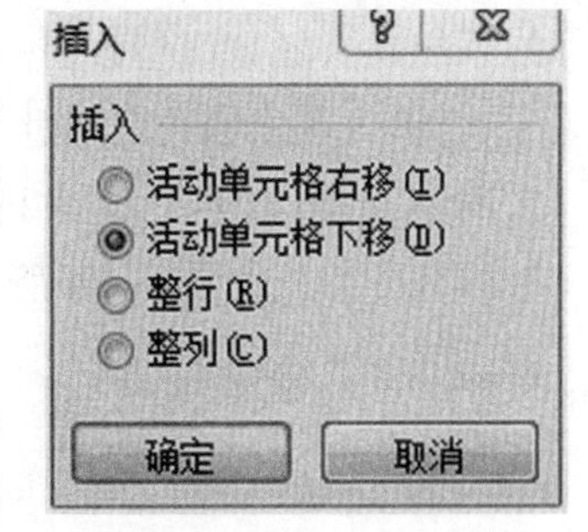

图 5.22　“插入”对话框

4. 删除单元格

在编辑表格的过程中，对于多余的单元格，可将其删除，删除是指删除行、列、单元格及单元格区域等。

（1）删除行

单击需要删除的行号，然后在“开始”选项卡的“单元格”组中单击“删除”按钮下方的下拉按钮，在弹出的下拉列表中单击“删除工作表行”选项，即可删除所选择的行。

（2）删除列

单击列标，选中一列，然后在“开始”选项卡的“单元格”组中单击“删除”按钮下方的下拉按钮，在弹出的下拉列表中单击“删除工作表列”选项，即可删除所选择的列。

（3）删除单元格或单元格区域

选中需要删除的某个单元格或单元格区域，然后在“开始”选项卡的“单元格”组中单击“删除”按钮下方的下拉按钮，在弹出的下拉列表中单击“删除单元格”选项，弹出“删除”对话框，如图 5.23 所示，选择删除方式，单击“确定”按钮，即可完成单元格或单元格区域的删除。也可用删除单元格的方式，完成删除整行和整列的操作。

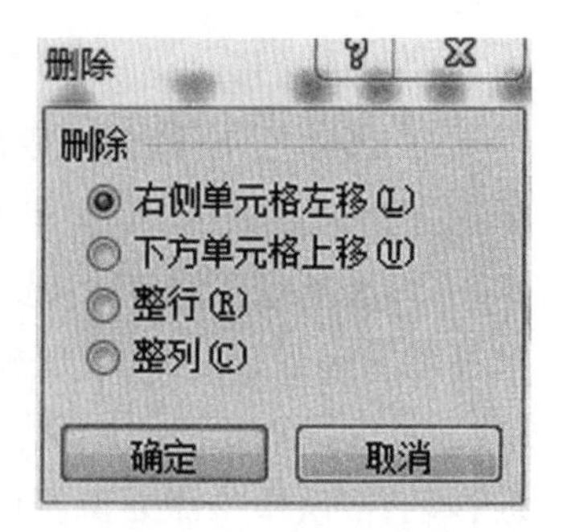

图 5.23 “删除”对话框

5.1.5 单元格数据的录入

单元格里可以存储多种形式的数据，包括文字、日期、数字、声音、图形等。输入的数据可以是常量，也可以是公式和函数，Excel 2016 能自动地把它们区分为文本、数值、日期、时间逻辑值（布尔型）和错误值等。

1. 数值型

Excel 2016 将数字 0—9 及某些特殊字符组成的字符串识别为数值型数据。单击准备输入数值的单元格，在编辑栏的编辑框中输入数值，然后按【Enter】键。在单元格中显示时，系统默认的数值型数据一律靠右对齐。

若输入数据的长度超过单元格的宽度，系统将自动调整宽度。当整数长度大于 12 位时，Excel 2016 将自动改为科学记数法表示，例如，输入“741258369456”，单元格显示为“7.413E+11”，如图 5.24 所示。

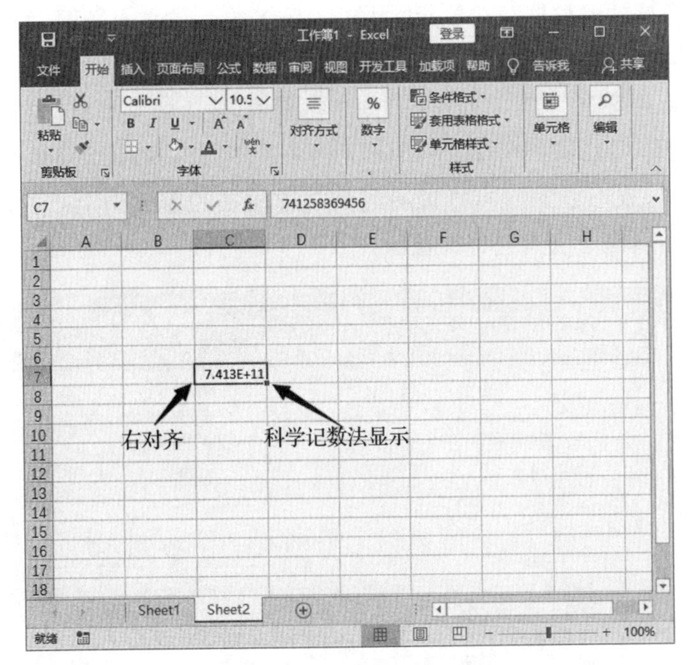

图 5.24　自动改为科学记数

若预先设置的数字格式为带两位小数位,则当输入的数值有 3 位以上的小数时,将对第 3 位小数采取“四舍五入”。但在计算时一律以输入的数,而不是显示数进行计算。

无论输入的数字位数有多少,Excel 2016 都只保留 15 位有效数字的精度,如果数字长度超过 15 位,Excel 2016 会把后面多余的数字位自动改为“0”。

为避免将输入的分数视为日期,输入分数时先输入“0”并加一空格,然后再输入要输入的分数。例如,输入“3/4”,应键入“0 3/4”。

2. 日期和时间型

Excel 2016 内置了一些日期和时间格式,当输入的数据与这些格式相匹配时,Excel 2016 将把它们识别为日期和时间型数据。Excel 2016 将日期和时间视作数字。工作表中的日期和时间的显示方式取决于所在单元格中的数字格式。日期或时间项在单元格中默认右对齐。如果 Excel 2016 不能识别输入的日期或时间格式,输入的内容将被视作文本,并在单元格中左对齐。

如果要在同一单元格中键入日期和时间,应在其间用空格分开。

如果要按 12 小时制输入时间,应在时间后留一个空格,并键入 AM 或 PM,表示上午或下午。如果不输入 AM 或 PM,Excel 2016 默认使用 24 小时制。

若想输入当天的日期或时间,可通过组合键来完成。

◎ 输入当天的日期:【Ctrl】+【;】。

◎ 输入当天的时间:【Ctrl】+【Shift】+【;】。

3. 文本型

除去被识别为公式(一律以“ = ”开头)、数值或日期型的常量数据外,其余的输入数据

Excel 2016 均认为是文本数据。在单元格中输入较多的就是文本数据，如输入工作表的标题、图表中的内容。

文本数据可以由字母、数字、汉字或其他字符组成，输入的文本自动在单元格中靠左对齐，如图 5.25 所示。Excel 2016 规定一个单元格中最多可以输入 32 000 个字符，如果这个单元格不是足够宽，放不下的内容将扩展到其右边相邻的单元格上。若该单元格也有内容，将被截断，但编辑框中会有完整的显示。

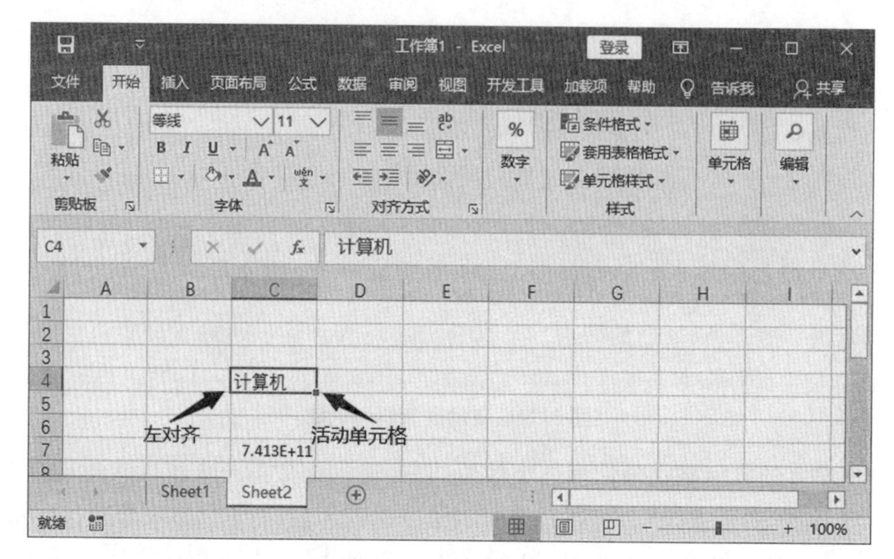

图 5.25　文本数据左对齐

在实际工作中，有时需要把一个数字作为文本输入，如电话号码、卡号和准考证号等。如果要输入的字符串全部由数字组成，为了避免 Excel 把它按数值型数据处理，在输入时可以先输一个单引号“′”（英文符号），再接着输入具体的数字。例如，要在单元格中输入电话号码 86522408，先连续输入“′86522408”，然后按【Enter】键即可；也可以在输入数字前先输入一个“ = ”，然后将数字两端用英文符号的双引号括起来（如“ =″86522408″”）。这样，Excel 就将输入的数字当作文本，自动沿单元格左对齐。

4. 逻辑数据型

逻辑数据为两个特定的标识符：TRUE 和 FALSE，输入大小写字母均可。TRUE 代表逻辑值“真”，FALSE 代表逻辑值“假”。

当向一个单元格输入一个逻辑数据 TRUE 或 FALSE 时，将按大写方式居中对齐显示。注意，如需要将 TRUE 或 FALSE 作为文本数据输入，也必须使用英文单引号“′”做前缀。

5. 错误值

错误值数据是由于单元格输入或编辑数据错误，而由系统自动显示的结果，提示用户注意改正。例如，当错误值为“# DIV/0!”时，则表明此单元格的输入公式中存在除数为 0 的错误；当错误值为“# VALUE!”时，则表明此单元格的输入公式中存在数据类型错误。

5.1.6　数据的快速填充

对于有规律的数据，输入时可以采用 Excel 2016 提供的自动输入功能。

自动填充功能是 Excel 2016 的一项特殊功能，利用该功能可以将一些有规律的数据或公式方便、快速地填充到需要的单元格中，从而提高工作效率。在单元格中填充数据主要分两种情况：一种是填充相同的数据，另一种是填充序列数据。

1. 填充相同的数据

选择准备输入相同数据的单元格或单元格区域，把鼠标指标移至单元格区域右下角的填充柄上，待鼠标指针变为黑色的"＋"形状时，按下鼠标左键不放并拖动至准备拖动的目标位置即可，填充的方向可以向下、向上、向左或向右。

例 5.1　在 C9:G9 区域内填满"自习"。

操作方法为：先在 C9 单元格中输入"自习"两个字，并维持单元格的选取状态，然后将指针移至粗框线的右下角，此时鼠标指针会呈"＋"，将其移到填充控制点上，按住左键不放并向右拖动至单元格 G9，"自习"两个字就会填满 C9:G9 区域了，如图 5.26 所示。

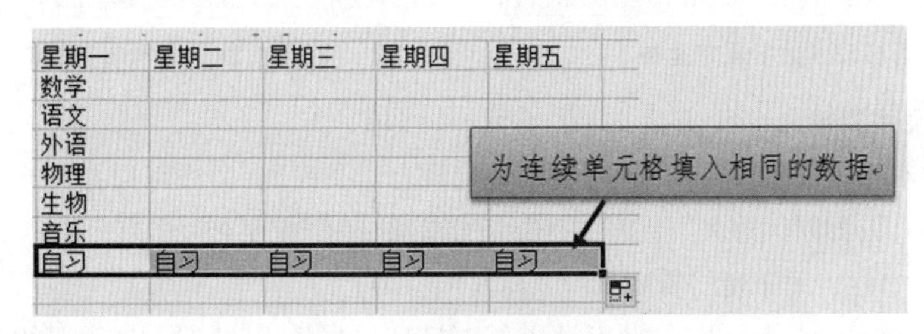

图 5.26　相同数据的填充效果

2. 填充序列数据

Excel 2016 提供的数据填充功能，可以快速地输入整个序列。例如，星期一、星期二……星期日，或一月、二月……十二月或等差、等比数列。填充的方法是：先在单元格中输入序号的前两个数字，选中这两个单元格，将鼠标指针指向第二个单元格的右下角，待指针变为黑色的"＋"形状时，按下鼠标左键不放并拖动至目标位置即可，填充的方向可以向下或向右。

例 5.2　在 A1:A10 单元格中输入 2,4,6,…,20。

操作方法为：先在 A1、A2 单元格内分别填入 2、4，选中这两个单元格，然后把鼠标指针移至 A2 单元格右下角的填充柄上，待鼠标指针变为黑色"＋"形状时(图 5.27)，按下鼠标左键不放并拖动至单元格 A10，松开鼠标，即可得到一个等差数列"2,4,…,20"，如图 5.28 所示。

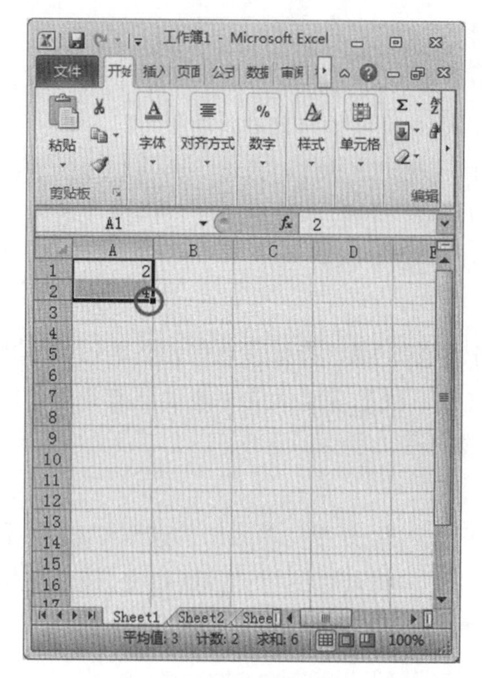

图 5.27 数字填充准备

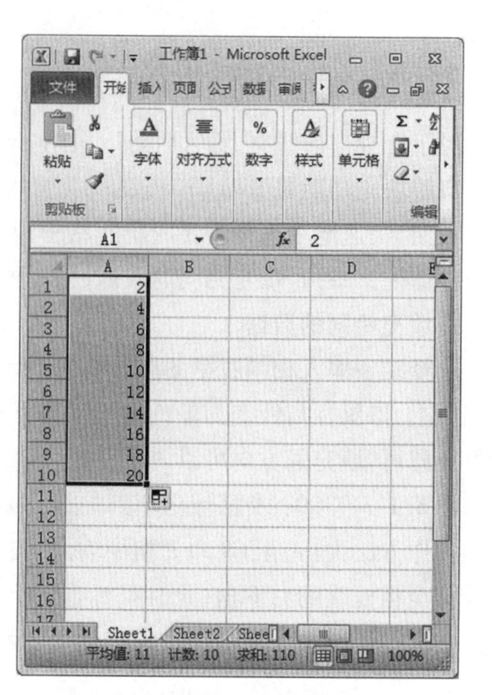

图 5.28 数字填充效果

3. 自定义序列输入

Excel 除本身提供的预定义的序列外,还允许自定义序列,用户可以把经常用到的一些序列做一个定义,如时间序列"上旬,中旬,下旬"、地理位置序列"北京,上海,天津,重庆"等。在 Excel 中自定义序列的步骤如下:

① 选择"文件"选项卡下的"选项"命令,在弹出的"Excel 选项"对话框的左窗格中选择"高级",然后单击右窗格内"常规"区域下的"编辑自定义列表"按钮,则弹出如图 5.29 所示的"自定义序列"对话框。

② 单击"输入序列"编辑框,在编辑框中出现闪烁的光标,填入新的序列,输入完一项按【Enter】键,在下行输入另一项,全部输入完毕,单击"添加"按钮,即可把新序列"北京,上海,天津,重庆"加入左边的自定义序列中,如图 5.29 所示。单击"确定"按钮,返回工作界面。

③ 单击工作表中某一单元格 ,输入"北京"内容,然后向右拖动填充柄,释放鼠标,即可得到自动填充的"北京,上海,天津,重庆"的序列内容。

在对活动单元格输入或编辑完数据后,必须对输入的数据或编辑操作进行确认。Excel 2016 提供了以下几种确认的方法,用户可以从中任选一种。

◎ 按【Enter】键。按【Enter】键后会锁定输入数据,并将活动单元格移动一个单元格的位置。

◎ 单击编辑栏中的"√"按钮。此时只锁定输入而不改变活动单元格。

◎ 用【↑】、【↓】、【←】、【→】移动键,此时不仅锁定输入,并将活动单元格向上、下、左、右移动一个单元格的位置。

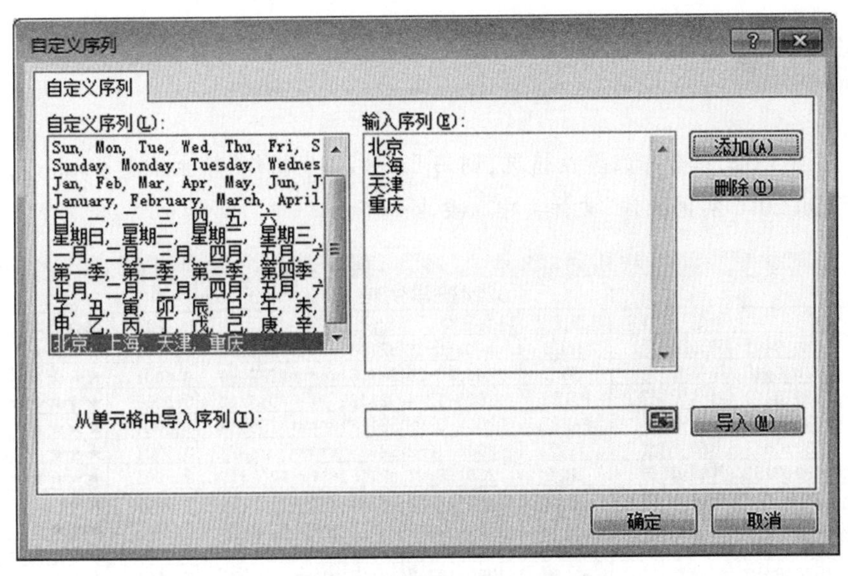

图 5.29　“自定义序列”对话框

◎ 用鼠标选取另一单元格为活动单元格。

5.1.7　设置文本方向

例 5.3　将 A3 单元格内容“上午”设置为竖排文字。

操作方法为:选中“上午”单元格,单击“开始”选项卡的“对齐方式”组中的“方向”按钮 ,在弹出的下拉列表中单击“竖排文字”选项,如图 5.30 所示。图 5.31 为竖排文字的效果图。

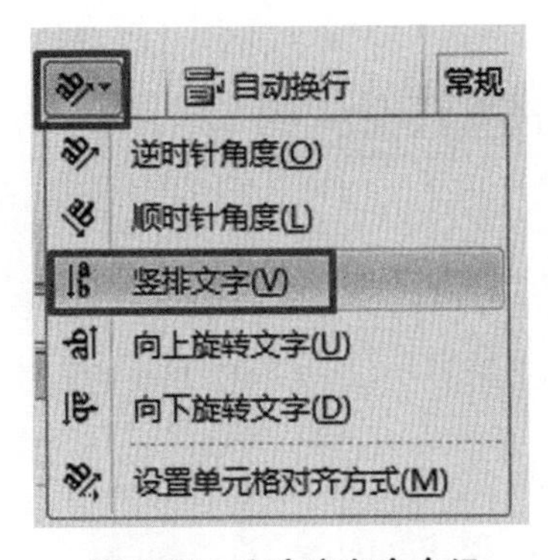

图 5.30　文字方向命令组

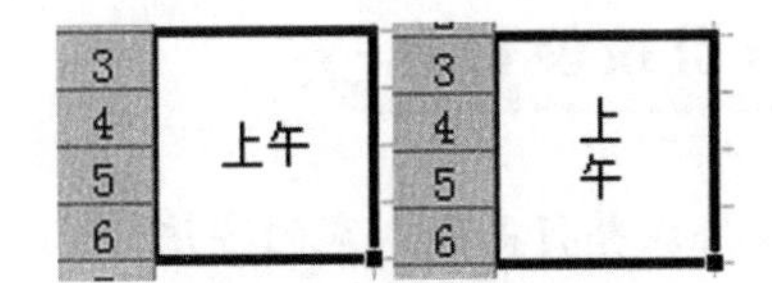

图 5.31　竖排文字的效果

Excel 实训 1

请参照图 5.32,结合班级学生情况,利用 Excel 2016 制作“学生信息表. xlsx”,保存在 E 盘下的“Excel 2016 实训操作”文件夹中。要求如下:

	A	B	C	D	E	F	G	H
1	6224班学生信息							
2	学号	姓名	性别	是否团员	出生日期	身份证件号	专业编号	综合评定
3	A163010447	陈玮皓	男	TRUE	2001-6-12	321181******231796	015001	★★★★★
4	A163010448	陈芸婷	男	TRUE	2000-8-28	321181******287460	015001	★★★
5	A163010449	储钧毅	男	FALSE	2000-12-4	321181******045712	015001	★★★★★
6	A163010450	耿知程	男	FALSE	2001-3-28	321181******286335	015001	★★★★
7	A163010451	贡楠	女	TRUE	2000-10-2	321181******028628	015001	★★★
8	A163010452	何姚斌	男	TRUE	2001-8-21	321181******210815	015001	★★★★★
9	A163010453	洪良	男	FALSE	2001-4-29	321181******29517X	015001	★★
10	A163010454	吉世亲	男	FALSE	2001-5-13	321181******131820	015001	★★★★
11	A163010455	李赞	男	TRUE	2001-3-19	321023******190414	015001	★★★★★
12	A163010456	郦俊杰	男	FALSE	1999-12-17	321181******177977	015001	★★★
13	A163010457	林彬	男	TRUE	2000-12-7	321181******072374	015001	★★★★

图 5.32 Excel 实训 1 要求输入的数据

(1) 数据输入正确。

(2) 为“是否团员”所在单元格添加批注“是团员用 TRUE 表示,非团员用 FALSE 表示”。

(3) “学号”和“专业编号”列要求使用填充序列方法完成,“身份证件号”为文本型数据,“出生日期”为日期数据。

(4) 对学生信息表进行简单美化。

5.2 工作表的格式化

知识技能目标

- 掌握调整行高和列宽的方法。
- 掌握设置单元格格式的方法。
- 能够熟练使用条件格式设置和自动套用格式。
- 了解单元格格式复制、删除和数据保护的方法。

5.2.1 调整行高和列宽

建立工作表时,所有单元格具有相同的宽度和高度。但如果单元格中输入的文本过

长,而且右边相邻单元格又有内容,超长的文本将被截去;如果输入的数字过长而无法显示,则会显示“#######”。当然,完整的数据还在单元格中,只是没有显示出来。因此,有必要调整单元格的行高和列宽,以便数据能够完整地显示出来。

1. 选定行和列

◎ 选定整行或整列:单击行号或列标,即可选取整行或整列。

◎ 选定连续的行或列:按住鼠标左键并在行号或列标上拖动。

◎ 选定不连续的行或列:按住【Ctrl】键并依次单击需要选定的行号或列标。

2. 调整行高

方法一:将光标移至相应行号的下边框,按住鼠标左键并拖动,当其高度合适时释放鼠标左键即可。

方法二:选定行后,单击鼠标右键,在弹出的快捷菜单中选择“行高”命令,如图 5.33 所示。

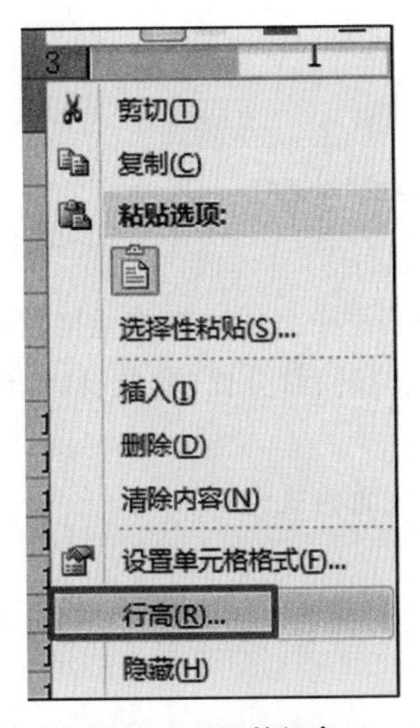

图 5.33 调整行高

图 5.34 调整列宽

3. 调整列宽

方法一:将光标移至相应列的右边框,按住鼠标左键并拖动,当其宽度合适时释放鼠标左键即可。

方法二:选定列后,单击鼠标右键,在弹出的快捷菜单中选择“列宽”命令,如图 5.34 所示。

5.2.2 设置单元格格式

格式设置的目的就是使表格更规范,看起来更有条理、更清楚。

选择“开始”选项卡,可以通过组中的工具或单击对话框启动按钮来设置单元格数据的显示格式,包括设置单元格中数字的类型、对齐方式、字体,添加单元格区域的边框、图案及单元格格式的保护。也可以用鼠标右键单击选中单元格或单元格区域，在弹出的快捷菜单中选择“设置单元格格式”命令，弹出“设置单元格格式”对话框，如图5.35所示。

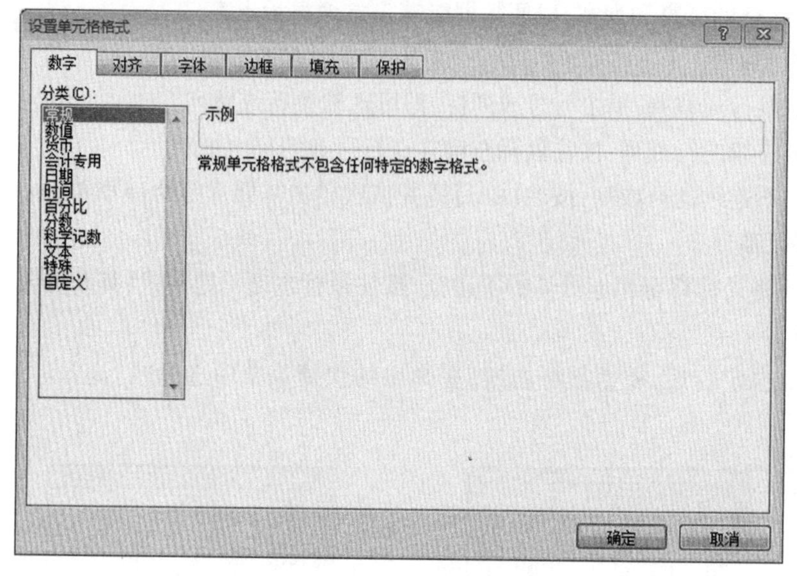

图5.35 “设置单元格格式”对话框

1. 设置单元格的数据格式

如图5.35所示，在“数字”选项卡的“分类”列表框中可以选择单元格数据的类型。数据类型主要包括常规、数值、货币、会计专用、日期、时间、百分比、分数、科学记数、文本、特殊、自定义几种。

(1) 利用“开始”选项卡的“数字”组中的按钮设置格式

“数字”组中共有5个按钮用于数字格式化。

① 会计数字格式：在选中区域的数值型数据前面加上人民币符号，并对数据四舍五入取整。

② 百分比样式：将选中区域的数值型数据乘以100后再加百分号，成为百分比形式。

③ 千位分隔样式：给选中区域的数值型数据加上千分号。

④ 增加小数位数：使选中区域的数据的小数位数加1。例如，将“234.5”变为“234.50”。

⑤ 减少小数位数：使选中区域的数据的小数位数减1。

也可打开“开始”选项卡，单击如图5.36所示的“数字”组中的“常规”右侧的下拉按钮，选择更多的数字格式。

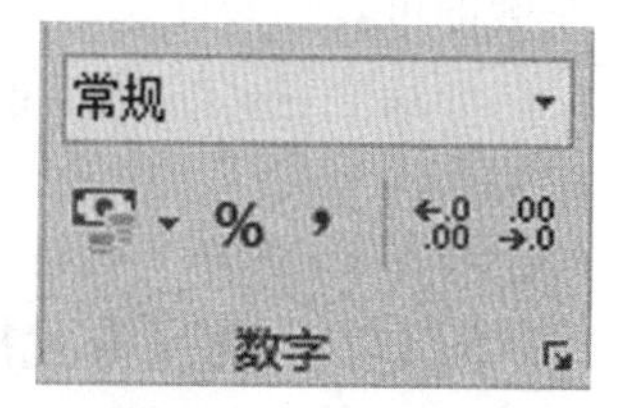

图5.36 “数字”组

(2) 利用“设置单元格格式”对话框设置

在“设置单元格格式”对话框中选择“数字”选项卡，对话框中将出现“分类”列表框，如图5.35所示。首先在“分类”列表框中选择数据类型，此时在对话框右部将显示本类型中可用的格式以及示例，然后在其中直观地选择具体的显示格式，最后单击“确定”按钮即可。

2. 设置单元格数据的对齐方式

通过“开始”选项卡中的“对齐方式”组可以设置文本的水平对齐、垂直对齐、合并后居中、文字方向、自动换行等。Excel 2016 默认的文本格式是左对齐的，而数字、日期和时间是右对齐的，更改对齐方式并不会改变数据类型。

例 5.4　把多个单元格合并成一个单元格。

操作步骤如下：

① 选择需要合并的多个连续单元格，并单击鼠标右键，在弹出的快捷菜单中选择“设置单元格格式”命令。

② 弹出“设置单元格格式”对话框，切换到“对齐”选项卡，在“文本控制”栏中选中“合并单元格”复选框，单击“确定”按钮，如图 5.37 所示。

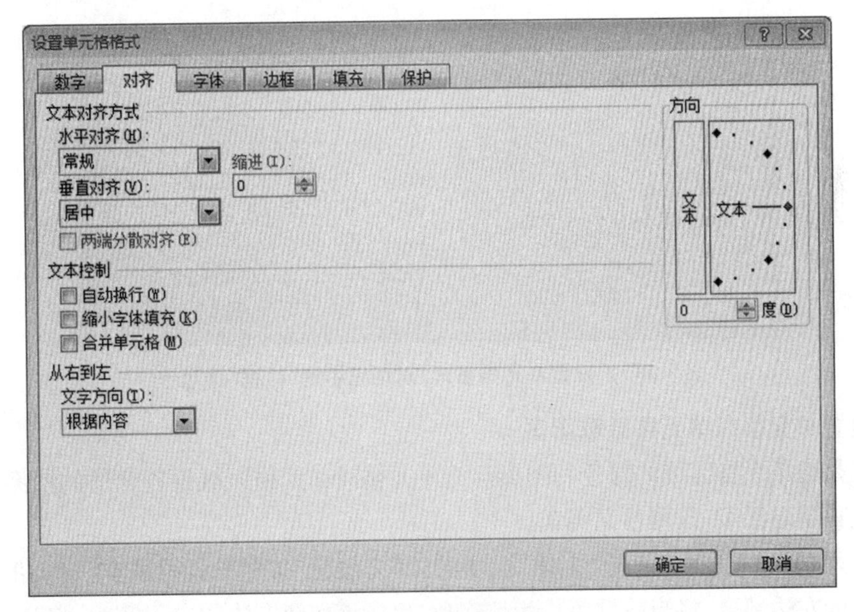

图 5.37　合并单元格

3. 设置边框线

在工作表中为单元格添加边框线可突出显示工作表数据，使工作表更加清晰明了。边框线可以增添在单元格的上下或左右，也可以增添在四周。

① 利用“开始”选项卡的“字体”组中的“边框”按钮可使边框的设置操作较为简便。当单击“边框”按钮右侧的向下箭头时，弹出边框列表，在该列表中含有 13 种不同的边框线设置，用户可从中选择。

② 利用如图 5.38 所示的“设置单元格格式”对话框中的“边框”选项卡，可对选中的单元格区域的边框线的位置、样式和颜色进行设置。设置方法如下：首先在“样式”框中选择边框线的式样，如点虚线、实线和双线等；然后在“颜色”框中选择框线的颜色；最后通过单击相应的按钮设置边框线。“预置”区的“无”按钮表示删除所有选中单元格的边框线，“外边框”按钮表示仅在选中区域的外部添加边框线，“内部”按钮表示为所选区域添加内部网

格线。“边框”区有8个按钮,可分别为选中区域设置内、外边框线。

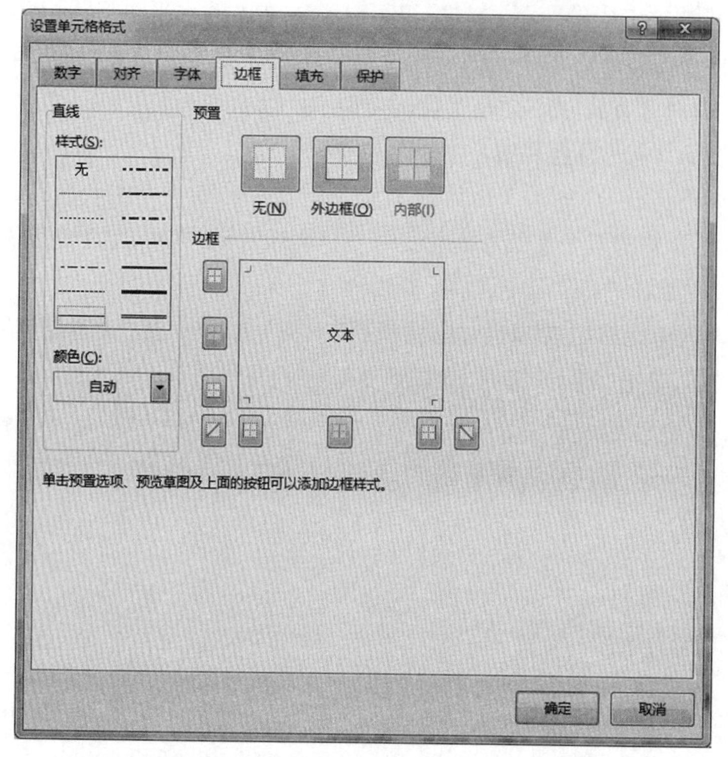

图5.38 “设置单元格格式”对话框中的“边框”选项卡

4. 设置单元格或单元格区域图案

图案是指单元格区域的颜色和阴影。给单元格或单元格区域设置合适的图案,可以使工作表显得生动活泼,既醒目又美观。

可使用“开始”选项卡上的“字体”组中的“填充颜色”按钮来设置填充颜色,步骤为:单击该按钮的左边部分,将当前颜色作为填充色;单击该按钮右边的向下箭头,将弹出颜色列表,在该列表中选择一种填充色作为选中单元格区域的背景色。

还可以通过“设置单元格格式”对话框中的“填充”选项卡来设置填充颜色、填充图案和填充效果,如图5.39所示。

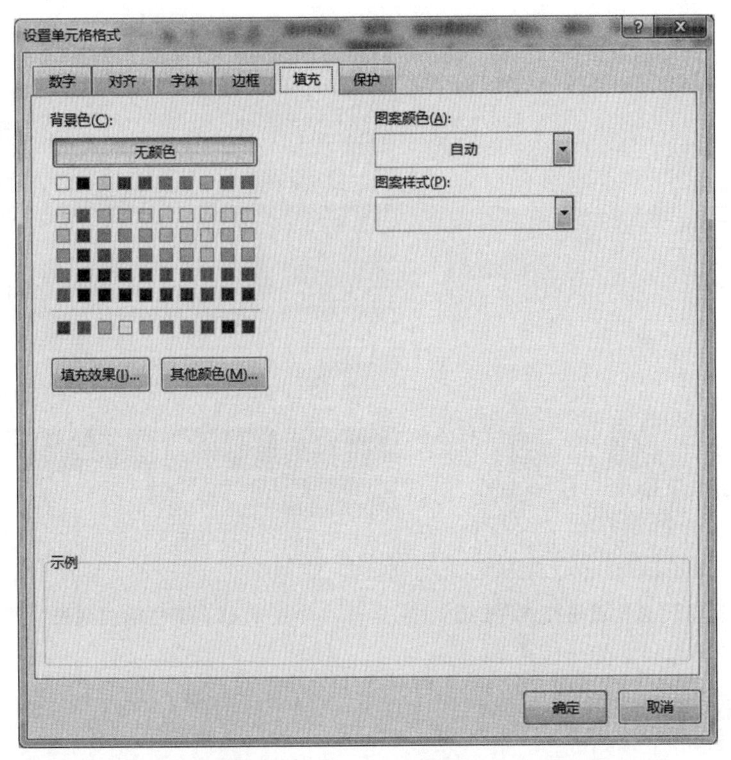

图 5.39　“设置单元格格式”对话框中的“填充”选项卡

5.2.3　使用自动套用格式

为了加快制表过程,Excel 2016 提供了 16 种专业报表格式,各种自动套用格式包括数字格式、对齐、字体、边界、色彩等组合,用户可以直接套用。

使用工作表自动套用格式的操作步骤如下:

① 选择要使用自动套用格式的数据区域。

② 单击“开始”选项卡的“样式”组中的“套用表格格式”按钮,如图 5.40 所示,弹出如图 5.41 所示的列表。

③ 选择需要的表格格式,单击“确定”按钮。

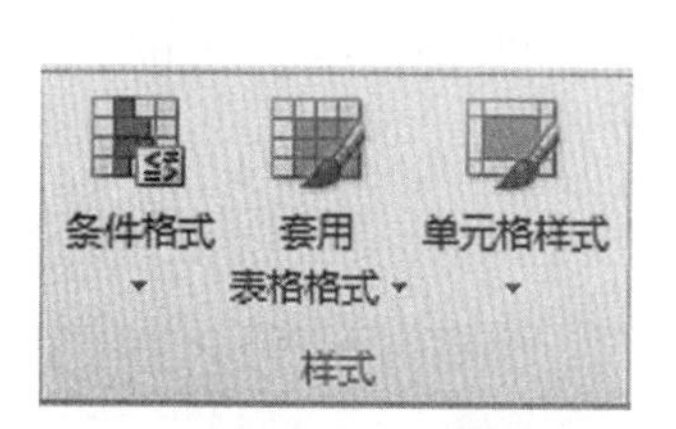

图 5.40　选择“套用表格格式”按钮

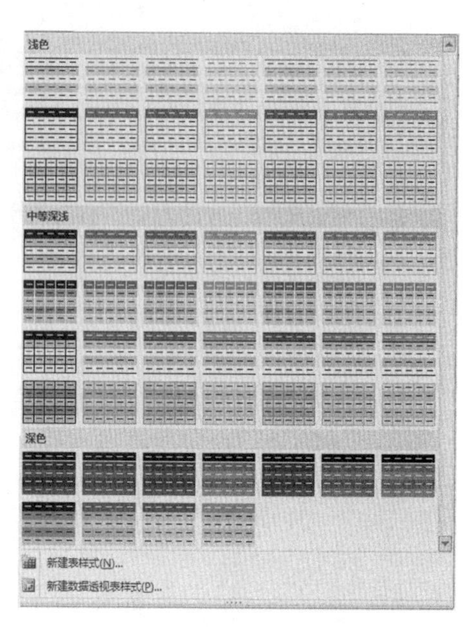

图 5.41　表格格式列表

5.2.4　使用条件格式

Excel 2016 中“条件格式”功能可以根据单元格内容有选择地自动应用格式，使用起来很方便。

1. 数据条

例 5.5　用蓝色数据条表示图 5.42 中“检验师”的数量。

操作步骤如下：

① 选择数据区域，如图 5.43 所示。

卫生技术人员数					
年份	助理医师	执业医师	护士	药师	检验师
1980	1153234	709473	465798	308438	114290
1981	1243787	620291	525311	323786	123652
1982	1307205	668010	563912	342451	130625
1983	1352651	704060	595569	351002	136630
1984	1381456	716365	616080	358969	140728
1985	1413281	724238	636974	365145	145217
1986	1444150	745592	680583	372760	150132
1987	1481754	777333	717596	382121	156878
1988	1618174	1095926	829261	394287	161615
1989	1718018	1257668	921687	401098	166383
1990	1763086	1302997	974541	405978	170371
1991	1779545	1310933	1011943	409325	176832
1992	1808194	1327875	1039674	413598	180754
1993	1831665	1372471	1056096	413025	183657
1994	1882180	1425375	1093544	417166	186415
1995	1917772	1454926	1125661	418520	189488
1996	1941235	1475232	1162609	424952	192873
1997	1984867	1505342	1198228	428295	198016
1998	1999521	1513975	1218836	423644	200846
1999	2044672	1561584	1244844	418574	201272
2000	2075843	1603266	1266838	414408	200900
2001	2099658	1637337	1286938	404087	203378

图 5.42　需要计算的数据

1	卫生技术人员数					
2	年份	助理医师	执业医师	护士	药师	检验师
3	1980	1153234	709473	465798	308438	114290
4	1981	1243787	620291	525311	323786	123652
5	1982	1307205	668010	563912	342451	130625
6	1983	1352651	704060	595569	351002	136630
7	1984	1381456	716365	616080	358969	140728
8	1985	1413281	724238	636974	365145	145217
9	1986	1444150	745592	680583	372760	150132
10	1987	1481754	777333	717596	382121	156878
11	1988	1618174	1095926	829261	394287	161615
12	1989	1718018	1257668	921687	401098	166383
13	1990	1763086	1302997	974541	405978	170371
14	1991	1779545	1310933	1011943	409325	176832
15	1992	1808194	1327875	1039674	413598	180754
16	1993	1831665	1372471	1056096	413025	183657
17	1994	1882180	1425375	1093544	417166	186415
18	1995	1917772	1454926	1125661	418520	189488
19	1996	1941235	1475232	1162609	424952	192873
20	1997	1984867	1505342	1198228	428295	198016
21	1998	1999521	1513975	1218836	423644	200846
22	1999	2044672	1561584	1244844	418574	201272
23	2000	2075843	1603266	1266838	414408	200900
24	2001	2099658	1637337	1286938	404087	203378

图 5.43　选择数据区域

② 单击“开始”选项卡的“样式”组中的“条件格式”按钮，选择“数据条”→“蓝色数据条”命令，如图 5.44 所示，得到的效果如图 5.45 所示。

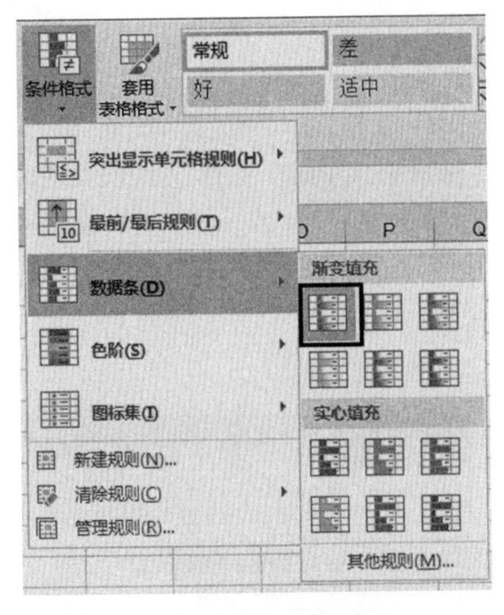

图 5.44　数据条

药师	检验师
308438	114290
323786	123652
342451	130625
351002	136630
358969	140728
365145	145217
372760	150132
382121	156878
394287	161615
401098	166383
405978	170371
409325	176832
413598	180754
413025	183657
417166	186415
418520	189488
424952	192873
428295	198016
423644	200846
418574	201272
414408	200900
404087	203378

图 5.45　数据条的最终效果

2. 图标集

例 5.6　用四向箭头(彩色)表示图 5.42 中“技术人员”工作表中“护士”的数量。

操作步骤如下：

① 选择数据区域。

② 单击“开始”选项卡的“样式”组中的“条件格式”按钮，选择“图标集”→“四向箭头(彩色)”命令，如图 5.46 所示，得到的效果如图 5.47 所示。

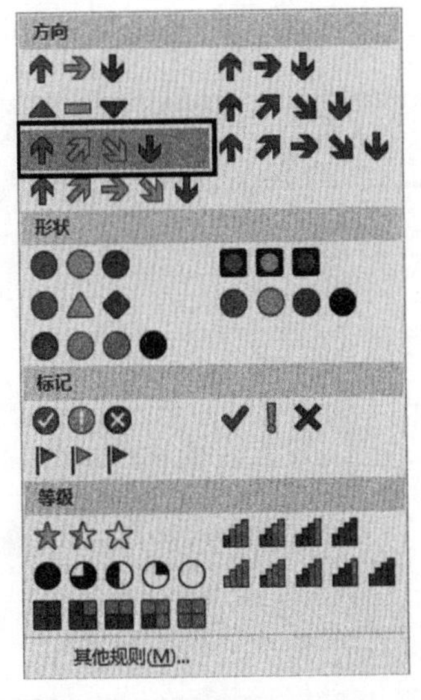

图 5.46　四向箭头(彩色)

护士	药师
465798	308438
525311	323786
563912	342451
595569	351002
616080	358969
636974	365145
680583	372760
717596	382121
829261	394287
921687	401098
974541	405978
1011943	409325
1039674	413598
1056096	413025
1093544	417166
1125661	418520
1162609	424952
1198228	428295
1218836	423644
1244844	418574
1266838	414408
1286938	404087

图 5.47　效果图

3. 突出显示单元格规则

例 5.7 将图 5.42 中的“药师”列数值在 380 000—420 000 的数据用“深蓝，文字 2，淡色 60%”倾斜显示。

操作步骤如下：

① 选择数据区域。

② 单击“开始”选项卡的“样式”组中的“条件格式”按钮，选择“突出显示单元格规则”→“其他规则”命令，如图 5.48 所示，弹出“新建格式规则”对话框，如图 5.49 所示。

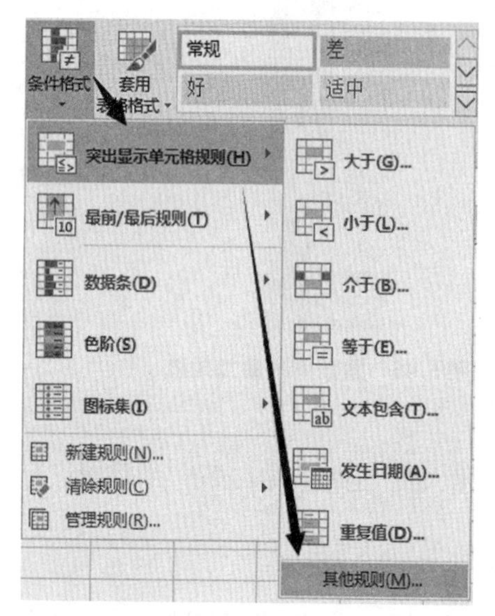

图 5.48 其他规则

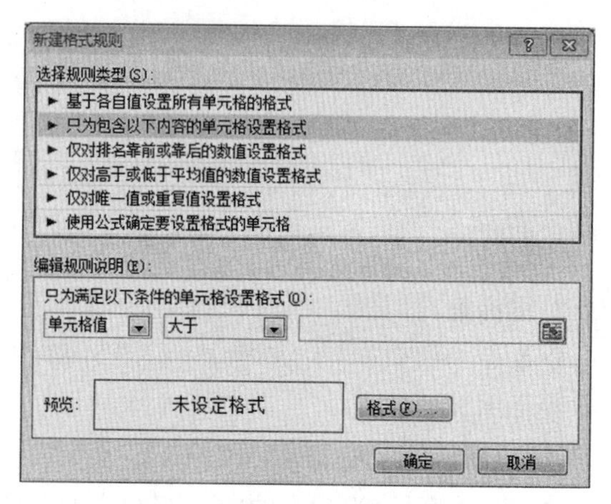

图 5.49 “新建格式规则”对话框

③ 在“编辑规则说明”栏的第一个文本框中选择“单元格值”，第二个文本框中选择“介于”，并在后面的文本框中分别输入“380000”和“420000”，如图 5.50 所示。

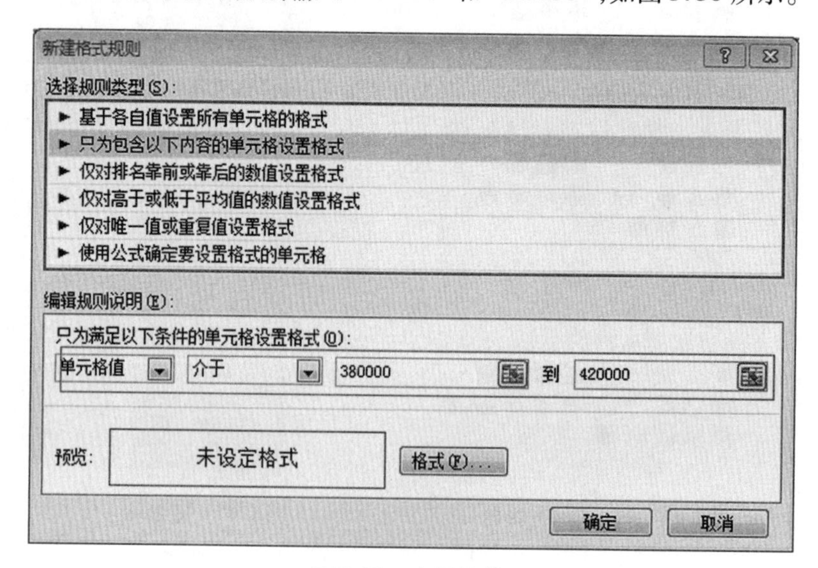

图 5.50 介于条件

④ 单击“格式”按钮，弹出“设置单元格格式”对话框，在“字体”选项卡中设置字体颜色为“深蓝，文字 2，淡色 60%”，字形为“倾斜”，如图 5.51 所示，单击“确定”按钮，返回“新建格式规则”对话框，再单击“确定”按钮，最终效果如图 5.52 所示。

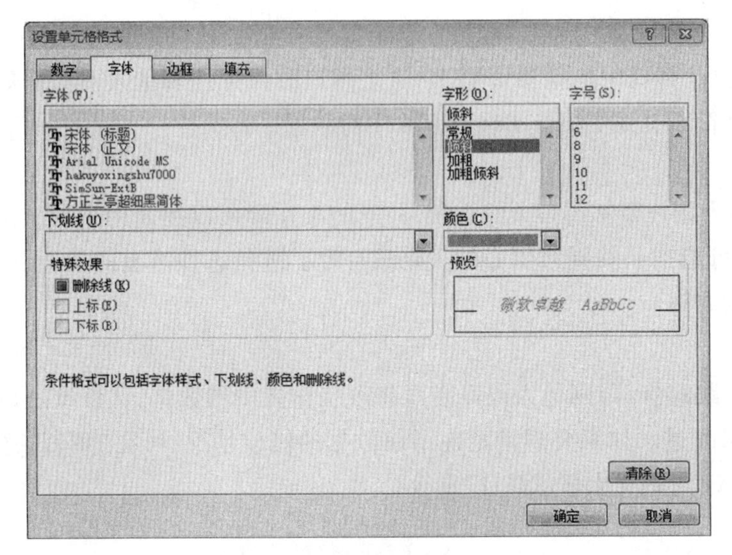

图 5.51　“字体”选项卡

护士	药师
465798	308438
525311	323786
563912	342451
595569	351002
616080	358969
636974	365145
680583	372760
717596	382121
829261	394287
921687	401098
974541	405978
1011943	409325
1039674	413598
1056096	413025
1093544	417166
1125661	418520
1162609	424952
1198228	428295
1218836	423644
1244844	418574
1266838	414408
1286938	404087

图 5.52　效果图

5.2.5　格式的复制和删除

对已格式化的数据区域，如果其他区域也要使用该格式，可以不必重新设置格式，只需使用功能区中的命令进行格式复制，即可快速完成设置。另外，也可将不满意的格式进行删除。

1. 格式复制

方法一：利用“开始”选项卡的“剪贴板”组中的“格式刷”按钮快速复制格式。操作方法为：先选中含有要复制格式的单元格或单元格区域，然后单击“格式刷”按钮，最后选中目标区域即可。

如果要将选中的格式复制到多个区域，则双击“格式刷”按钮，然后分别选中这几个目标区域即可。格式复制完成后，再次单击“格式刷”按钮使其失效。

方法二：利用“开始”选项卡的“剪贴板”组中的“复制”及“选择性粘贴”命令，也可将格式复制到其他区域。操作方法为：先选中含有要复制格式的单元格或单元格区域，从“开始”选项卡的“剪贴板”组中执行“复制”命令，然后选中要复制格式的目标区域，在“剪贴板”组中执行“粘贴”→“选择性粘贴”命令，在弹出的“选择性粘贴”对话框中选择“格式”单选按钮，最后单击“确定”按钮。

2. 格式删除

如果要删除单元格或单元格区域的格式，可利用“清除”命令。操作方法为：先选中单元格或单元格区域，然后在“开始”选项卡的“编辑”组中选择“清除”→“清除格式”命令。

格式清除后，单元格中的数据将以通用格式显示。

5.2.6　Excel 2016 中的数据保护

随着技术的进步，网上办公已成为现实，随之而来的数据安全问题日益突出。Excel 2016 提供了多种方法来保护计算机中的重要资料，以防止用户的误操作和他人对重要数据的恶意修改和删除。下面简单介绍如何在 Excel 2016 中对数据进行保护。

1. 数据的修订

Excel 2016 的网络应用为用户带来了很大的方便，共享的工作簿可以提高用户的工作效率，但共享的工作簿很有可能被一些别有用心的人修改。为了避免这种情况的发生，用户可跟踪和审阅对工作簿的修订。

(1) 跟踪修订

如果没有对工作簿设置跟踪修订，则他人可以随意修改工作簿中的数据，且修改之后不容易查出该数据是否被修改过。如果要想清楚地了解数据的修改情况，可在“审阅”选项卡的“更改”组中选择“修订”→“突出显示修订”命令。

(2) 审阅修订

如果要审阅数据的修改，以便决定是否保存，可在“审阅”选项卡的“更改”组中选择“修订”→“接受/拒绝修订”命令，用户可以决定是否接受修改或拒绝修改。

2. 数据的隐藏

共享工作簿中通常会有一些保密数据，不仅不希望别人修改，甚至不希望别人看到，此时就可利用 Excel 2016 中的数据隐藏功能进行设置。Excel 2016 中可以隐藏某些单元格，或者行和列，甚至是整个工作表或工作簿。

(1) 隐藏单元格

具体方法如下：

① 选中需要隐藏内容的单元格，在“开始”选项卡的“单元格”组中选择“格式”→“设置单元格格式”命令，或者右击要隐藏的单元格，在快捷菜单中选择“设置单元格格式”命令，系统弹出“设置单元格格式”对话框。

② 在“数字”选项卡的“分类”列表框中选择“自定义”选项，在“类型”文本框中输入 3 个分号“;;;”。单击“确定”按钮后，所选单元格的内容就被隐藏了，如图 5.53 所示。

③ 单击快速访问工具栏上的“保存”按钮，保存所做的改动。

④ 如果要显示已经被隐藏的单元格内容，可在“开始”选项卡的“编辑”组中选择“清除”→“清除格式”命令，或者在“设置单元格格式”对话框的“数字”选项卡中选择“常规”选项，然后单击“确定”按钮。

	A	B	C	D	E	F
1	某图书销售集团销售情况表					
2	经销部门	图书名称	季度	数量(册)	单价	销售额(元)
3	第1分店	程序设计基础	2	123	¥26.90	¥3,308.70
4	第1分店	程序设计基础	4	178	¥26.90	¥4,788.20
5	第1分店	程序设计基础	3	232	¥26.90	¥6,240.80
6	第1分店	程序设计基础	1	765	¥26.90	¥20,578.50
7	第1分店	计算机导论	4	236		
8	第1分店	计算机导论	3	345		
9	第1分店	计算机导论	1	569		
10	第1分店	计算机导论	2	645		
11	第1分店	计算机应用基础	3	234	¥23.50	¥5,499.00
12	第1分店	计算机应用基础	4	278	¥23.50	¥6,533.00

图 5.53　数据隐藏示例

(2) 隐藏工作表中的行或列

如果要在工作表中一次隐藏一列数据,可单击该列中任意一个单元格,然后在“开始”选项卡的“单元格”组中选择“格式”→“隐藏和取消隐藏”→“隐藏列”命令;如果要显示隐藏的列,可选择“格式”→“隐藏和取消隐藏”→“取消隐藏列”命令。用同样的方法可以隐藏或显示工作表中的行。

(3) 隐藏工作表

有时用户不希望别人查看某些工作表,此时可以使用 Excel 2016 的隐藏功能将工作表隐藏起来。当一个工作表被隐藏时,它所对应的标签也同时被隐藏。操作方法是:选中需要隐藏的工作表,然后在“开始”选项卡的“单元格”组中选择“格式”→“隐藏和取消隐藏”→“隐藏工作表”命令。

工作表被隐藏后,如果要使用它们,可以将它们恢复显示。操作方法是:在“开始”选项卡的“单元格”组中选择“格式”→“隐藏和取消隐藏”→“取消隐藏工作表”命令,在打开的对话框中选择工作表名称,单击“确定”按钮即可恢复。

(4) 隐藏工作簿

如果要把整个工作簿隐藏起来,可在“视图”选项卡的“窗口”组中单击“隐藏”按钮,则整个工作簿就被隐藏起来了。如果要显示已经被隐藏的工作簿,可单击“窗口”组中的“取消隐藏”按钮,在弹出的“取消隐藏”对话框中选择要显示的工作簿名称,单击“确定”按钮,即可将隐藏的工作簿重新显示。

3. 数据的保护

使用数据隐藏的方法可以对数据起到一定的保护作用,但对于精通 Excel 的人来说,这种保护形同虚设。Excel 提供了对数据进行保护的功能,以防止工作表中的数据被非授权的人存取或意外修改。

(1) 保护工作表

保护工作表是为了防止其他人对工作表中的数据进行修改,操作方法是:在“审阅”选项卡的“更改”组中单击“保护工作表”按钮，将弹出如图 5.54 所示的“保护工作表”对话框，在“允许此工作表的所有用户进行”列表框中进行设置，使得某些功能仍然可以使用，在“取消工作表保护时使用的密码”文本框中可以输入密码，然后单击“确定”按钮。如果用户想要执行允许范围之外的操作，Excel 2016 就会拒绝操作，并弹出提示信息对话框，此时可单击“确定”按钮退出。

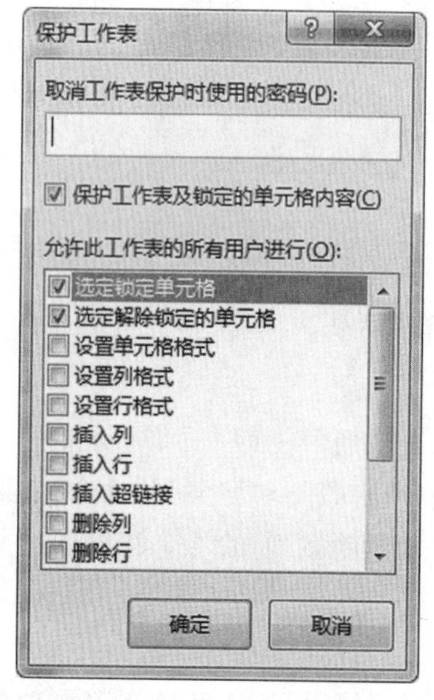

图 5.54 “保护工作表”对话框

图 5.55 “保护结构和窗口”对话框

注意

本操作要求该工作表没有设置过“数据修订”，否则“保护工作表”命令是灰色的，将无法使用。若要取消工作表的保护状态，只要在“审阅”选项卡的“更改”组中选择“撤消工作表保护”命令即可。若在如图 5.54 所示的“保护工作表”对话框中设置了密码，则在撤消工作表保护的操作中必须输入正确的密码，才能撤消对工作表的保护。

(2) 保护工作簿

保护工作簿是为了防止对工作簿的结构进行更改。操作方法为：在“审阅”选项卡的“更改”组中单击“保护工作簿”按钮，屏幕将弹出如图 5.55 所示的“保护结构和窗口”对话框，在该对话框中选中“结构”复选框，则可防止对工作簿结构进行修改，其中的工作表就不能被删除、移动和隐藏，也不能输入新工作表；若选中“窗口”复选框，则可保护工作簿的窗口不被移动、缩放、隐藏/取消隐藏和关闭。在“密码”文本框中还允许用户设置密码(此项可选)。

Excel 实训2

打开本书配套素材“Excel 素材\Excel 实训 2. xlsx”文件。

1. 在“技术人员”工作表中,设置 A2:F34 单元格区域外框线为最粗实线、内框线为最细实线,线条颜色均为标准色—蓝色。

2. 将 Sheet1 工作表改名为“人员统计”,设置第 1 行标题文字“卫生人员数”在 A1:G1 单元格区域合并后居中,字体格式为隶书、24 号字、标准色—蓝色,并将第 1 行的行高设置为 30,第 1 列的列宽设置为 8。

3. 在“人员统计”工作表的 C 列中,引用“技术人员”工作表中的数据,利用公式统计 1980 年到 2011 年技术人员数量(技术人员 = 助理医师 + 执业医师 + 护士 + 药师 + 检验师)。

4. 将“人员统计”工作表中 B2:B34 单元格区域背景色设置为标准色—橙色。

5. 在“技术人员”工作表中,对 A2:F34 单元格区域套用表格格式“中等深浅 3”。

6. 在“技术人员”工作表中,将“执业医师”列中人数超过 180 万的数据用红色显示。

5.3 工作表中数据的操作

知识技能目标

- 掌握简单排序和复杂排序的方法。
- 能够完成数据的自动筛选和高级筛选操作。
- 掌握数据分类汇总和删除数据汇总的方法。

Excel 2016 除了上面介绍的若干功能以外,在数据管理方面也有强大的功能,在 Excel 2016 中不但可以使用多种格式的数据,而且可以对不同类型的数据进行各种处理,包括排序、筛选和分类汇总等操作。

在 Excel 2016 中,数据清单是包含相似数据组的带标题的一组工作表数据行,它与一张二维数据表非常类似,所以用户也可以将“数据清单”看作是“数据库”,其中行作为数据库中的记录,列对应数据库中的字段,列标题作为数据库中的字段名称。借助数据清单,Excel 2016 就能实现数据库中的数据管理功能——排序、筛选以及一些分析操作,将它们应用到数据清单中的数据上。

5.3.1 数据的排序

数据的排序是指按一定规则对数据进行重新整理、排列，这样可以为进一步处理数据做好准备。Excel 2016 提供了多种对数据进行排序的方法，如升序、降序，用户也可以自定义排序方法。在按升序排序时，Excel 2016 使用如下顺序：

① 数值按从最小的负数到最大的正数顺序排序。

② 文本和数字按 0—9、A—Z、a—z 的顺序排列。

③ 逻辑值 FALSE 排在 TRUE 之前。

④ 所有错误值的优先级相同。

⑤ 空格排在最后。

排序可以对数据清单中所有的记录进行(选中数据列表中任一单元格即可)，也可对其中的部分记录进行(选中要排序的记录部分即可)。

1. 快速排序

如图 5.56 所示，要对“基本工资”进行排序，方法为：打开需要排序的工作簿，先选中“基本工资”列中的任意单元格，切换到“数据”选项卡，然后单击“排序和筛选”组中的“升序”按钮，工作表中的数据将按照关键字“基本工资”进行升序排列；如果单击“排序和筛选”组中的“降序”按钮，工作表中的数据将按照关键字“基本工资”进行降序排列。

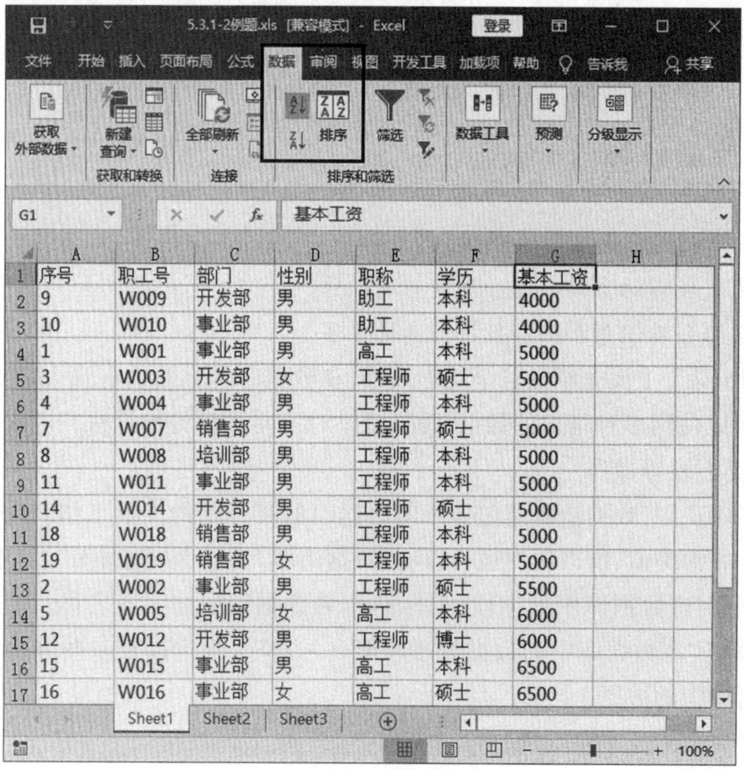

	A	B	C	D	E	F	G
1	序号	职工号	部门	性别	职称	学历	基本工资
2	9	W009	开发部	男	助工	本科	4000
3	10	W010	事业部	男	助工	本科	4000
4	1	W001	事业部	男	高工	本科	5000
5	3	W003	开发部	女	工程师	硕士	5000
6	4	W004	事业部	男	工程师	本科	5000
7	7	W007	销售部	男	工程师	硕士	5000
8	8	W008	培训部	男	工程师	本科	5000
9	11	W011	事业部	男	工程师	本科	5000
10	14	W014	开发部	男	工程师	硕士	5000
11	18	W018	销售部	男	工程师	本科	5000
12	19	W019	销售部	女	工程师	本科	5000
13	2	W002	事业部	男	工程师	硕士	5500
14	5	W005	培训部	女	高工	本科	6000
15	12	W012	开发部	男	工程师	博士	6000
16	15	W015	事业部	男	高工	本科	6500
17	16	W016	事业部	女	高工	硕士	6500

图 5.56 快速排序

2. **多条件排序**

在实际操作过程中，对关键字进行排序后，排序结果中有并列记录，这时可使用多条件排序方式进行排序，操作方法如下：

打开需要排序的工作簿，选中某列中的任意单元格，切换到“数据”选项卡，然后单击“排序和筛选”组中的 按钮，弹出“排序”对话框，在“主要关键字”下拉列表中选择“基本工资”，在“次序”中选择“升序”或“降序”，单击“添加条件”按钮，“主要关键字”下方出现“次要关键字”，用同样的方法选择次要关键字和排序方式后，单击“确定”按钮，即可完成多条件排序，如图 5.57 所示。多条件排序可以根据实际需要添加多个条件进行排序。

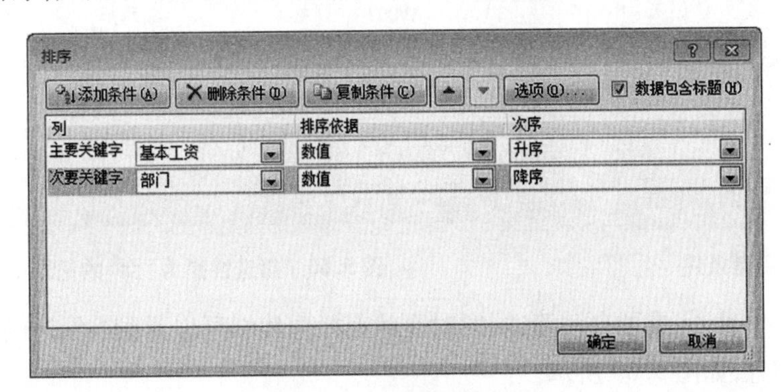

图 5.57　“排序”对话框

5.3.2　数据筛选

当我们希望从一个很庞大的数据表中查看或打印满足某条件的数据时，采用排序或者条件格式显示数据往往不能达到很好的效果。为此，Excel 2016 提供了“数据筛选”功能，使查找数据变得非常方便。

1. **自动筛选**

例 5.8　从员工基本情况表中，查看一下“女”员工的基本工资。

操作步骤如下：

① 选择“数据”选项卡，单击“排序和筛选”组中的“筛选”按钮，此时数据清单中的每个列标题（字段名）右侧会出现一个下拉箭头，如图 5.58 所示。

	A	B	C	D	E	F	G
1	序号	职工号	部门	性别	职称	学历	基本工
2	1	W001	事业部	男	高工	本科	5000
3	2	W002	事业部	男	工程师	硕士	5500
4	3	W003	开发部	女	工程师	硕士	5000
5	4	W004	事业部	男	工程师	本科	5000
6	5	W005	培训部	女	高工	本科	6000
7	6	W006	事业部	男	高工	博士	7000
8	7	W007	销售部	男	工程师	硕士	5000
9	8	W008	培训部	男	工程师	本科	5000
10	9	W009	开发部	男	助工	本科	4000
11	10	W010	事业部	男	助工	本科	4000

图 5.58　自动筛选

② 单击“性别”单元格中的下拉按钮，在弹出的下拉列表中选择准备筛选的性别复选框，如“女”，单击“确定”按钮，如图 5.59 所示。

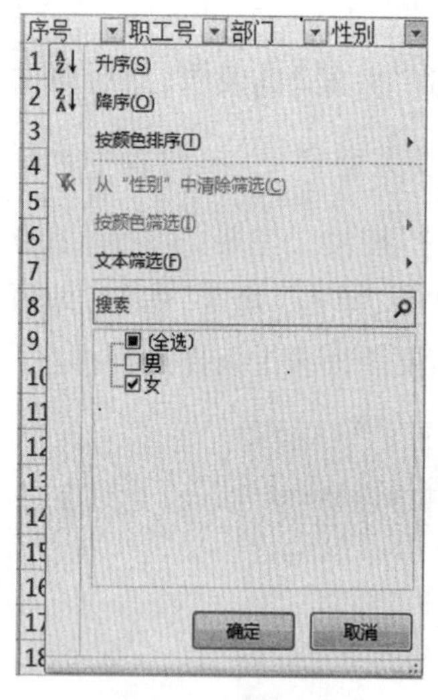

图 5.59　筛选条件

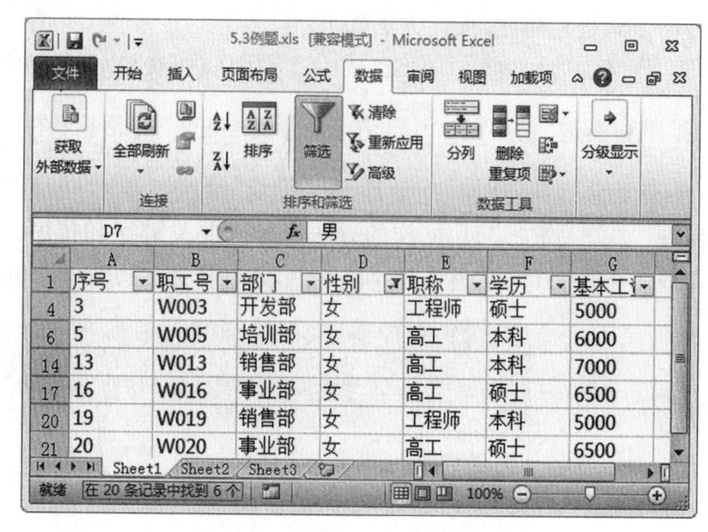

图 5.60　筛选性别为“女”的记录

③ 返回工作表，完成了自动筛选，同时在状态栏中我们可以看到“在 20 条记录中找到 6 个”的提示信息，如图 5.60 所示。

④ 如果需要取消数据筛选，可打开“数据”选项卡，再次单击“筛选”按钮即可。

2. **高级筛选**

例 5.9　在员工基本情况表中，查看一下“部门”为“事业部”且“基本工资”在 6 500 元及以上的所有记录。

操作步骤如下：

① 建立高级筛选需要的条件，在表的顶部插入三行空白行，将“部门”复制到 C1 单元格、“基本工资”复制到 G1 单元格，并在 C2 单元格中输入“事业部”、G2 单元格中输入“ > =6500”，如图 5.61 所示。

	A	B	C	D	E	F	G
1			部门				基本工资
2			事业部				>=6500
3							
4	序号	职工号	部门	性别	职称	学历	基本工资
5	1	W001	事业部	男	高工	本科	5000

图 5.61　高级筛选条件设置

② 选择“数据”选项卡的“排序和筛选”组中的 高级 按钮，弹出“高级筛选”对话框，如图 5.62 所示。

③ 单击“列表区域”右侧的按钮，选中所需要筛选的数据区域，单击“条件区域”右侧的按钮，选中刚才我们建立的条件区域，如图 5.63 所示。

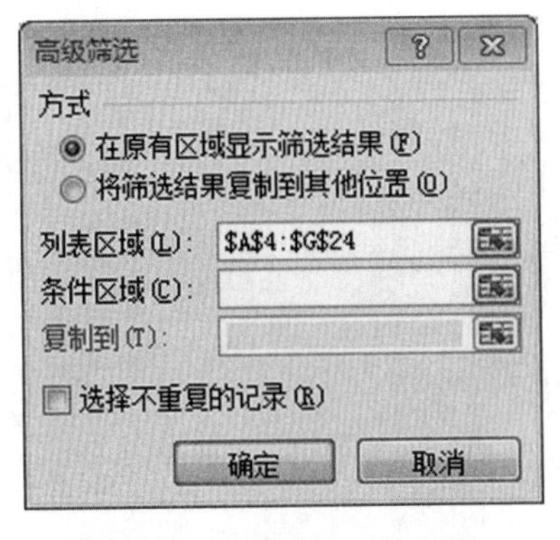

图 5.62　“高级筛选”对话框

图 5.63　选择“列表区域”和“条件区域”

④ 单击“确定”按钮，得到高级筛选结果，同时在状态栏中我们可以看到“在 20 条记录中找到 4 个”的提示信息，如图 5.64 所示。

	A	B	C	D	E	F	G	H
1			部门				基本工资	
2			事业部				>=6500	
3								
4	序号	职工号	部门	性别	职称	学历	基本工资	
10	6	W006	事业部	男	高工	博士	7000	
19	15	W015	事业部	男	高工	本科	6500	
20	16	W016	事业部	女	高工	硕士	6500	
24	20	W020	事业部	女	高工	硕士	6500	

Sheet1　Sheet2　Sheet3

就绪　在 20 条记录中找到 4 个　100%

图 5.64　高级筛选后的结果

5.3.3　数据的分类汇总

分类汇总是对数据内容进行分析的一种方法。Excel 分类汇总是对工作表中数据清单的内容进行分类，然后统计同类记录的相关信息，包括求和、计数、求平均值等。

分类汇总只能对数据清单进行，数据清单的第一行必须有列标题。在进行分类汇总前，必须根据分类字段对数据清单进行排序。

1. 创建分类汇总

例 5.10　对“图书销售情况表”工作表中的数据清单内容进行分类汇总，汇总计算各图书的“销售额”的平均值，汇总结果显示在数据下方。

操作步骤如下：

① 按主要关键字“图书名称”对数据清单进行升序或降序排序。

② 选择“数据”选项卡的“分类显示”组中的“分类汇总”命令，弹出“分类汇总”对话框，选择“分类字段”为“图书名称”，“汇总方式”为“平均值”，“汇总项”为“销售额(元)”，选中“汇总结果显示在数据下方”复选框，如图 5.65 所示，单击“确定”按钮，即可完成分类汇总，分类汇总后的结果如图 5.66 所示。

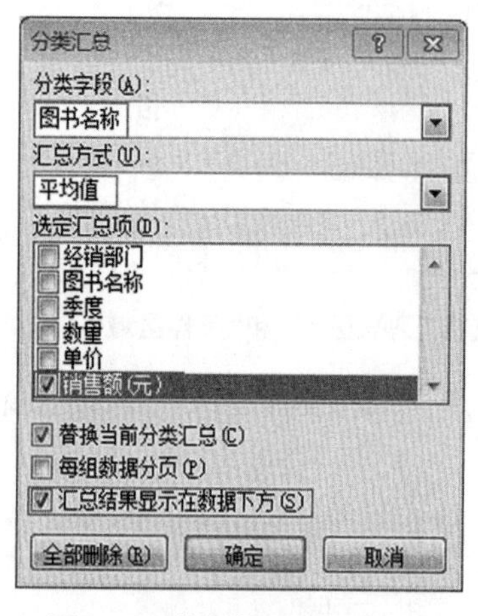

图 5.65 “分类汇总”对话框

	A	B	C	D	E	F
1	某图书销售集团销售情况表					
2	经销部门	图书名称	季度	数量	单价	销售额(元)
3	第1分店	程序设计基础	2	123	¥26.90	¥3,308.70
4	第3分店	程序设计基础	4	168	¥26.90	¥4,519.20
5	第1分店	程序设计基础	4	178	¥26.90	¥4,788.20
6	第2分店	程序设计基础	1	190	¥26.90	¥5,111.00
7	第2分店	程序设计基础	4	196	¥26.90	¥5,272.40
8	第2分店	程序设计基础	3	205	¥26.90	¥5,514.50
9	第2分店	程序设计基础	2	211	¥26.90	¥5,675.90
10	第3分店	程序设计基础	3	218	¥26.90	¥5,864.20
11	第1分店	程序设计基础	3	232	¥26.90	¥6,240.80
12	第3分店	程序设计基础	2	242	¥26.90	¥6,509.80
13	第3分店	程序设计基础	1	301	¥26.90	¥8,096.90
14	第1分店	程序设计基础	1	765	¥26.90	¥20,578.50
15		**程序设计基础 平均值**				¥6,790.01
16	第3分店	计算机导论	3	111	¥32.80	¥3,640.80
17	第3分店	计算机导论	2	119	¥32.80	¥3,903.20
18	第2分店	计算机导论	1	221	¥32.80	¥7,248.80
19	第3分店	计算机导论	4	230	¥32.80	¥7,544.00
20	第1分店	计算机导论	4	236	¥32.80	¥7,740.80
21	第2分店	计算机导论	3	281	¥32.80	¥9,216.80
22	第3分店	计算机导论	1	306	¥32.80	¥10,036.80
23	第2分店	计算机导论	2	312	¥32.80	¥10,233.60
24	第1分店	计算机导论	3	345	¥32.80	¥11,316.00
25	第2分店	计算机导论	4	412	¥32.80	¥13,513.60
26	第1分店	计算机导论	1	569	¥32.80	¥18,663.20
27	第1分店	计算机导论	2	645	¥32.80	¥21,156.00
28		**计算机导论 平均值**				¥10,351.13
29	第2分店	计算机应用基础	2	145	¥23.50	¥3,407.50

图 5.66 进行分类汇总后的工作表

2. 删除分类汇总

如果要删除已经创建的分类汇总,在“分类汇总”对话框中单击“全部删除”按钮即可。

3. 隐藏分类汇总数据

为方便查看数据,可以将分类汇总后暂时不需要的数据隐藏起来,当需要查看时再显示出来。

单击工作表左边列表树的“ - ”号,可以隐藏该图书的记录,只留下部门的汇总信息,此时“ - ”号变为“ + ”,如图 5.67 所示。

	A	B	C	D	E	F
1	某图书销售集团销售情况表					
2	经销部门	图书名称	季度	数量	单价	销售额(元)
15		**程序设计基础 平均值**				¥6,790.01
28		**计算机导论 平均值**				¥10,351.13
41		**计算机应用基础 平均值**				¥6,254.92
42		**总计平均值**				¥7,798.69

图 5.67 隐藏分类汇总后的工作表

5.3.4 数据透视表的创建

数据透视表从工作表的数据清单中提取信息,它可以对数据清单进行重新布局、分类汇总,还能立即计算出结果。在建立数据透视表时,须考虑如何计算数据。

例 5.11 对如图 5.68 所示的工作表“图书销售情况表”内数据清单的内容建立数据透视表,按行为“经销部门”,列为“图书名称”,数据为“数量(册)”求和布局,并将其置于现工作表的 H2:L7 单元格区域。

操作步骤如下：

	A	B	C	D	E	F
1	某图书销售公司销售情况表					
2	经销部门	图书类别	季度	数量(册)	销售额(元)	销售量排名
3	第3分部	计算机类	3	124	8680	42
4	第3分部	少儿类	2	321	9630	20
5	第1分部	社科类	2	435	21750	5
6	第2分部	计算机类	2	256	17920	26
7	第2分部	社科类	1	167	8350	40
8	第3分部	计算机类	4	157	10990	41
9	第1分部	计算机类	4	187	13090	38
10	第3分部	社科类	4	213	10650	32
11	第2分部	计算机类	4	196	13720	36
12	第2分部	社科类	4	219	10950	30
13	第2分部	计算机类	3	234	16380	28
14	第2分部	计算机类	1	206	14420	35
15	第2分部	社科类	2	211	10550	34
16	第3分部	社科类	3	189	9450	37
17	第2分部	少儿类	1	221	6630	29
18	第3分部	少儿类	4	432	12960	7
19	第1分部	计算机类	3	323	22610	19
20	第1分部	社科类	3	324	16200	17
21	第1分部	少儿类	4	342	10260	15
22	第3分部	社科类	2	242	7260	27
23	第3分部	社科类	3	287	14350	24

图 5.68　图书销售情况表数据清单

① 单击“插入”选项卡的“表格”组中的“数据透视表”命令，打开“创建数据透视表”对话框，如图 5.69 所示。

② 在“表/区域”文本框中选定工作表中除标题外所有的数据，然后选定“现有工作表”，在“位置”文本框中输入“H2:L7”，如图 5.70 所示，单击“确定”按钮。

图 5.69　“创建数据透视表”对话框(一)

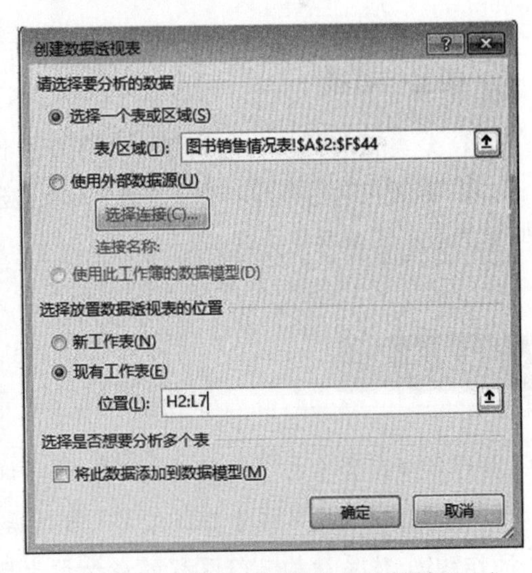

图 5.70　“创建数据透视表”对话框(二)

③ 在 Excel 窗口左侧的“数据透视表字段列表”活动面板上，将“经销部门”字段拖动到“行标签”中，将“图书类别”字段拖动到“列标签”中，将“数量(册)”字段拖动到“数值”

中，如图5.71所示。如图5.72所示为在H2:L7区域建立好的数据透视表。

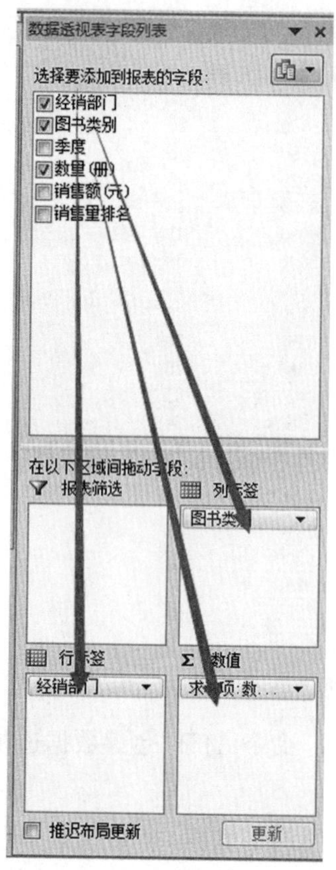

图5.71　数据透视表字段列表面板

H	I	J	K	L
求和项:数量(册)	列标签			
行标签	计算机类	少儿类	社科类	总计
第1分部	1596	2126	1615	5337
第2分部	1290	1497	993	3780
第3分部	1540	1492	1232	4264
总计	4426	5115	3840	13381

图5.72　建立好的数据透视表

更上一层楼

①分类汇总必须首先按照分类字段进行排序，然后再汇总。

②高级筛选的条件如果是“与”条件，应该在同一行中出现；如果是“或”条件，则条件需要在不同的行中出现。

Excel 实训3

打开本书配套素材“Excel素材\Excel实训3.xlsx”文件。

1. 对工作表“计算机专业成绩单”内数据清单的内容进行自动筛选，条件为数据库原理、操作系统、体系结构三门课程的成绩均大于或等于75分，对筛选后的内容按主要关键字“平均成绩”的降序和次要关键字“班级”的升序进行排序。

2. 对工作表“产品销售情况表”内数据清单的内容建立数据透视表，行标签为“产品名称”，列标签为“分公司”，求和项为“销售额(万元)”，并将其置于现工作表的I32:V37单元

格区域。

3. 对工作表“图书销售情况表”内数据清单的内容进行筛选,条件为“各分店第3和第4季度、销售额大于或等于6 000元的销售情况”。

4. 对工作表“产品销售情况表2”内数据清单的内容按主要关键字“季度”的升序和次要关键字“产品名称”的降序进行排序,对排序后的数据进行高级筛选(筛选条件一:产品名称为“手机”,条件区域为 D41:D42;筛选条件二:销售排名为前15名,条件区域为 H41:H42)。

5. 对工作表“计算机动画技术成绩单”内的数据清单的内容进行分类汇总,分类字段为“系别”,汇总方式为“平均值”,汇总项为“考试成绩”,汇总结果显示在数据下方。

5.4 公式与函数

知识技能目标

- 掌握公式的使用方法。
- 掌握绝对地址和相对地址的使用范围和使用方法。
- 掌握一些常用函数的使用方法,了解函数参数的用法。
- 学会使用函数帮助,能从函数帮助中找到解决问题的方法。

公式是在工作表中对数据进行计算和分析的式子。它可以引用同一工作表中的其他单元格、同一工作簿的不同工作表中的单元格或者其他工作簿的工作表中的单元格,对单元格中的数值进行加、减、乘、除等运算。因此,公式是 Excel 2016 的重要组成部分。Excel 中的公式通常由运算符、常量、单元格地址、函数和括号等组成。Excel 2016 提供了13类400多个函数,支持对工作表中的数据进行求和、求平均值、汇总以及其他复杂的运算,其函数向导功能可引导用户通过系列对话框完成计算任务,操作十分方便。

在 Excel 2016 中,输入公式均以“=”开头,如“=A2+D3”。函数的一般形式为“函数名([参数1],[参数2],…)”,如 SUM(A1:B3)。下面将介绍公式与函数的基本用法。

5.4.1 公式的使用

1. 运算符

在 Excel 2016 中公式可使用运算符来完成各种复杂的运算。运算符有算术运算符、比较运算符、文本运算符和引用运算符。

(1) 算术运算符

公式中的算术运算符包括+(加)、-(减)、*(乘)、/(除)、%(百分数)、^(乘方)。

例 5.12 计算图 5.73 所示的考试成绩表中每位同学的总分。

操作步骤如下：

① 单击 E3 单元格，输入“ = B3 + C3 + D3”，如图 5.73 所示。

② 按【Enter】键，此时在 E3 单元格中显示学号为“S3”的同学的总分。

③ 拖动自动填充柄至 E12，计算其他几名学生的总分，结果如图 5.74 所示。

	A	B	C	D	E
1			考试成绩表		
2	学号	数学	英语	语文	总分
3	S3	92	83	86	=B3+C3+D3
4	S6	71	84	95	
5	S5	87	90	71	
6	S1	89	74	75	
7	S7	70	78	83	
8	S8	79	67	80	
9	S2	77	73	73	
10	S9	84	50	69	
11	S4	67	86	45	
12	S10	55	72	69	

图 5.73 数字运算

	A	B	C	D	E
1			考试成绩表		
2	学号	数学	英语	语文	总分
3	S3	92	83	86	261
4	S6	71	84	95	250
5	S5	87	90	71	248
6	S1	89	74	75	238
7	S7	70	78	83	231
8	S8	79	67	80	226
9	S2	77	73	73	223
10	S9	84	50	69	203
11	S4	67	86	45	198
12	S10	55	72	69	196

图 5.74 自动填充效果

（2）比较运算符

比较运算符有 =（等于）、<（小于）、>（大于）、< =（小于等于）、> =（大于等于）、< >（不等于）。在公式中使用比较运算符时，其运算结果只有“真”和“假”两种值，它们被称为逻辑值。

例 5.13 计算考试成绩表中学生总分是否超过 220 分。

操作步骤如下：

① 单击 F3 单元格，输入“ = E3 > = 220”，如图 5.75 所示。

② 按【Enter】键，此时在 F3 单元格中显示“TURE”。

③ 拖动自动填充柄至 F12，计算其他几名学生的情况，结果如图 5.76 所示。

	A	B	C	D	E	F	G
1			考试成绩表				
2	学号	数学	英语	语文	总分	总分是否超过220分	
3	S1	89	74	75	238	=E3>=220	
4	S2	77	73	73	223		
5	S3	92	83	86	261		
6	S4	67	86	45	198		
7	S5	87	90	71	248		
8	S6	71	84	95	250		
9	S7	70	78	83	231		
10	S8	79	67	80	226		
11	S9	84	50	69	203		
12	S10	55	72	69	196		

图 5.75 比较运算

	A	B	C	D	E	F	G
1			考试成绩表				
2	学号	数学	英语	语文	总分	总分是否超过220分	
3	S1	89	74	75	238	TRUE	
4	S2	77	73	73	223	TRUE	
5	S3	92	83	86	261	TRUE	
6	S4	67	86	45	198	FALSE	
7	S5	87	90	71	248	TRUE	
8	S6	71	84	95	250	TRUE	
9	S7	70	78	83	231	TRUE	
10	S8	79	67	80	226	TRUE	
11	S9	84	50	69	203	FALSE	
12	S10	55	72	69	196	FALSE	

图 5.76 最终效果

（3）文本运算符

文本运算符只有一个，即“&”，它能够连接两个字符串，如“Fire”&“fox”的结果为“Firefox”。

（4）引用运算符

引用的作用在于标识工作表上的单元格或单元格区域，并指明公式中所使用的数据位

置,通过引用可以在公式中使用工作表中不同部分的数据,或者在多个公式中使用同一单元格的数值。在 Excel 2016 中引用运算符有两个,即“:”和“,”。

① 冒号(:)。

冒号(:)被称为“区域引用运算符”。例如,B1 表示一个单元格引用,而 B1:F3 就表示以 B1 为左上角单元格、F3 为右下角单元格的单元格区域。可以用 1:3 表示第 1 行到第 3 行所有的单元格;用 C:F 表示 C 列、D 列、E 列和 F 列所有的单元格。这种区域的表示用于调用单元格或单元格区域中的数值,并放入公式中。

② 逗号(,)。

逗号(,)是一种连接运算符,用于连接两个或更多的单元格或者单元格区域引用。例如,“A3,B2”表示 A3 和 B2 单元格;“A2:B4,E2:F5”表示单元格区域 A2:B4 和 E2:F5。

2. 在公式中使用单元格引用

公式中可包含工作表中的单元格引用(单元格名字或单元格地址),从而使单元格的内容参与公式中的计算。单元格地址根据它被复制到其他单元格时是否会改变,可分为相对引用和绝对引用。

(1) 相对引用

相对引用是指把一个含有单元格地址的公式复制到一个新的位置,公式不变,但对应的单元格地址发生变化,即在用一个公式填入一个区域时,公式中的单元格地址会随着行和列的变化而改变。利用相对引用可以快速实现对大量数据进行同类运算。例如,图 5.71 中通过拖动自动填充柄把 E3 中的公式“ = B3 + C3 + D3”复制到 E4—E12 中,在 E4—E12 中公式不变,但对应的单元格地址会发生变化,如 E4 单元格的公式变为“ = B4 + C4 + D4”,这种单元格的引用叫作相对引用。

(2) 绝对引用

绝对引用是指将公式复制到新位置时单元格地址不改变的单元格引用。如果在公式中引用了绝对地址,则不论行号和列标怎样改变,地址总是不变。引用绝对地址必须在构成单元格地址的字母和数字前增加一个“ $ ”符号。例如,F3 中公式为“ = $B $3 + $C $3 + $D $3”,拖动自动填充柄把 F3 中的公式复制到 F4—F12 中,其计算结果都是 S1 同学的总分 238。单击 F3:F12 中的任一单元格,都可以看到自动填充后,公式中的地址没有发生变化,如图 5.77 所示。

	A	B	C	D	E	F	G
1			考试成绩表				
2	学号	数学	英语	语文	总分		
3	S1	89	74	75	238	238	
4	S2	77	73	73	223	238	
5	S3	92	83	86	261	238	
6	S4	67	86	45	198	238	
7	S5	87	90	71	248	238	
8	S6	71	84	95	250	238	
9	S7	70	78	83	231	238	
10	S8	79	67	80	226	238	
11	S9	84	50	69	203	238	
12	S10	55	72	69	196	=$B$3+$C$3+$D$3	

图 5.77　绝对引用

(3) 混合引用

如果单元格引用地址一部分为绝对引用地址,另一部分为相对引用地址,例如,$A1或$M1,这类引用方式称为混合引用,这类地址称为混合地址。当公式因为复制或输入而引起行列变化时,公式中的相对引用部分会随位置变化,而绝对引用部分不会变化。例如,在单元格 B7 中输入公式“ = $A1 + A$2”,然后将公式复制到单元格 C8,会发现 C8 中的公式变成“ = $A2 + B $2”。

三种引用在输入时可以互相转换,方法是:在公式中先选中要转换引用的单元格,然后反复按【F4】键,即可在三种引用地址之间进行切换。用户可以通过以上三种类型的单元格地址表示法,创建出灵活多变的公式来。

5.4.2 编辑公式

公式和一般的数据一样,可以进行编辑,还可以进行复制和粘贴。先选中一个含有公式的单元格,在“开始”选项卡的“剪贴板”组中单击“复制”按钮,将选中的内容复制到剪贴板中,然后选中目标单元格,单击“剪贴板”组中的“粘贴”按钮,公式即被复制到目标单元格中了,可以发现其效果和 5.4.1 节中自动填充出来的是相同的。

其他的操作如移动、删除等也与一般的数据是相同的,只是要注意在有单元格引用的地方,无论使用什么方式在单元格中填入公式,都存在一个相对引用和绝对引用的问题。

5.4.3 函数的使用

Excel 的工作表函数通常被简称为 Excel 函数,它是由 Excel 内部预先定义并按照特定的顺序、结构来执行计算、分析等数据处理任务的功能模块。因此,Excel 函数也常被人们称为“特殊公式”。与公式一样,Excel 函数的最终返回结果为值。

Excel 函数只有唯一的名称且不区分大小写,它决定了函数的功能和用途。

Excel 函数通常由函数名称、左括号、参数、半角逗号和右括号构成。例如,SUM(A1:A10,B1:B10)。另外,有一些函数比较特殊,它仅由函数名和成对的括号构成,因为这类函数没有参数,如 NOW 函数、RAND 函数。

在 Excel 2016 中我们可以找到公式标签,看到其中有很多函数的类型,如图 5.78 所示,当我们进行函数输入的时候,可以从中进行查找。

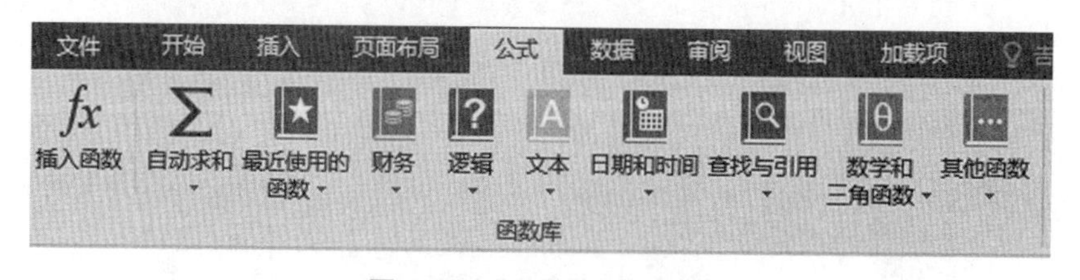

图 5.78 “函数库”命令组

利用函数计算的方法有多种,操作方法也比较灵活,可以在编辑栏中直接输入函数,也

可以单击“公式”选项卡的“函数库”组中的按钮或直接单击“插入函数”按钮。下面介绍利用函数进行计算的方法。

1. 用 AVERAGE 函数求平均值

例 5.14　用函数计算图 5.79 所示的考试成绩表中每位同学的平均成绩。

操作步骤如下：

① 单击“公式”选项卡的“函数库”组中的“插入函数”按钮，弹出“插入函数”对话框，如图 5.80 所示。

	A	B	C	D	E
1	考试成绩表				
2	学号	数学	英语	语文	平均成绩
3	S1	89	74	75	
4	S2	77	73	73	
5	S3	92	83	86	
6	S4	67	86	45	
7	S5	87	90	71	
8	S6	71	84	95	
9	S7	70	78	83	
10	S8	79	67	80	
11	S9	84	50	69	
12	S10	55	72	69	

图 5.79　需要计算的内容

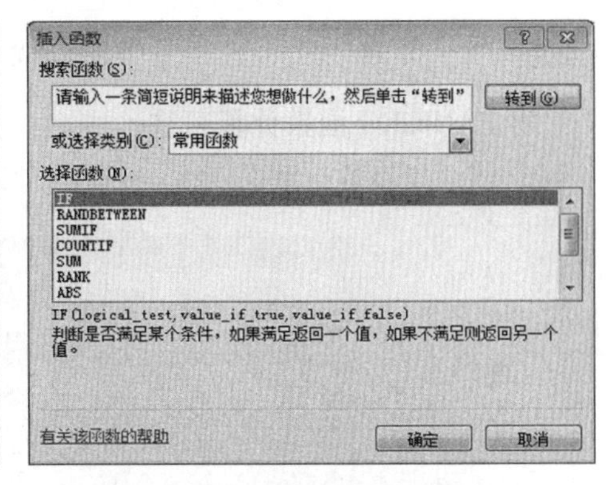

图 5.80　“插入函数”对话框

② 在“或选择类别”下拉列表中选择“常用函数”选项，然后在“选择函数”列表框中选择“AVERAGE”函数，单击“确定”按钮，弹出“函数参数”对话框，如图 5.81 所示。

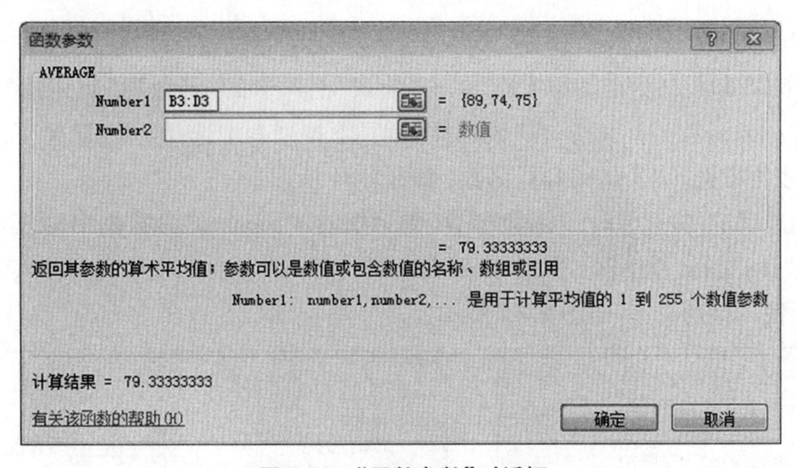

图 5.81　“函数参数”对话框

③ 在“Number1”参数框中输入求平均值的参数，也可单击“Number1”参数框右侧的折叠按钮，收缩“函数参数”对话框，通过拖动鼠标的方式在工作表中选择参数区域，然后单击“确定”按钮，即可返回工作表，在当前单元格中看到计算结果，即第一位同学的平均成绩，如图 5.82 所示。

	A	B	C	D	E
1			考试成绩表		
2	学号	数学	英语	语文	平均成绩
3	S1	89	74	75	79.333
4	S2	77	73	73	
5	S3	92	83	86	
6	S4	67	86	45	
7	S5	87	90	71	
8	S6	71	84	95	
9	S7	70	78	83	
10	S8	79	67	80	
11	S9	84	50	69	
12	S10	55	72	69	

图 5.82　计算结果

2. 用 RANK.EQ 函数计算名次

例 5.15　用函数计算图 5.83 所示的考试成绩表中每位同学的名次。

	A	B	C	D	E	F	G
1			考试成绩表				
2	学号	数学	英语	语文	平均成绩	总分	名次
3	S1	89	74	75	79.3	238	
4	S2	77	73	73	74.3	223	
5	S3	92	83	86	87.0	261	
6	S4	67	86	45	66.0	198	
7	S5	87	90	71	82.7	248	
8	S6	71	84	95	83.3	250	
9	S7	70	78	83	77.0	231	
10	S8	79	67	80	75.3	226	
11	S9	84	50	69	67.7	203	
12	S10	55	72	69	65.3	196	

图 5.83　求名次

操作步骤如下：

① 选择 G3 单元格为活动单元格，单击“公式”选项卡的“函数库”组中的“插入函数”按钮，弹出“插入函数”对话框。在“或选择类别”下拉列表中选择“全部”选项，然后在“选择函数”列表框中选择“RANK. EQ”函数，如图 5.84 所示。

② 单击“确定”按钮，弹出“函数参数”对话框，在“Number”参数框中输入求名次的参数“F3”，在“Ref”参数框中输入“ $F $3 : $F $12”，在“Order”参数框中无须输入，其中“Ref”参数值必须使用绝对引用，如图 5.85 所示。

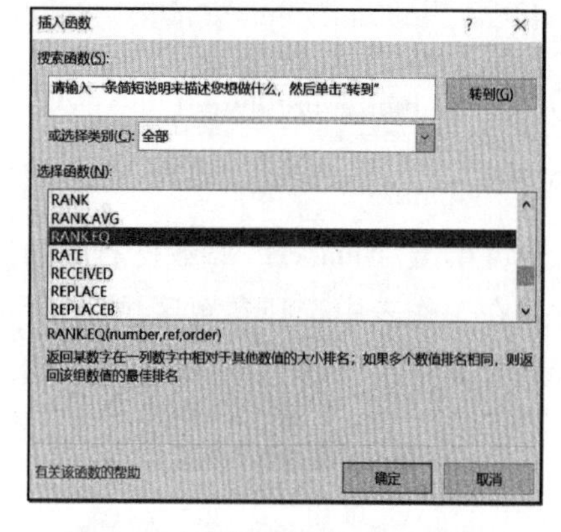

图 5.84　选择 RANK. EQ 函数

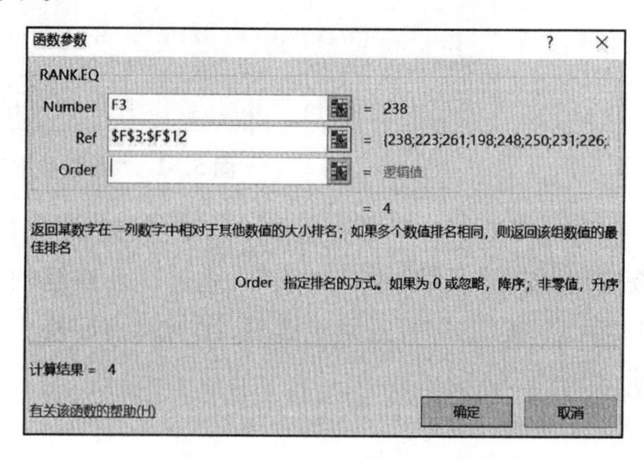

图 5.85　RANK. EQ 函数参数

③ 单击“确定”按钮，返回工作表，用自动填充柄进行填充，即可完成对名次的计算，如图 5.86 所示。

	A	B	C	D	E	F	G
1	考试成绩表						
2	学号	数学	英语	语文	平均成绩	总分	名次
3	S1	89	74	75	79.3	238	4
4	S2	77	73	73	74.3	223	7
5	S3	92	83	86	87.0	261	1
6	S4	67	86	45	66.0	198	9
7	S5	87	90	71	82.7	248	3
8	S6	71	84	95	83.3	250	2
9	S7	70	78	83	77.0	231	5
10	S8	79	67	80	75.3	226	6
11	S9	84	50	69	67.7	203	8
12	S10	55	72	69	65.3	196	10

图 5.86　排名结果

3. 用 IF 函数填备注

例 5.16　在如图 5.87 所示的工作表中，如果该学生身高在 160 厘米及以上，在“备注”列给出“继续锻炼”信息；如果该学生身高在 160 厘米以下，在“备注”列给出“加强锻炼”信息。

操作步骤如下：

① 选择 D3 单元格，单击“公式”选项卡的“函数库”组中的“插入函数”按钮，弹出“插入函数”对话框，在“或选择类别”下拉列表中选择“全部”选项，然后在“选择函数”列表框中选择“IF”函数，如图 5.88 所示。

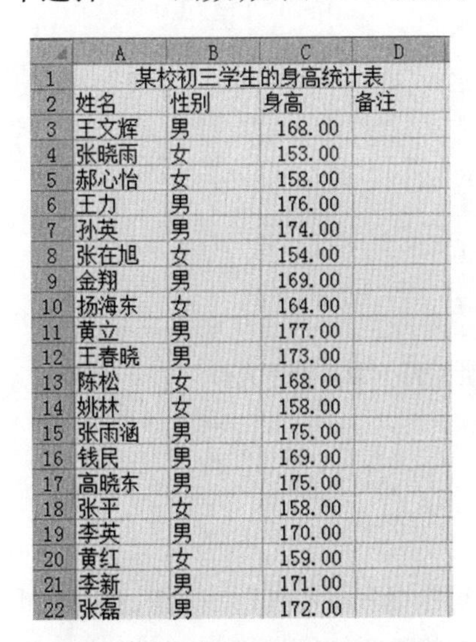

	A	B	C	D
1	某校初三学生的身高统计表			
2	姓名	性别	身高	备注
3	王文辉	男	168.00	
4	张晓雨	女	153.00	
5	郝心怡	女	158.00	
6	王力	男	176.00	
7	孙英	男	174.00	
8	张在旭	女	154.00	
9	金翔	男	169.00	
10	扬海东	女	164.00	
11	黄立	男	177.00	
12	王春晓	男	173.00	
13	陈松	女	168.00	
14	姚林	女	158.00	
15	张雨涵	男	175.00	
16	钱民	男	169.00	
17	高晓东	男	175.00	
18	张平	女	158.00	
19	李英	男	170.00	
20	黄红	女	159.00	
21	李新	男	171.00	
22	张磊	男	172.00	

图 5.87　按要求填入备注信息

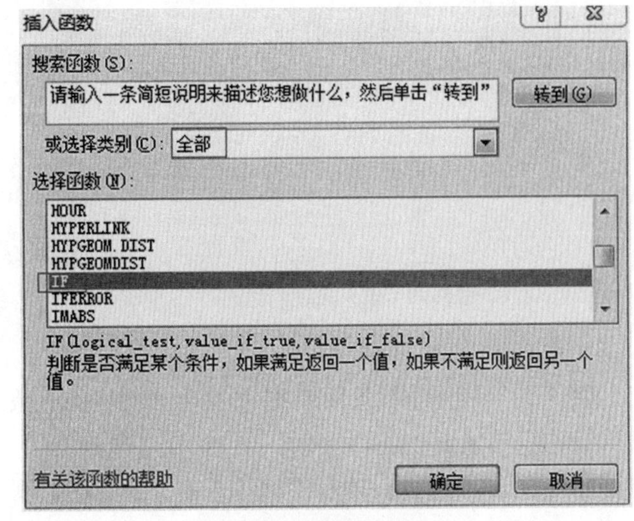

图 5.88　选择 IF 函数

② 单击“确定”按钮，弹出“函数参数”对话框，在“Logical_test”参数框中输入条件“C3 > =160”，在“Value_if_true”参数框中输入条件大于等于 160 的返回值“继续锻炼”，在“Value_if_false”参数框中输入小于 160 的返回值“加强锻炼”，如图 5.89 所示。

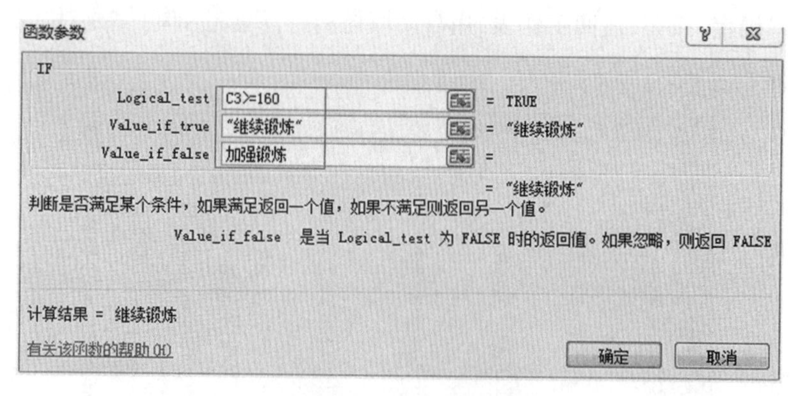

图 5.89 IF 函数参数

③ 单击"确定"按钮，返回工作表，用自动填充柄进行填充，即可完成备注的填写，如图 5.90 所示。

	A	B	C	D
1	某校初三学生的身高统计表			
2	姓名	性别	身高	备注
3	王文辉	男	168.00	继续锻炼
4	张晓雨	女	153.00	加强锻炼
5	郝心怡	女	158.00	加强锻炼
6	王力	男	176.00	继续锻炼
7	孙英	男	174.00	继续锻炼
8	张在旭	女	154.00	加强锻炼
9	金翔	男	169.00	继续锻炼
10	扬海东	女	164.00	继续锻炼
11	黄立	男	177.00	继续锻炼
12	王春晓	男	173.00	继续锻炼
13	陈松	女	168.00	继续锻炼
14	姚林	女	158.00	加强锻炼
15	张雨涵	男	175.00	继续锻炼
16	钱民	男	169.00	继续锻炼
17	高晓东	男	175.00	继续锻炼
18	张平	女	158.00	加强锻炼
19	李英	男	170.00	继续锻炼
20	黄红	女	159.00	加强锻炼
21	李新	男	171.00	继续锻炼
22	张磊	男	172.00	继续锻炼

图 5.90 填入备注的结果

	A	B	C	D	E	F
1	某课程成绩单					
2	学号	性别	成绩			
3	A1	男	61			
4	A2	男	69		性别	人数
5	A3	女	79		男生	
6	A4	男	88		女生	
7	A5	男	70			
8	A6	女	80			
9	A7	男	89			
10	A8	男	75			
11	A9	男	84			
12	A10	女	60			
13	A11	男	93			
14	A12	男	45			
15	A13	女	68			
16	A14	男	85			
17	A15	男	93			
18	A16	女	89			
19	A17	男	65			
20	A18	女	97			
21	A19	男	87			
22	A20	女	86			
23	A21	男	56			
24	A22	男	92			
25	A23	女	68			
26	A24	男	83			
27	A25	男	84			
28	A26	男	77			
29	A27	女	60			

图 5.91 求男女生人数

4. 用 COUNTIF 函数求人数

例 5.17 用函数计算图 5.91 中男生和女生的人数。

操作步骤如下：

① 选择 F5 单元格，单击"公式"选项卡的"函数库"组中的"插入函数"按钮，弹出"插入函数"对话框，在"或选择类别"下拉列表中选择"全部"选项，然后在"选择函数"列表框中选择"COUNTIF"函数，如图 5.92 所示。

② 单击"确定"按钮，弹出"函数参数"对话框，在"Range"参数框中选择单元格区域"B3:B32"，在"Criteria"参数框中输入"男"，如图 5.93 所示。

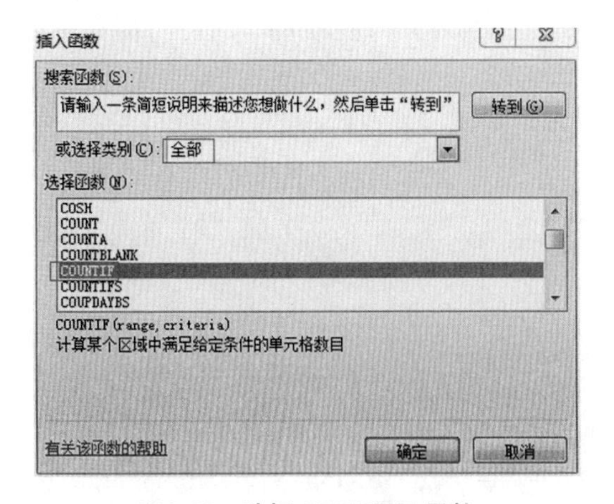

图 5.92　选择 COUNTIF 函数

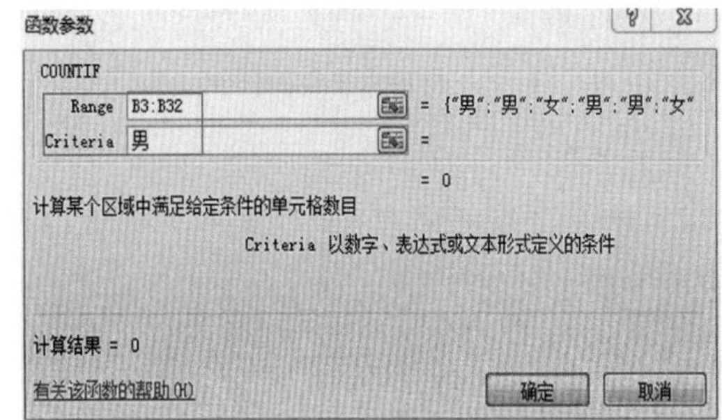

图 5.93　COUNTIF 函数参数设置

③ 单击“确定”按钮，用相同的方法求出“女生”的人数，计算结果如图 5.94 所示。

F6　=COUNTIF(B3:B32,"女")

	A	B	C	D	E	F
1	某课程成绩单					
2	学号	性别	成绩			
3	A1	男	61			
4	A2	男	69		性别	人数
5	A3	女	79		男生	20
6	A4	男	88		女生	10
7	A5	男	70			

图 5.94　COUNTIF 效果图

	A	B	C	D	E	F
1	某课程成绩单					
2	学号	性别	成绩			
3	A1	男	61			
4	A2	男	69		性别	人数
5	A3	女	79		男生	20
6	A4	男	88		女生	10
7	A5	男	70		男生总成绩	
8	A6	女	80			
9	A7	男	89			
10	A8	男	75			
11	A9	男	84			
12	A10	女	60			

图 5.95　求男生的总成绩

5. 关于函数帮助

Excel 2016 中预先定义好了很多函数，通过灵活应用这些函数，我们能够快速处理不同应用下从简单到复杂的数据计算与分析。Excel 2016 还自带详尽的函数帮助。下面通过示例介绍在 Excel 2016 下如何使用 Excel 函数的帮助。

例 5.18　用 SUMIF 函数计算图 5.95 中男生的总成绩。

操作步骤如下：

① 选择 F7 单元格，单击“公式”选项卡的“函数库”组中的“插入函数”按钮，弹出“插入函数”对话框，在“或选择类别”下拉列表中选择“全部”选项，然后在“选择函数”列表框中选择“SUMIF”函数，如图 5.96 所示。

② 单击“确定”按钮，弹出“函数参数”对话框，如图 5.97 所示。

图 5.96 “插入函数”对话框

函数参数
SUMIF
Range = 引用
Criteria = 任意
Sum_range = 引用
对满足条件的单元格求和
Range 要进行计算的单元格区域
计算结果 =
有关该函数的帮助(H)
确定
取消

图 5.97 “函数参数”对话框

③ 如果对各个参数不知道怎么进行操作,单击左下角的“有关该函数的帮助(H)”,弹出 SUMIF 函数的帮助,如图 5.98 所示。

④ 根据 SUMIF 函数的帮助,在“Range”参数框中选择区域“B3:B32”,在“Criteria”参数框中输入“男”,在“Sum_range”参数框中选择区域“C3:C32”,单击“确定”按钮,返回工作表,结果如图 5.99 所示。

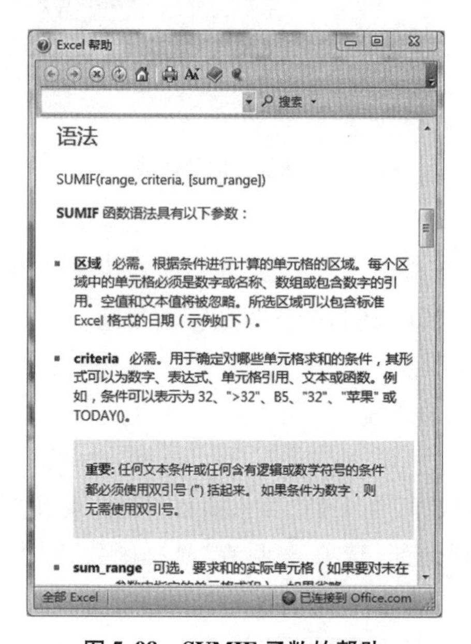

图 5.98 SUMIF 函数的帮助

F7 =SUMIF(B3:B32,"男",C3:C32)

A	B	C	D	E	F
	某课程成绩单				
学号	性别	成绩			
A1	男	61			
A2	男	69		性别	人数
A3	女	79		男生	20
A4	男	88		女生	10
A5	男	70		男生总成绩	1555
A6	女	80			
A7	男	89			
A8	男	75			
A9	男	84			
A10	女	60			
A11	男	93			
A12	男	45			
A13	女	68			
A14	男	85			
A15	男	93			
A16	女	89			

图 5.99 SUMIF 函数计算结果

5.4.4 常用函数

常用函数的功能、格式及解释如表5.1所示。

表5.1 常用函数的功能、格式及解释

序号	功能	格式	解释
1	求和	=SUM(B3:E3)	对B3到E3这部分区域进行求和
2	求平均值	=AVERAGE(B3:E3)	对B3到E3这部分区域求平均值
3	求最大值	=MAX(D3:H3)	对D3到H3这部分区域求最大值
4	求最小值	=MIN(D3:H3)	对D3到H3这部分区域求最小值
5	排名	=RANK(K3,$K$3:$K$15,0)	依照K3的数据对K3到K15这13个数据进行排名。最后一个参数若为0或忽略,表示降序;若为其他整数,则表示升序
6	条件如判定成绩等级	=IF(V3>=60,"及格","不及格")	如果V3的值不小于60,则为及格;否则为不及格
		=IF(K2>=85,"优",IF(K2>=75,"良",IF(K2>=60,"及格","不及格")))	如果K2的值不低于85,则为优;低于85但不低于75的为良;低于75但不低于60的为及格;低于60的为不及格
7	计数	=COUNT(C3:C36)	求C3到C36区域数值型数据的个数
8	条件计数	=COUNTIF(D3:D36,"男")	如果D列为"性别"列,则表示统计出D3到D36这部分区域中性别为男性的人数
9	众数	=MODE(C3:C36)	求C3到C36这部分区域中出现频率最高的数
10	条件求和	=SUMIF(D3:D36,E3:E36)	如果D列为"性别"列,E列为"成绩"列,则表示统计出性别为男性的总成绩
11	求绝对值	=ABS(A1)	取A1的绝对值
12	取整	=INT(A1)	取不大于数值A1的最大整数
13	四舍五入	=ROUND(A1,A2)	根据A2对数值项A1进行四舍五入: 若A2>0,表示四舍五入到A2位小数,即保留A2位小数;若A2=0,表示保留整数;若A2<0,表示从整数的个位开始向左对第*K*位进行舍入,其中*K*是A2的绝对值

更上一层楼

在Excel 2016中,IF函数是一个嵌套函数,在这个嵌套函数中,括号是成对出现的,左边有几个左括号,右边就应该要有几个右括号,而且括号都是英文半角括号。

Excel 实训 4

在“Excel 素材\Excel 实训 4. xlsx”工作簿文件的相应工作表中完成以下操作：

1. 在工作表“员工工资表”中按要求进行公式与函数的计算。

(1) 利用公式求出实发工资，公式是：实发工资 = 基本工资 + 加班 + 奖金 - 代扣水电费。

(2) 用函数分别求出基本工资、加班、奖金、代扣水电费、实发工资的最大值。

(3) 用函数分别求出基本工资、加班、奖金、代扣水电费、实发工资的最小值。

(4) 用函数分别求出基本工资、加班、奖金、代扣水电费、实发工资的平均值，且不保留小数。

(5) 用函数分别求出基本工资、加班、奖金、代扣水电费、实发工资的总和。

2. 在工作表“学生期中成绩表”中按要求进行公式与函数的计算。

(1) 利用函数求出各科总分和平均分。

(2) 利用总分进行排名。

(3) 用条件函数填写备注：排名为前 3 的显示“恭喜您被录取了!”，其他的显示“请再接再厉”。

(4) 在 C32:G32 相应位置求出各科的最高分。

(5) 在 C33:G33 相应位置求出各科的最低分。

(6) 在 C34:G34 相应位置求出各科成绩大于 80 分的人数。

3. 在工作表“计算机考试成绩表”中按要求进行公式与函数的计算。

(1) 用公式在 F 列求出各考生的总评成绩，其中机试成绩占 80%，笔试成绩占 20%。

(2) 用 IF 函数在 G 列求出各考生的评定：总评成绩大于或等于 85 分的评为“A”，在 85 分与 60 分(含 60 分)之间的评为“B”，小于 60 分的评为“C”。

(3) 利用 RANK 函数在 H 列求出各考生的排名情况。

4. 在工作表“高校考试成绩表”中按要求进行下列操作。

(1) 计算“总成绩”列的内容和按“总成绩”的递减次序排名(利用 RANK 函数)。

(2) 如果高等数学、大学英语成绩均大于或等于 75 分，在“备注一”列给出信息“有资格”，否则给出信息“无资格”(利用 IF 函数)。

(3) 利用条件格式将“有资格”设为红色，“无资格”设为蓝色。

(4) 如果三门课程的成绩均大于 80 分或总分大于 240，在“备注二”列给出信息“优秀”，否则给出信息“还需努力”。

5. 在工作表“职工年龄统计表”中按要求进行下列操作。

(1) 在 E4 单元格内计算所有职工的平均年龄(利用 AVERAGE 函数，数值型，保留小数点后 1 位)。

(2) 在 E5 和 E6 单元格中计算男职工人数和女职工人数(利用 COUNTIF 函数)。

(3) 在 E7 和 E8 单元格中计算男职工的平均年龄和女职工的平均年龄(先利用 SUMIF 函数分别求出总年龄,数值型,保留小数点后1位)。

6. 在工作表"月费用一览表"中按要求进行下列操作。

(1) 在 B6 单元格中利用 RIGHT 函数取 B5 单元格中字符串右3位。

(2) 利用 INT 函数求出门牌号为1的电费的整数值,将其结果置于 C6 单元格。

(3) 利用 ROUND 函数求出门牌号为3的煤气费的四舍五入整数值,将其结果置于 D6 单元格中。

5.5 图表的制作

- 掌握迷你图和图表的操作方法,如使用迷你图、创建图表、编辑与美化图表、添加趋势线等。
- 能够使用图表分析数据。
- 掌握修改图表中错误项的方法。

5.5.1 图表的基本概念

1. 图表的组成元素

图表是信息的图形化表示,工作表中的数据若用图表来表达,可让数据更具体、更易于了解。它不但能够帮助人们很容易地辨别数据变化的趋势,还可以为重要的图形部分添加色彩和其他视觉效果。

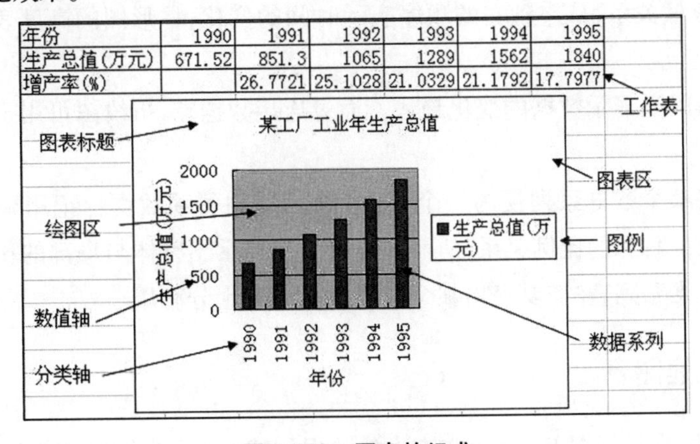

图 5.100 图表的组成

图表的组成元素较多,名称也很多,不过只要将鼠标指针指向图表的不同图表项,Excel 就会显示该图表项的名称。这里以柱形图表为例,先介绍图表的各个组成部分,如图 5.100 所示。

① 数据标记:一个数据标记对应工作表中一个单元格中的具体数值,它在图表中的表现形式可以有柱形、折线和扇形等。

② 数据系列:数据系列是指绘制在图表中的一组相关数据标记,来源于工作表中的一行或一列数值数据。图表中每个数据系列的图形用特定的颜色和图案表示。

③ 坐标轴:坐标轴是位于图形区边缘的直线,为图表提供计量和比较的参照框架。坐标轴通常由分类轴(X 轴)和数值轴(Y 轴)构成。可以通过增加网格线(刻度),使查看数据更容易。

④ 图例:图例是一个方框,用于区分图表中各数据系列或分类所指定的图案或颜色。每个数据系列的名字都将出现在图例区域中,成为图例中的一个标题内容。只有通过图表中的图例和类别名称才能正确识别数据标记对应的数值数据所在的单元格位置。

⑤ 标题:有图表标题和坐标轴标题(如分类轴标题、数值轴标题等),是分别为图表和坐标轴增加的说明性文字。

⑥ 绘图区:绘图区是绘制数据图形的区域,包括坐标轴、网格线和数据系列。

⑦ 图表区:图表区是图表工作的区域,它含有构成图表的全部对象,可理解为一块画布。

2. 图表类型

Excel 提供了柱形图、条形图、折线图、饼图、XY(散点图)、面积图等十几种图表类型,有二维图表和三维立体图表,每种类型又有若干种子类型。

Excel 2016 内置了多达 70 余种的图表样式,包括柱形图、折线图、饼图、条形图、面积图、散点图、股价图、曲面图、圆环图等,你只要选择适合的样式,马上就能制作出一张具有专业水平的图表。

其中较常用到的图表类型有柱形图、折线图和饼图,它们各自的特点如下:

柱形图用来显示一段时期内数据的变化或者描述各项之间的比较。它能有效地显示随时间变化的数量关系,从左到右的顺序表示时间的变化,柱形图的高度表示每个时期内的数值的大小。

折线图以等间隔显示数据的变化趋势。通过连接数据点,折线图可用于显示随着时间变化的趋势。

饼图则是将某个数据系列视为一个整体(圆),其中每项数据标记用扇形图表示该数值占整个系列数值总和的比例关系,从而简单有效地显示出整体与局部的比例关系。它一般只显示一个数据系列,在需要突出某个重要数据项时十分有用。

5.5.2 创建图表

Excel 2016 图表是依据 Excel 工作表中的数据创建的,所以在创建图表之前,首先要创

建一张含有数据的工作表。组织好工作表后，就可以创建图表了。创建图表的操作步骤如下：

1. 选择制作图表的数据

首先要选择作为图表数据源的数据区域。在工作表中，可以用鼠标选取连续的区域，也可以按【Ctrl】键加鼠标拖动选取不连续的区域。但在选取区域时，最好包括那些表明图中数据系列名和类名的标题。例如，要为图 5.101 中的数据制作柱形图表，要在图 5.101 中选中左侧的 A2:B8 区域。

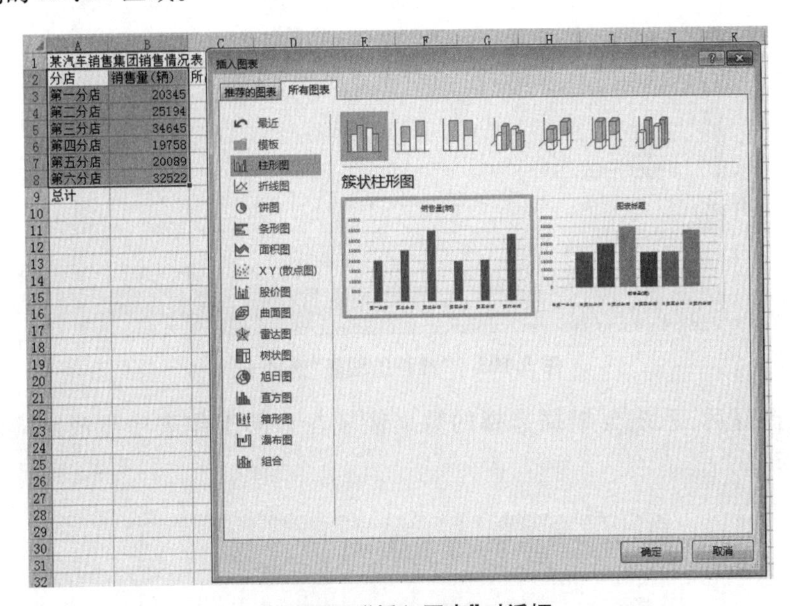

图 5.101　“插入图表”对话框

2. 选择图表类型

在“插入”选项卡的“图表”组中单击要使用的图表类型，然后单击图表子类型。“图表”组如图 5.102 所示。若要查看所有可用的图表类型，可单击“图表”组右侧的“对话框启动”按钮，以启动如图 5.101 所示的“插入图表”对话框。如果不清楚使用哪种图表类型比较合适，可以单击“推荐的图表”选项卡，系统会打开如图 5.103 所示的对话框，供用户选择。

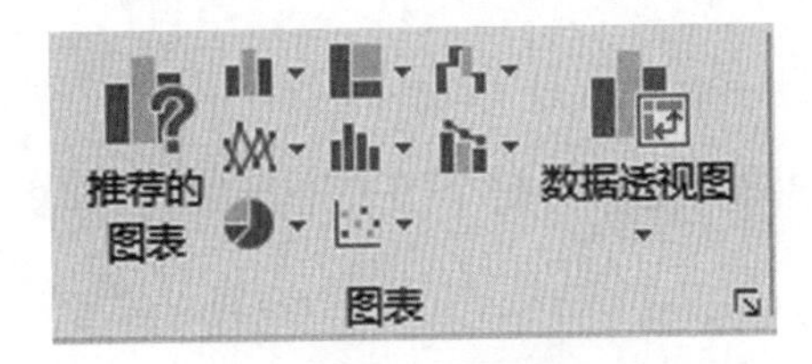

图 5.102　“图表”组

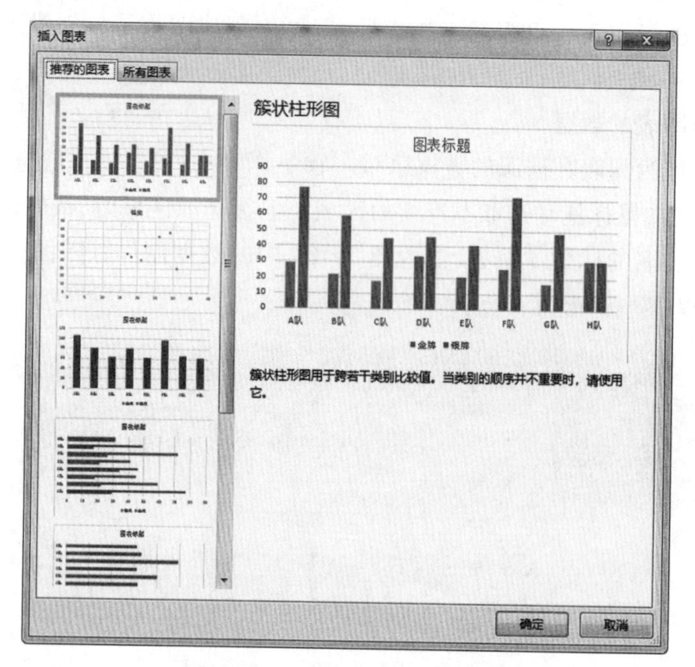

图 5.103 “推荐的图表”选项卡

样式选择好后，系统会根据选择的数据区域在当前工作表中生成对应的图表，如图 5.104 所示。

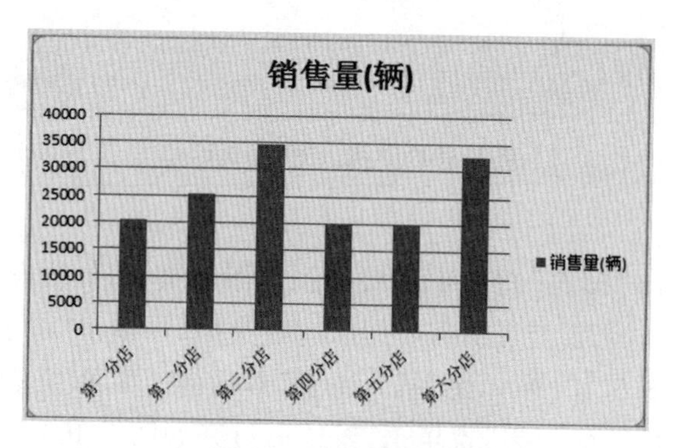

图 5.104 图表效果

5.5.3 编辑图表

Excel 2016 允许在建立图表之后对整个图表进行编辑，如更改图表类型、设置图表标签及修改图表的数据源等。

1. 更改图表类型

选中需要更改类型的图表，出现“图表工具”选项卡，如图 5.105 所示，单击“图表工具—设计”选项卡中的“更改图表类型”按钮，弹出“更改图表类型”对话框，如图 5.106 所示。

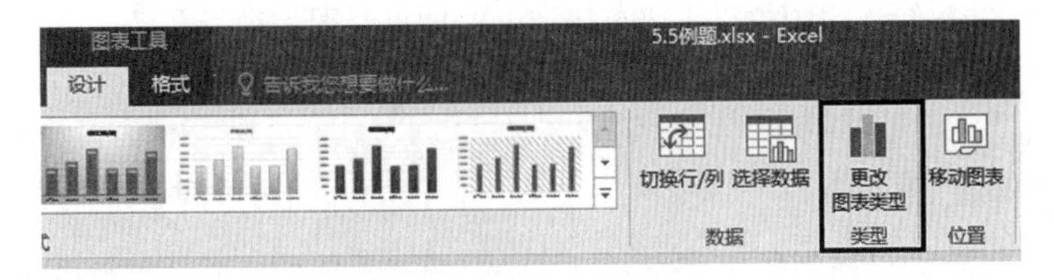

图 5.105　“图表工具”选项卡

在弹出的“更改图表类型”对话框的左窗格中选择“折线图”，在右窗格中选择“带标记的堆积折线图”样式，然后单击“确定”按钮，如图 5.106 所示。

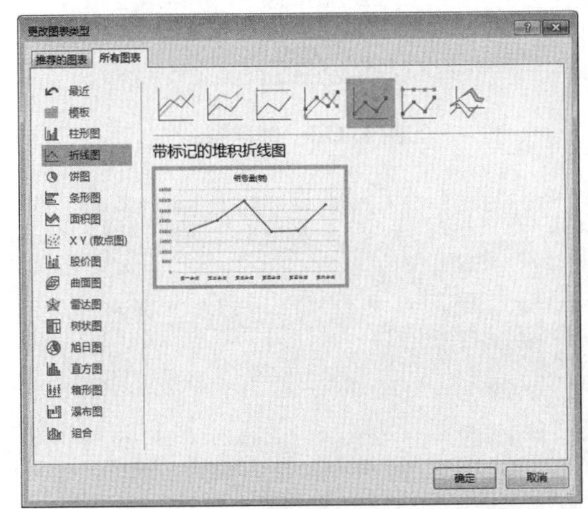

图 5.106　“更改图表类型”对话框

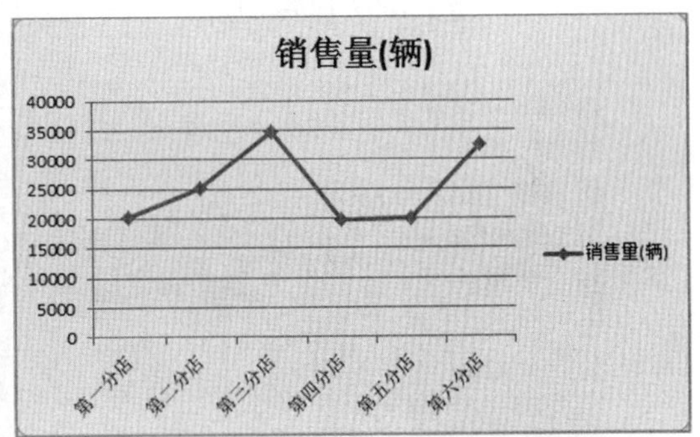

图 5.107　更改后的图表

返回工作表，可看见当前图表样式发生了变化，如图 5.107 所示。

2. 设置图表标签

选中已经创建的图表，切换到“图表工具—设计”选项卡，单击“图表布局”组中的“添加图表元素”按钮，如图 5.108 所示，利用弹出的下位列表中的命令可设置图表标题、坐标轴标题、图例、数据标签等。选择“图表标题”命令，可对图表添加图表标题，如图 5.109 所示。

◎ 选择“轴标题”命令，可对图表添加主要横坐标轴和主要纵坐标轴标题，如图 5.110 所示。

◎ 选择“图例”命令，可选择图例显示的位置，如图 5.111 所示。

◎ 选择“数据标签”命令，可选择数据标签的显示位置，如图 5.112所示。

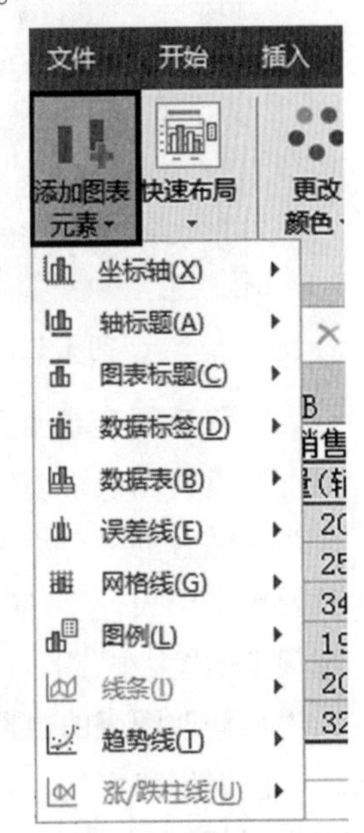

图 5.108　“图表布局”组

对图表设置标签，实质上就是对图表进行自定义布局，Excel 2016 为图表提供了几种常用的布局样式模板，从而可快速地对图表进行布局。操作方法为：选中需要布局的图表，单击“图表工具—设

计”选项卡的“图表布局”组中的“快速布局”按钮,即可对图表进行布局。

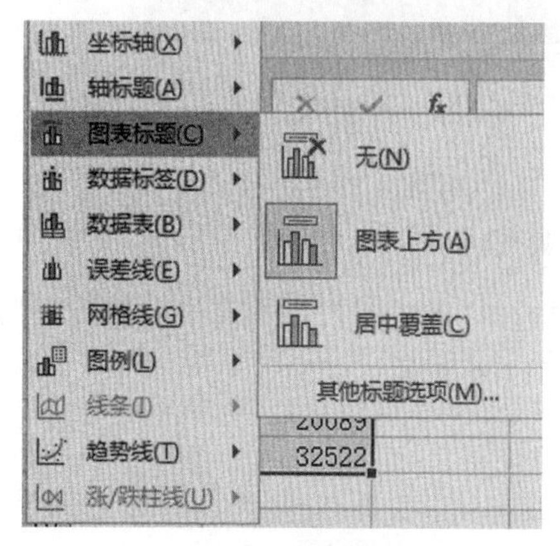

图 5.109　图表标题

图 5.110　轴标题

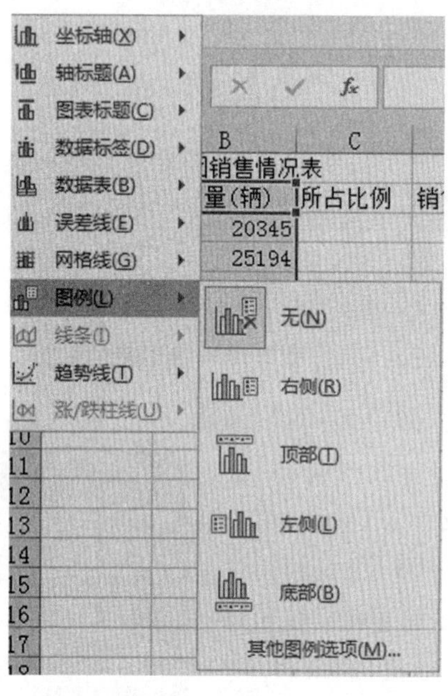

图 5.111　图例

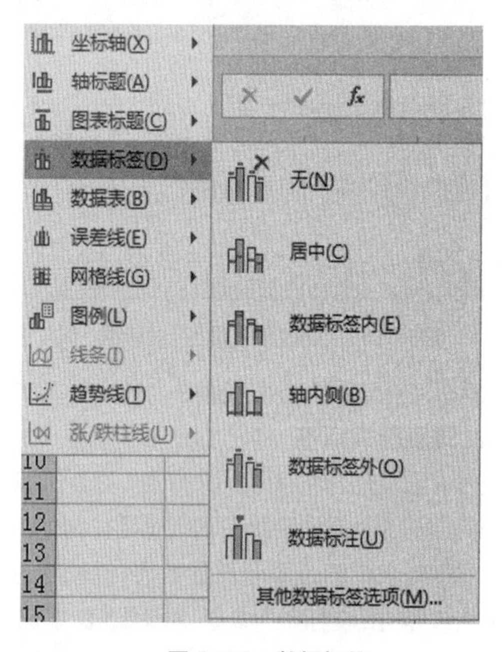

图 5.112　数据标签

3. 移动图表或调整图表的大小

可以将图表移动到当前工作表中的其他位置,或移动到新工作表中。也可以将图表更改为更适合的大小。若要移动图表,只要将其拖到所需位置即可。若要调整图表的大小,只要单击图表,然后拖动尺寸控点,将其调整为所需大小即可;或打开“图表工具—格式”选项卡的“大小”组,在“高度”和“宽度”框中直接输入图表的尺寸。

4. 修改图表的数据源

图表创建之后,图表和工作表的数据区域之间就建立了联系。当工作表中的数据发生变化时,图表中的对应数据也将自动更新。

（1）修改图表的数据源

如果要修改图表中包含的数据区域，可以先单击图表，然后在“图表工具—设计”选项卡的“数据”组中单击“选择数据”按钮；或右击图表，从快捷菜单中选择“选择数据”命令，弹出如图5.113所示的对话框。在此对话框中，修改“图表数据区域”中的内容（可以直接输入数据区域，也可以用鼠标选择数据区域），单击“确定”按钮即可。

在图5.113所示的对话框中，还可以设置在图表中显示哪些分类轴标签和图例项，也可以编辑分类轴标签，添加、删除或编辑图例项。

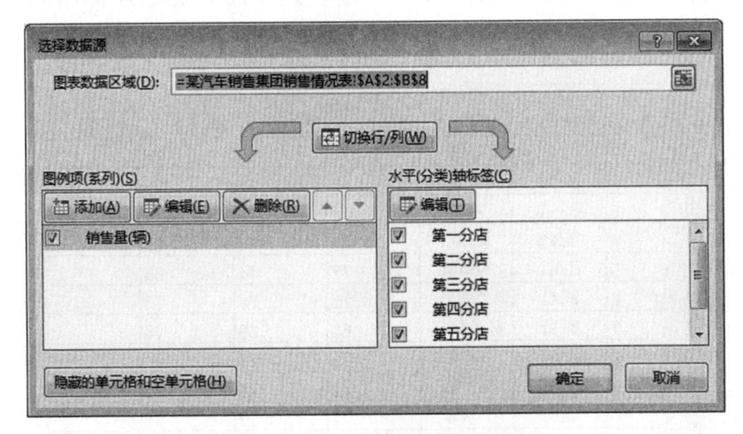

图5.113　“选择数据源”对话框

（2）切换行和列

默认情况下输入图表时表格的列标题作为图表X轴标签显示于X轴下方，而表格的行标题作为图例显示于图表框的外侧。如果要将图表X轴上的数据和Y轴上的数据进行交换，即将表格的行标题作为图表X轴标签显示于X轴下方，而将表格的列标题作为图例，就要切换行和列，方法是：单击需要修改的图表，在“图表工具—设计”选项卡的“数据”组中单击“切换行/列”按钮；或右击图表，从快捷菜单中选择“选择数据”命令，在弹出的如图5.113所示的对话框中单击“切换行/列”按钮。切换行和列后，原来图表中的水平分类轴会变成图例的数据。例如，对图5.114所示的图表切换行/列后，变成如图5.115所示的图表样式。

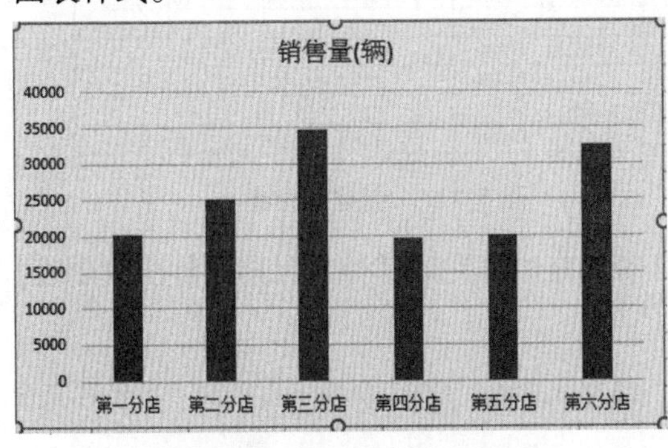

图5.114　切换行/列前的图表

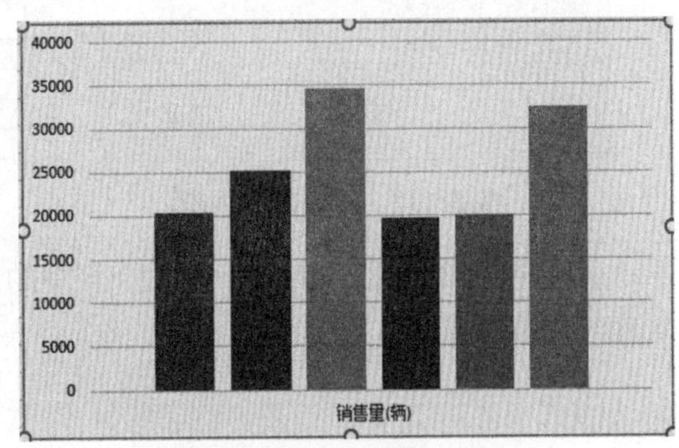

图5.115　切换行/列后的图表

5.5.4 使用迷你图显示数据趋势

迷你图是工作表单元格中的一个微型图表，可直观地显示数据的变化。

1. 创建迷你图

Excel 2016 提供了三种类型的迷你图，分别是“折线图”“柱形图”“盈亏”，用户可根据需要进行选择。下面介绍具体的创建过程。

① 打开需要编辑的工作表，如图 5.116 所示。选中需要显示迷你图的单元格，切换到“插入”选项卡，然后单击“迷你图”组中的“折线图”按钮。

	A	B	C	D	E	F	G
1	序号	班级	姓名	模拟1	模拟2	模拟3	迷你图
2	1	8241	徐悦	74	73	85	
3	2	8241	王俊	67	59	89	
4	3	8241	徐畅	75	77	87	
5	4	8241	章颖欣	76	64	83	
6	5	8241	吴康鑫	77	74	85	
7	6	8241	严皓宇	75	74	73	
8	7	8241	王瑄	61	69	76	
9	8	8241	邱蕊	71	73	90	
10	9	8241	桓乐豪	71	74	90	
11	10	8241	黄姝颖	77	73	82	
12	11	8241	吴倩怡	72	71	78	
13	12	8241	邱鑫瑶	74	72	87	

图 5.116　需要编辑的工作表

② 弹出“创建迷你图”对话框，在“数据范围”文本框中设置迷你图的数据源，然后单击“确定”按钮，如图 5.117 所示。

③ 返回工作表，可以看见在当前单元格中创建了迷你图，如图 5.118 所示。

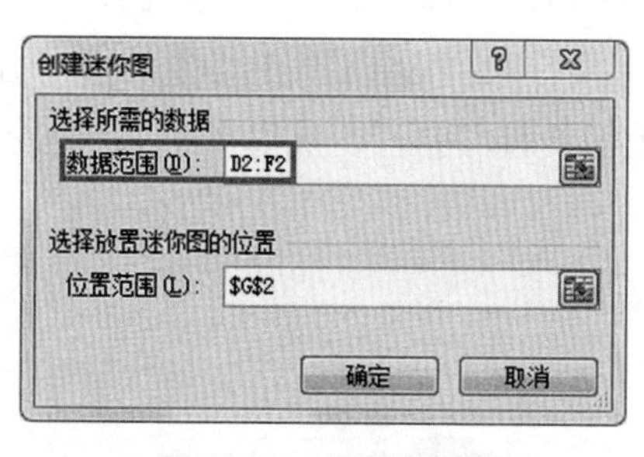

图 5.117　设置数据范围

序号	班级	姓名	模拟1	模拟2	模拟3	迷你图
1	8241	徐悦	74	73	85	
2	8241	王俊	67	59	89	
3	8241	徐畅	75	77	87	
4	8241	章颖欣	76	64	83	
5	8241	吴康鑫	77	74	85	
6	8241	严皓宇	75	74	73	
7	8241	王瑄	61	69	76	
8	8241	邱蕊	71	73	90	
9	8241	桓乐豪	71	74	90	
10	8241	黄姝颖	77	73	82	
11	8241	吴倩怡	72	71	78	
12	8241	邱鑫瑶	74	72	87	

图 5.118　创建迷你图

④ 用同样的方法或者用 Excel 2016 中的自动填充法可完成其他单元格迷你图的创建，如图 5.119 所示。

	A	B	C	D	E	F	G
1	序号	班级	姓名	模拟1	模拟2	模拟3	迷你图
2	1	8241	徐悦	74	73	85	
3	2	8241	王俊	67	59	89	
4	3	8241	徐畅	75	77	87	
5	4	8241	章颖欣	76	64	83	
6	5	8241	吴康鑫	77	74	85	
7	6	8241	严皓宇	75	74	73	
8	7	8241	王瑄	61	69	76	
9	8	8241	邱蕊	71	73	90	
10	9	8241	桓乐豪	71	74	90	
11	10	8241	黄姝颖	77	73	82	
12	11	8241	吴倩怡	72	71	78	
13	12	8241	邱鑫瑶	74	72	87	

图 5.119　最终效果

2. 编辑迷你图

创建迷你图后，功能区将显示“迷你图工具—设计”选项卡，通过该选项卡可对迷你图数据源、类型、样式、显示进行编辑。

更上一层楼

双击图表区、绘图区、图表标题、坐标轴、数据系列、网格线等组成部分，可打开相应的对话框，详细设置各部分的格式，如填充效果、边框颜色、边框样式、阴影等。

Excel 实训 5

打开本书配套素材“Excel 素材\Excel 实训 5. xlsx”文件，在相应的工作表中完成以下操作。

1. 在工作表“成绩统计表”中选取 A2:D10 数据区域，建立“簇状柱形图”，系列产生在列，在图表上方插入图表标题“成绩统计图”，设置图表数据格式金牌图案内部为金色(RGB 值为红色:255，绿色:204，蓝色:0)，银牌图案内部为淡蓝色(RGB 值为红色:153，绿色:204，蓝色:255)，铜牌图案内部为深绿色(RGB 值为红色:0，绿色:128，蓝色:0)，图例位于底部，设置图表绘图区格式为白色，将图表插入表的 A12:G26 单元格区域内。如图 5.120 所示为效果图。

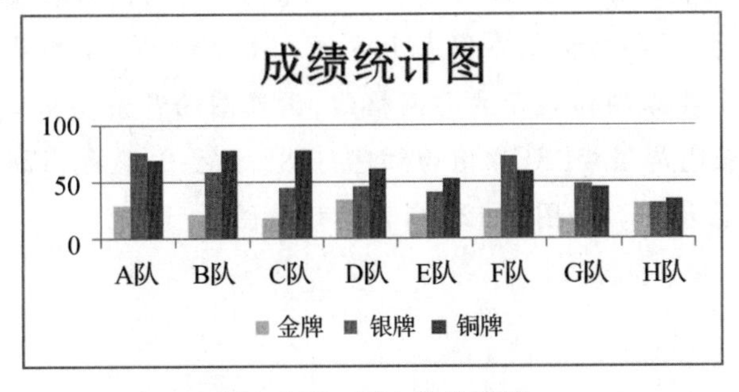

图 5.120　题 1 的效果图

2. 选取“经济增长指数对比表”的 A2:L5 数据区域的内容，建立“带数据标记的折线图”(系列产生在行)，在图表上方插入图表标题“经济增长指数对比图”，设置主要横坐标轴标题为“月份”，标题位于坐标轴下方，设置数值轴(Y 轴)刻度的最小值为 50，最大值为 210，主要刻度单位为 20，与横坐标轴交叉于 50，并将其插入表的 A8:L20 单元格区域内。如图 5.121 所示为效果图。

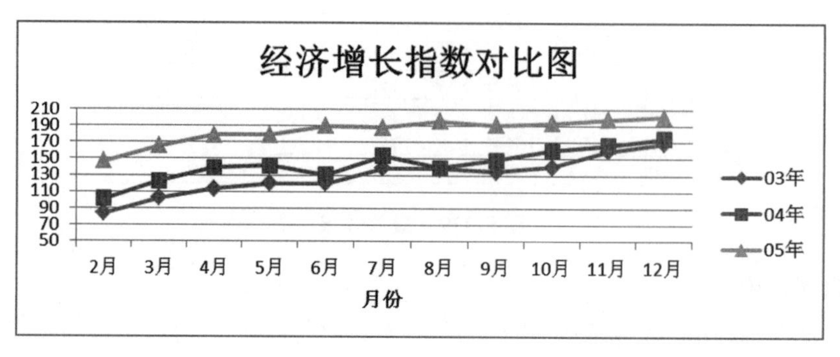

图 5.121　题 2 的效果图

3. 选取“资助额比例表”的“单位”“资助额(单位:万)”两列数据，建立“分离型三维饼图”，将其嵌入数据表格下方(存放在 A7:E17 区域内)。在图表上方插入图表标题“资助额比例图”，图例位置在底部，设置数据标签格式为“百分比”“标签包括图例项标示”。如图 5.122 所示为效果图。

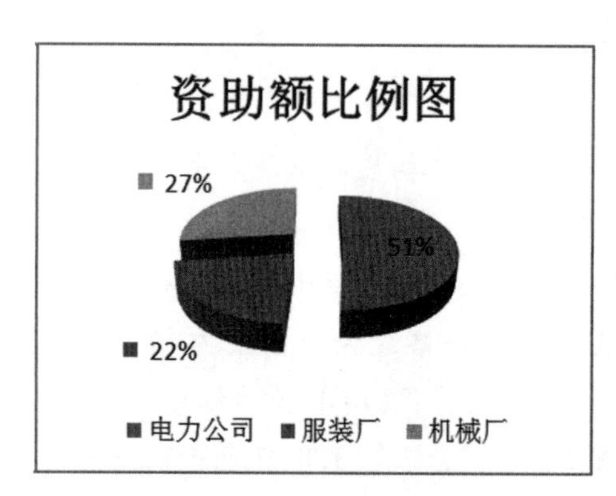

图 5.122　题 3 的效果图

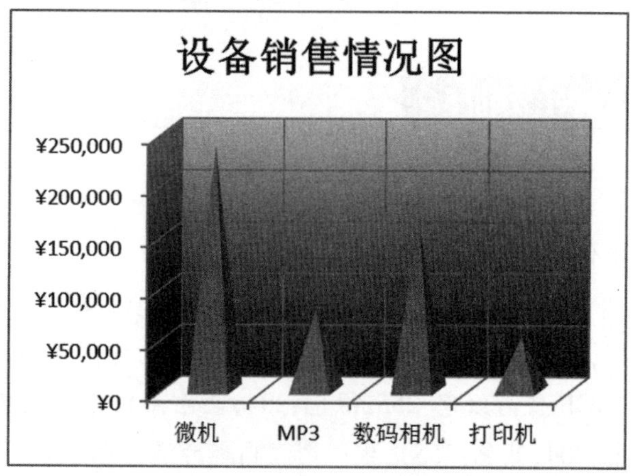

图 5.123　题 4 的效果图

4. 选取“设备销售情况表”的“设备名称”“销售额”两列内容(“总计”行除外)，建立“簇状棱锥图”，X 轴为“设备名称”，在图表上方插入图表标题“设备销售情况图”，不显示图例，主要横网格和主要纵网格显示主要网格线，设置图的背景墙格式图案区域的渐变填充颜色类型是纯色，颜色是深紫(RGB 值为红色:128，绿色:0，蓝色:128)，将图表插入工作表的 A9:E22 单元格区域内。如图 5.123 所示为效果图。

5.6 页面设置和打印

知识技能目标

- 掌握打印区域和分页设置的方法。
- 掌握页面设置及“顶端标题行”的使用方法。
- 了解打印预览和打印的方法。

工作表创建后，经过编辑和格式化，常常需要把结果打印出来。在 Excel 中打印工作簿、工作表或图表的步骤一般是先选中打印对象，然后进行分页设置、页面设置和打印预览，最后执行打印命令，输出结果。

5.6.1 打印区域和分页设置

1. 设置打印区域

默认状态下，对于打印区域，Excel 会自动选择有数据区域的最大行或列。但如果想打印其中的一部分数据，可以将这部分数据设置成打印区域，然后再进行打印。

设置打印区域的方法为：先选中要设置为打印区域的单元格区域，然后在“页面布局”选项卡的“页面设置”组中选择“打印区域”→“设置打印区域”命令。如图 5.124 所示为选中了打印区域 B2:G14。

	A	B	C	D	E	F	G	H
1		产品销售情况表						
2	季度	分公司	产品类别	产品名称	销售数量	销售额（万元）	销售额排名	
3	1	西部2	K-1	空调	89	12.28	26	
4	1	南部3	D-2	电冰箱	89	20.83	9	
5	1	北部2	K-1	空调	89	12.28	26	
6	1	东部3	D-2	电冰箱	86	20.12	10	
7	1	北部1	D-1	电视	86	38.36	1	
8	3	南部2	K-1	空调	86	30.44	4	
9	3	西部2	K-1	空调	84	11.59	28	
10	2	东部2	K-1	空调	79	27.97	6	
11	3	西部1	D-1	电视	78	34.79	2	
12	3	南部3	D-2	电冰箱	75	17.55	18	
13	2	北部1	D-1	电视	73	32.56	3	
14	2	西部3	D-2	电冰箱	69	22.15	8	
15	1	东部1	D-1	电视	67	18.43	14	
16	3	东部1	D-1	电视	66	18.15	16	
17	2	东部3	D-2	电冰箱	65	15.21	23	
18	1	南部1	D-1	电视	64	17.60	17	
19	3	北部1	D-1	电视	64	28.54	5	
20	2	南部2	K-1	空调	63	22.30	7	

图 5.124 设置打印区域示例

打印区域设置好以后，打印时，只有被选中区域中的数据被打印出来。而且工作表被保存后，将来再打开时，设置的打印区域仍然有效。如果要删除打印区域的设置，只要在

“页面布局”选项卡的“页面设置”组中选择“打印区域”→“取消打印区域”命令即可。另外，设置的打印区域也可通过分页预览直接修改。

2. **分页**

如果需要打印的工作表的内容不止一页，Excel 2016 会根据用户所选的打印纸张大小自动将工作表分成多页，即自动分页。但如果自动分页不能满足打印要求，则可以使用插入分页符的方法将文件强制分页，即人工分页。

利用“页面布局”选项卡的“分隔符”按钮，可输入分页符。分页符包括水平分页符和垂直分页符。水平分页符是将工作表分成上、下两页，插入时是在选中单元格或行的上面插入；垂直分页符是将工作表分成左、右两页，插入时是在选中单元格或列的左面插入。

例如，在图 5.125 中，若要单独插入水平分页线，先选中第 13 行，然后在“页面布局”选项卡的“页面设置”组中选择“分隔符”→“插入分页符”命令；如果要单独在 D 列和 E 列之间插入垂直分页线，先选中 E 列，然后执行上述命令；如果要同时插入水平和垂直分页线，先选中 E13 单元格，然后执行上述命令即可。

F6 20.124

	A	B	C	D	E	F	G
1	产品销售情况表						
2	季度	分公司	产品类别	产品名称	销售数量	销售额（万元）	销售额排名
3	1	西部2	K-1	空调	89	12.28	26
4	1	南部3	D-2	电冰箱	89	20.83	9
5	1	北部2	K-1	空调	89	12.28	26
6	1	东部3	D-2	电冰箱	86	20.12	10
7	1	北部1	D-1	电视	86	38.36	1
8	3	南部2	K-1	空调	86	30.44	4
9	3	西部2	K-1	空调	84	11.59	28
10	2	东部2	K-1	空调	79	27.97	6
11	3	西部1	D-1	电视	78	34.79	2
12	3	南部3	D-2	电冰箱	75	17.55	18
13	2	北部1	D-1	电视	73	32.56	3
14	2	西部3	D-2	电冰箱	69	22.15	8
15	1	东部1	D-1	电视	67	18.43	14
16	3	东部1	D-1	电视	66	18.15	16
17	2	东部3	D-2	电冰箱	65	15.21	23
18	1	南部1	D-1	电视	64	17.60	17
19	3	北部1	D-1	电视	64	28.54	5
20	2	南部2	K-1	空调	63	22.30	7
21	1	西部3	D-2	电冰箱	58	18.62	13

图 5.125　插入水平和垂直分页符

3. **分页预览**

Excel 2016 提供的分页预览功能可直接在窗口中查看工作表分页的情况。它的优越性还体现在分页预览时，仍可以像平时一样编辑工作表，可以直接改变设置的打印区域大小，还可以方便地调整分页符的位置。分页后在“视图”选项卡的“工作簿视图”组中单击“分页预览”按钮，即进入如图 5.126 所示的分页预览视图。视图中的蓝色粗实线表示分页情况，每页区域中都有淡淡的页码显示。如果事先设置了打印区域，可以看到最外层蓝色粗边框没有框住所有数据，非打印区域为深色背景，打印区域为浅色背景。分页预览时可以用同样的方法设置打印区域，还可以输入和删除分页符。

分页预览时，可以方便地改变打印区域的大小：将鼠标移到打印区域的边界上，当鼠标

指针变为双向箭头时，拖曳鼠标即可改变打印区域。此外，预览时还可以直接调整分页符的位置，将鼠标指针移到分页实线上，当鼠标指针变为双向箭头时，拖曳鼠标即可调整分页符的位置。在"视图"选项卡的"工作簿视图"组中单击"普通"按钮，可结束分页预览，回到普通视图中。

F16　18.15

	A	B	C	D	E	F	G
4	1	南部3	D-2	电冰箱	89	20.83	9
5	1	北部2	K-1	空调	89	12.28	26
6	1	东部3	D-2	电冰箱	86	20.12	10
7	1	北部1	D-1	电视	86	38.36	1
8	3	南部2	K-1	空调	86	30.44	4
9	3	西部2	K-1	空调	84	11.59	28
10	2	东部2	K-1	空调	79	27.97	6
11	3	西部1	D-1	电视	78	34.79	2
12	3	南部3	D-2	电冰箱	75	17.55	18
13	2	北部1	D-1	电视	73	32.56	3
14	2	西部3	D-2	电冰箱	69	22.15	8
15	1	东部1	D-1	电视	67	18.43	14
16	3	东部1	D-1	电视	66	18.15	16
17	2	东部3	D-2	电冰箱	65	15.21	23
18	1	南部1	D-1	电视	64	17.60	17
19	3	北部1	D-1	电视	64	28.54	5
20	2	南部2	K-1	空调	63	22.30	7
21	1	西部3	D-2	电冰箱	58	18.62	13
22	3	西部3	D-2	电冰箱	57	18.30	15
23	2	东部1	D-1	电视	56	15.40	22
24	2	西部2	K-1	空调	56	7.73	33
25	1	南部2	K-1	空调	54	19.12	11
26	3	北部3	D-2	电冰箱	54	17.33	19
27	3	北部2	K-1	空调	53	7.31	35
28	2	北部3	D-2	电冰箱	48	15.41	21
29	3	南部1	D-1	电视	46	12.65	25
30	2	南部3	D-2	电冰箱	45	10.53	29
31	3	东部2	K-1	空调	45	15.93	20

图 5.126　分页预览视图

5.6.2　页面设置

1. 设置页面

Excel 2016 具有默认的页面设置，用户可直接打印工作表。如果不满意，可以使用 Excel 2016 提供的页面设置功能对工作表的打印方向、缩放比例、纸张大小、页边距、页眉和页脚等进行设置。在"文件"选项卡中选择"打印"命令，接着单击下方的"页面设置"超链接，系统弹出"页面设置"对话框，该对话框包含了 4 个选项卡，图 5.127 所示为"页面"选项卡。

①"方向"框和"纸张大小"框的设置与 Word 的页面设置相同。

②"缩放"框用于放大或缩小打印工作表，"缩放比例"允许在 10—400 之间，100% 为正常大小。"调整为"表示把工作表拆分为几部分打印，如调整为 4 页宽、3 页高，表示打印时 Excel 自动调整缩放比例，水平方向分成 4 页、垂直方向分成 3 页，共 12 页。

③"打印质量"下拉列表框用于设置打印的质量。质量高低是通过打印页上每英寸的点数（分辨率）来衡量的，分辨率越高，打印质量越高，当然，打印机要能够支持所指定的分辨率。

④“起始页码”框用于决定打印时的首页页码,以后的页码以它开始计数。“自动”选项表示 Excel 2016 将根据实际情况决定首页页码。

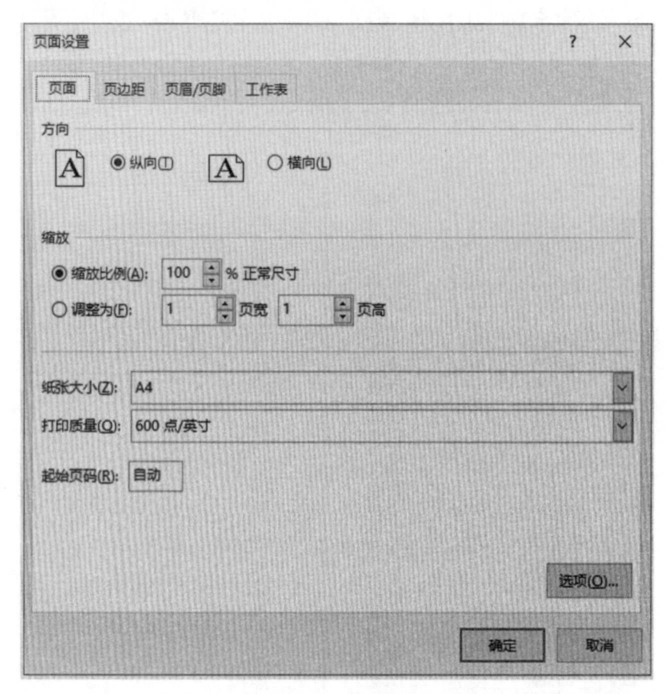

图 5.127 “页面设置”对话框中的“页面”选项卡

2. 设置页边距

在“页面设置”对话框中单击“页边距”选项卡,进入页边距设置对话框。其中“上”“下”“左”“右”框等的设置方法与 Word 基本相同。“居中方式”栏用来设置打印内容在纸张上的位置,默认是在纸张的左上位置。当选中“水平”复选框时,打印内容出现在纸张水平方向的中央位置;当选中“垂直”复选框时,打印内容出现在纸张垂直方向的正中位置;若两项都选中,工作表将会被打印在纸张的正中央。对话框中间的页面用于显示设置效果。

3. 设置页眉/页脚

在“页面设置”对话框中选择“页眉/页脚”选项卡,如图 5.128 所示。单击“页眉”或“页脚”下拉列表框,就可以在其中选择一种页眉或页脚的样式,选择“(无)”,表示删除页眉或页脚。也可以单击“自定义页眉”或“自定义页脚”按钮,创建自定义的页眉或页脚。格式设置好后,可以在“页眉”框和“页脚”框中查看效果。

4. 设置工作表

在“页面设置”对话框中选择“工作表”选项卡,出现如图 5.129 所示的对话框,各选项作用如下:

①“打印区域”框:该框用于选择要打印的工作表区域,可在该文本框中直接输入工作表区域,或用对话框折叠按钮(位于文本框的右侧),直接用鼠标拖动来选择工作表区域。

如果该区域空白,表示将打印工作表中所有含有数据的单元格。

② "打印标题"栏:如果工作表数据较多,打印时会分成几页,除第一页有标题外,其他页都没有标题,只有数据。如果希望特定的一行作为每页水平标题,则可在"顶端标题行"框中输入或选择相应的区域或行;如果希望特定的一列作为每页垂直标题,则可在"左端标题列"框中输入或选择相应的区域或列。

③ "打印"栏:用于设置打印选项。"网格线"复选框决定是否打印水平和垂直的单元格网格线;"单色打印"复选框决定是采用黑白打印还是彩色打印;"草稿品质"复选框可加快打印速度,但会降低打印质量;"行号列标"复选框决定是否打印行号和列标。

④ "打印顺序"栏:多页打印时,用于决定打印次序是"先列后行"还是"先行后列"。

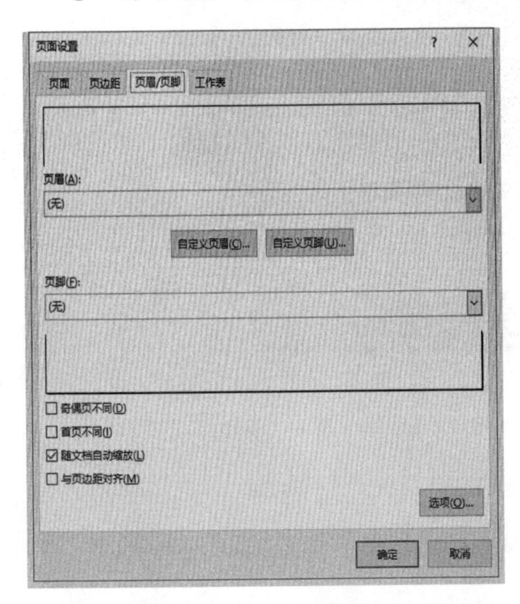

图 5.128　"页面设置"对话框中的"页眉/页脚"选项卡

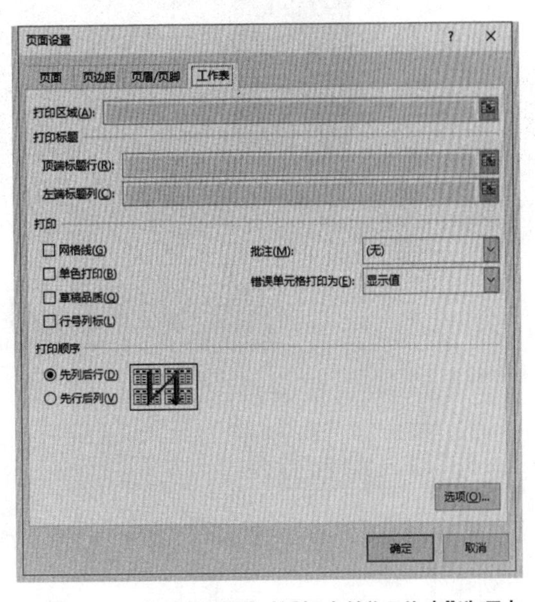

图 5.129　"页面设置"对话框中的"工作表"选项卡

5.6.3　打印预览和打印

完成页面设置和打印机设置后,可以用打印预览来模拟显示打印效果,观察各种设置是否恰当,若不满意再予以修改。如果设置正确,即可用打印机正式打印输出。

打印预览的方法为:在"文件"选项卡中选择"打印"命令,在屏幕右窗格中就会看到打印预览效果,如图 5.130 所示。或者在快速访问工具栏中,单击"打印预览和打印"按钮(若"快速访问工具栏"中没有该命令按钮,单击该工具栏右侧的倒三角下拉按钮,在弹出的"自定义快速访问工具栏"列表中选中"打印预览和打印",这样就可将其显示在"快速访问工具栏"中,以后就可以直接使用该命令)。

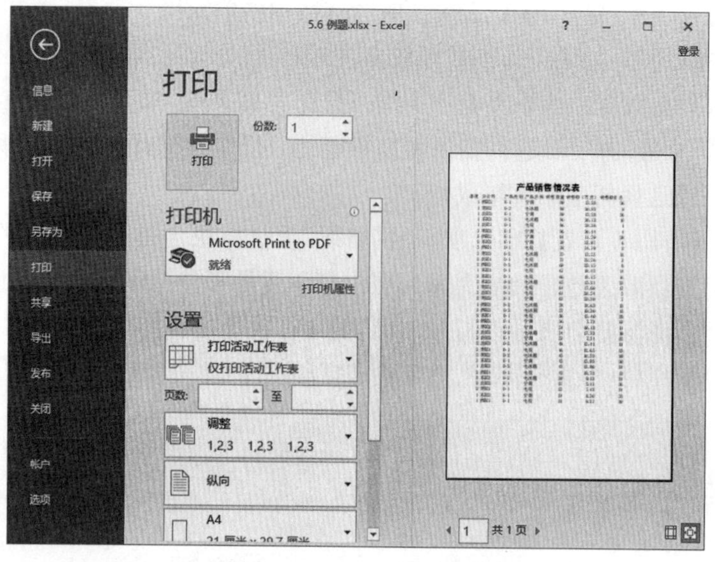

图 5.130 “打印预览和打印”窗口

5.7 Excel 综合实训

5.7.1 综合实训一

1. 在“Excel 素材\Excel 综合实训\综合实训一”文件夹下打开 Excel. xlsx 文件,进行下列操作:

(1) 将 Sheet1 工作表的 A1:G1 单元格区域合并为一个单元格,单元格内文字居中对齐,计算“上月销售额(万元)”和“本月销售额(万元)”列的内容(销售额 = 单价 × 数量/10 000,数值型,保留小数点后 0 位),计算“销售额同比增长”列的内容[同比增长 = (本月销售额(万元) - 上月销售额(万元))/上月销售额(万元),百分比型,保留小数点后 1 位]。

(2) 选取“产品型号”“上月销售量”“本月销售量”三列内容,建立“簇状柱形图”,图表标题为“销售情况统计图”,图例置于底部;将图表移动到工作表的 A14:E27 单元格区域内,将工作表命名为“销售情况统计表”,保存 Excel. xlsx 文件。

2. 在“Excel 素材\Excel 综合实训\综合实训”文件夹下打开工作簿文件 Exc. xlsx,对工作表“产品销售情况表”内数据清单的内容按主要关键字“产品名称”的降序和次要关键字“分公司”的降序进行排序,以“产品名称”为汇总字段,完成对各产品销售额总和的分类汇总,汇总结果显示在数据下方,工作表名不变,保存 Exc. xlsx 工作簿。

完成后的效果如图 5.131 所示。

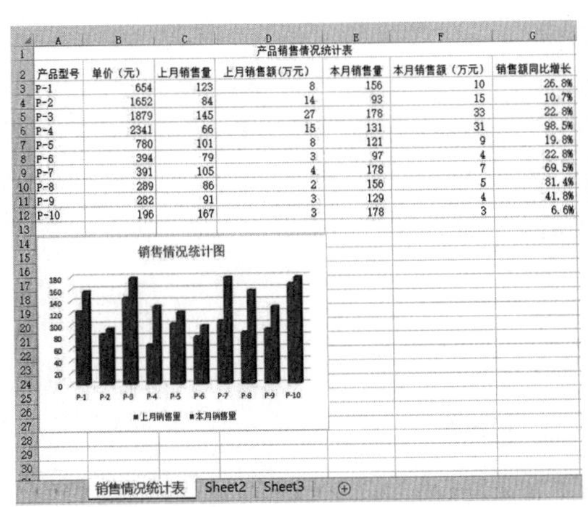

产品销售情况统计表						
产品型号	单价（元）	上月销售量	上月销售额(万元)	本月销售量	本月销售额（万元）	销售额同比增长
P-1	654	123	8	156	10	26.8%
P-2	1652	84	14	93	15	10.7%
P-3	1879	145	27	178	33	22.8%
P-4	2341	66	15	131	31	98.5%
P-5	780	101	8	121	9	19.8%
P-6	394	79	3	97	4	22.8%
P-7	391	105	4	178	7	69.5%
P-8	289	86	2	156	5	81.4%
P-9	282	91	3	129	4	41.8%
P-10	196	167	3	178	3	6.6%

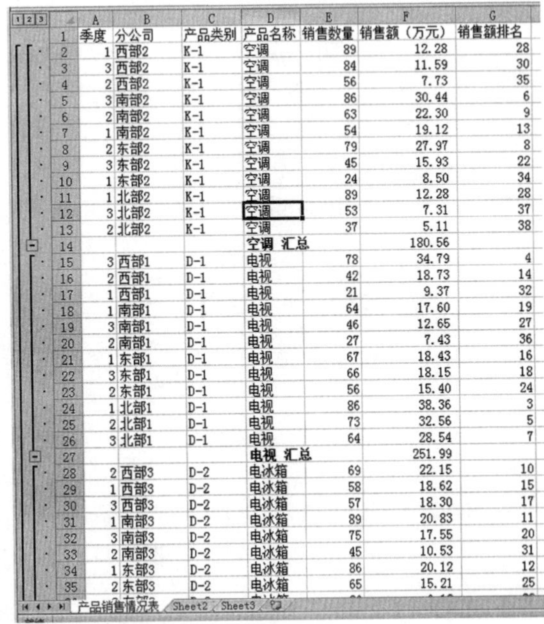

季度	分公司	产品类别	产品名称	销售数量	销售额（万元）	销售额排名
1	西部2	K-1	空调	89	12.28	28
3	西部2	K-1	空调	84	11.59	30
2	西部2	K-1	空调	56	7.73	35
3	南部2	K-1	空调	86	30.44	6
2	南部2	K-1	空调	63	22.30	9
1	南部2	K-1	空调	54	19.12	13
2	东部2	K-1	空调	79	27.97	8
3	东部2	K-1	空调	45	15.93	22
1	东部2	K-1	空调	24	8.50	34
1	北部2	K-1	空调	89	12.28	28
3	北部2	K-1	空调	53	7.31	37
2	北部2	K-1	空调	37	5.11	38
			空调 汇总		180.56	
3	西部1	D-1	电视	78	34.79	4
2	西部1	D-1	电视	42	18.73	14
1	西部1	D-1	电视	21	9.37	32
1	南部1	D-1	电视	64	17.60	19
3	南部1	D-1	电视	46	12.65	27
2	南部1	D-1	电视	27	7.43	36
1	东部1	D-1	电视	67	18.43	16
3	东部1	D-1	电视	66	18.15	18
2	东部1	D-1	电视	56	15.40	24
1	北部1	D-1	电视	86	38.36	3
2	北部1	D-1	电视	73	32.56	5
3	北部1	D-1	电视	64	28.54	7
			电视 汇总		251.99	
2	西部3	D-2	电冰箱	69	22.15	10
1	西部3	D-2	电冰箱	58	18.62	15
3	西部3	D-2	电冰箱	57	18.30	17
1	南部3	D-2	电冰箱	89	20.83	11
3	南部3	D-2	电冰箱	75	17.55	20
2	南部3	D-2	电冰箱	45	10.53	31
1	东部3	D-2	电冰箱	86	20.12	12
2	东部3	D-2	电冰箱	65	15.21	25

图 5.131　综合实训一效果图

5.7.2　综合实训二

1. 打开“Excel 素材\Excel 综合实训\综合实训二”文件夹下的工作簿文件 Excel. xlsx，进行下列操作：

（1）将工作表 Sheet1 的 A1:I1 单元格区域合并为一个单元格，内容水平居中，计算“合计”列单元格的内容（某部门 6 个月销售额的和，数值型，保留小数点后 1 位），如果“合计”值大于 220.0，在“备注”列内填上“良好”，否则填上“合格”（利用 IF 函数完成）。

（2）选取 A2:G8 单元格区域的内容，建立“带数据标记的折线图”，在图表上方添加图表标题“销售情况图”，将工作表命名为“销售情况表”。

2. 打开“Excel 素材\Excel 综合实训\综合实训二”文件夹下的工作簿文件 Exc. xlsx，对工作表“产品销售情况表”内数据清单的内容进行筛选，条件为“销售额排名在前 20（使用小于或等于 20），分公司为所有南部的分公司”，将筛选后的数据按主要关键字“销售额排名”的升序和次要关键字“分公司”的升序进行排序，工作表名不变，保存 Exc. xlsx 工作簿。

完成后的效果如图 5.132 所示。

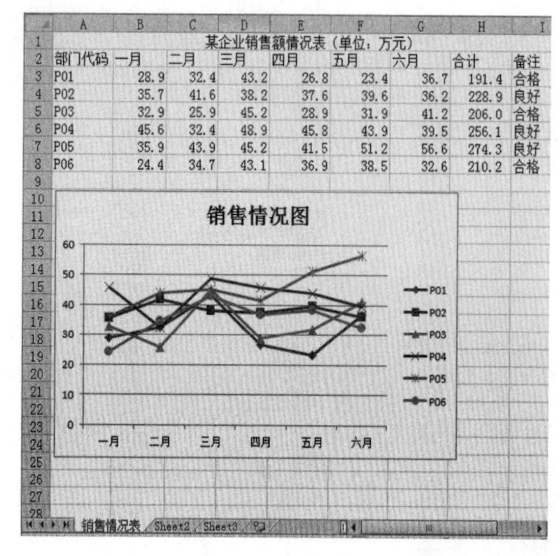

	某企业销售额情况表（单位：万元）							
部门代码	一月	二月	三月	四月	五月	六月	合计	备注
P01	28.9	32.4	43.2	26.8	23.4	36.7	191.4	合格
P02	35.7	41.6	38.2	37.6	39.6	36.2	228.9	良好
P03	32.9	25.9	45.2	28.9	31.9	41.2	206.0	合格
P04	45.6	32.4	48.9	45.8	43.9	39.5	256.1	良好
P05	35.9	43.9	45.2	41.5	51.2	56.6	274.3	良好
P06	24.4	34.7	43.1	36.9	38.5	32.6	210.2	合格

季	分公司	产品类	产品名	销售数	销售额（万元	销售额排名
3	南部2	K-1	空调	86	30.44	4
2	南部2	K-1	空调	63	22.30	7
1	南部3	D-2	电冰箱	89	20.83	9
1	南部2	K-1	空调	54	19.12	11
1	南部1	D-1	电视	64	17.60	17
3	南部3	D-2	电冰箱	75	17.55	18

图 5.132　综合实训二效果图

5.7.3　综合实训三

1. 打开“Excel 素材\Excel 综合实训\综合实训三”文件夹下的 Excel. xlsx 文件，进行下列操作：

（1）将 Sheet1 工作表的 A1:D1 单元格区域合并为一个单元格，内容水平居中；计算职工的平均年龄，将其置于 C13 单元格内（数值型，保留小数点后 1 位）；计算职称为“高工”“工程师”“助工”的人数，将其置于 G5:G7 单元格区域（利用 COUNTIF 函数）。

（2）选取“职称”列（F4:F7）和“人数”列（G4:G7）数据区域的内容，建立“三维簇状柱形图”，图表标题为“职称情况统计图”，删除图例；将图表移至工作表的 A15:G28 单元格区域内，将工作表命名为“职称情况统计表”，保存 Excel. xlsx 文件。

2. 打开“Excel 素材\Excel 综合实训\综合实训三”文件夹下的工作簿文件 Exc. xlsx，对工作表“图书销售情况表”内数据清单的内容，建立数据透视表，行标签为“经销部门”，列标签为“图书类别”，求和项为“数量（册）”，并置于现工作表的 H2:L7 单元格区域，工作表名不变，保存 Exc. xlsx 工作簿。

完成后的效果如图 5.133 所示。

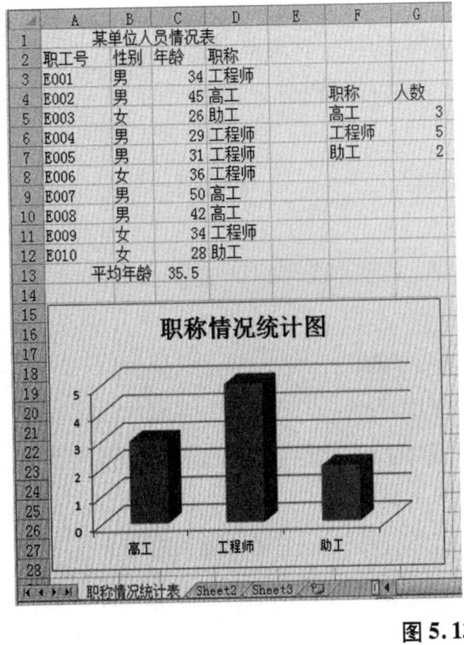

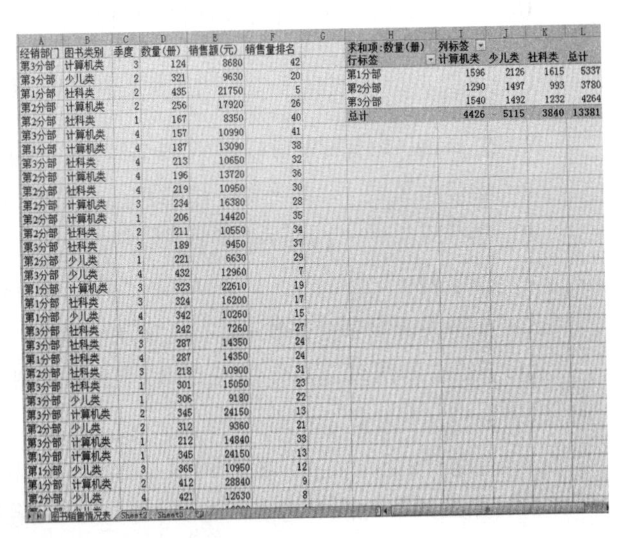

图 5.133 综合实训三效果图

课后习题

1. Excel 能够完成表格制作、________、建立图表、数据管理等工作。

A. 杀病毒　　B. 多媒体制作　　C. 复杂的运算　　D. 文件管理

2. Excel 的工作界面不包括________。

A. 标题栏、选项卡　　B. 功能区、编辑栏、滚动条

C. “开始”菜单　　D. 状态栏

3. Excel 中一次选取多个相邻的工作表,需按________键。

A.【Ctrl】　　B.【Esc】　　C.【Shift】　　D.【Alt】

4. 在 Excel 中若需选择连续区域,可单击欲选择区域的任一角单元格,然后将鼠标指针移至对角格,按住________键再单击该单元格。

A.【Shift】　　B.【Ctrl】　　C.【Alt】　　D.【Esc】

5. 在 Excel 工作表的某单元格内输入数字字符串“456”,正确的输入方式是________。

A. 456　　B. ′456　　C. =456　　D. ″456″

6. 若需选择整个工作表,可按________组合键。

A.【Ctrl】+【A】　　B.【Ctrl】+【Q】　　C.【Shift】+【A】　　D.【Shift】+【Q】

7. 在 Excel 中,选取整个工作表的方法是________。

A. 单击“编辑”菜单中的“全选”命令

B. 单击工作表中的“全选”按钮

C. 单击 A1 单元格，然后按住【Shift】键，单击当前屏幕的右下角单元格

D. 单击 A1 单元格，然后按住【Ctrl】健，单击工作表的右下角单元格

8. 活动单元格地址显示在________内。

A. 编辑框　　B. 菜单栏　　C. 名称框　　D. 状态栏

9. 在 Excel 工作表中可以输入两类数据，它们是________。

A. 常量和公式　　B. 文字和数字　　C. 数字、文字和图形　　D. 文字和图片

10. 在 Excel 中，数据的排序要求设置________。

A. 排序列　　B. 排序关键字

C. 排序关键字和排序次序　　D. 排序次序

11. Excel 的图表是与生成它的工作表数据相关联的，因此，当工作表中的数据改变时，图表会________。

A. 自动更新　　B. 断开链接　　C. 保持不变　　D. 随机变化

12. 如果某单元格中的公式为“ = $A $20”，将该公式复制到别的单元格，复制出来的公式________。

A. 一定改变　　B. 不会改变　　C. 变为“ = A$20”　　D. 变为“ = $A20”

13. 如果某单元格显示为“#DIV0!”，这表示________。

A. 格式错误　　B. 除零错误　　C. 行高不够　　D. 列宽不够

14. 在 Excel 中，一个工作表最多可含有的行数是________。

A. 16 385　　B. 16 384　　C. 1 048 576　　D. 任意多

15. 在 Excel 工作表中，日期型数据“2010 年 12 月 21 日”的正确输入形式是________。

A. 2010 - 12 - 21　　B. 21.12.2010

C. 21,12,2010　　D. 2010\12\21

16. 在 Excel 工作表中，选中某单元格后，在“开始”选项卡的“单元格”组中单击“删除”命令，不可能完成的操作是________。

A. 删除该行　　B. 右侧单元格左移

C. 删除该列　　D. 左侧单元格右移

17. 在 Excel 中，关于工作表及为其建立的嵌入式图表，下列说法正确的是________。

A. 删除工作表中的数据，图表中的数据系列不会删除

B. 增加工作表中的数据，图表中的数据系列不会增加

C. 修改工作表中的数据，图表中的数据系列不会修改

D. 以上三项均不正确

18. 在 Excel 工作表中，在某单元格的编辑区输入“8 +1”，单元格内将显示________。

A. “8 +1”　　B. 8 +1　　C. 9　　D. 输入不正确

19. 在 Excel 工作表中，可按需拆分窗口，一张工作表最多拆分为________。

A. 3 个窗口　　B. 4 个窗口　　C. 5 个窗口　　D. 任意多个窗口

20. 在 Excel 工作簿中,对工作表不可以进行的打印设置是________。

A. 打印区域　　B. 打印标题　　C. 打印讲义　　D. 纸张方向

21. 在 Excel 工作表中,使用"高级筛选"命令对数据清单进行筛选时,在条件区不同行中输入两个条件,表示________。

A. "非"的关系　　B. "与"的关系　　C. "或"的关系　　D. "异或"的关系

22. 下列操作中,不能在 Excel 工作表的选中单元格中输入函数的是________。

A. 单击"公式"选项卡的"插入函数"按钮

B. 在编辑框中直接输入函数

C. 单击"插入"选项卡的"插入函数"按钮

D. 直接在单元格中输入函数

23. 在 Excel 工作表单元格中,输入的________表达式是错误的。

A. =(15-A1)/3　　B. =A2/C1

C. SUM(A2:A4)/2　　D. =A2+A3+D4

24. 当向 Excel 工作表单元格输入公式时,使用单元格地址 D$2 引用 D 列第 2 行单元格,该单元格的引用称为________。

A. 交叉地址引用　　B. 混合地址引用　　C. 相对地址引用　　D. 绝对地址引用

25. 在 Excel 工作表中,若要计算表格中某列数值的总和,可使用的统计函数是________。

A. TOTAL　　B. SUM　　C. COUNT　　D. AVERAGE

26. 删除单元格是指________。

A. 将选中的单元格从工作表中移去　　B. 将单元格中的内容从工作表中移去

C. 将单元格的格式清除　　D. 将单元格的列标清除

27. Excel 编辑栏的功能为________。

A. 显示当前工作表名　　B. 显示工作簿文件名

C. 显示当前活动单元格的内容　　D. 显示当前活动单元格的计算结果

28. 在 Excel 中,假定单元格 D3 中保存的公式为"=B$3+C$3",若把它复制到 G6 中,则 G6 中保存的公式为________。

A. =E$3+F$3　　B. =E3+F3　　C. =B$6+C$6　　D. =E6+F6

29. 在 Excel 中,单击某个含有数据的单元格。当鼠标指针变为向左上方的空心箭头时,仅拖动鼠标可完成的操作是________。

A. 复制单元格内数据　　B. 删除单元格内数据

C. 移动单元格内数据　　D. 不能完成任何操作

30. 在 Excel 中,关于不同数据类型在单元格中的默认位置,下列叙述不正确的是________。

A. 数值右对齐　　B. 文本左对齐　　C. 日期左对齐　　D. 货币右对齐

31. 在 Excel 中,利用单元格数据格式化功能,可以对数据的许多方面进行设置,但不能对________进行设置。

A. 数据的显示格式　　B. 数据的排序方式

C. 单元格的边框　　D. 数据的对齐方式

32. 在 Excel 中，对于上下相邻两个含有数值的单元格用拖曳法向下做自动填充，默认的填充规则是________。

A. 等比序列　　B. 等差序列　　C. 自定义序列　　D. 日期序列

33. 在 Excel 工作表中，当前单元格只能是鼠标指针________。

A. 选中的一个单元格　　B. 选中的一行

C. 选中的一列　　D. 选中的区域

34. Excel 中对单元格的引用有________、绝对地址和混合地址。

A. 存储地址　　B. 活动地址　　C. 相对地址　　D. 循环地址

35. 在 Excel 中，关于数据表的排序，下列叙述不正确的是________。

A. 对于汉字数据，可以按拼音升序排序　　B. 对于汉字数据，可以按笔画降序排序

C. 对于日期数据，可以按日期降序排序　　D. 对于整个数据表，不可以按列排序

36. 在 Excel 中，并不是所有命令执行以后都可以撤消，下列________操作一旦执行后可以撤消。

A. 插入工作表　　B. 复制工作表　　C. 删除工作表　　D. 清除单元格

37. 在 Excel 单元格中出现了“###”，则意味着________。

A. 输入单元格中的数值太长，在单元格中显示不下

B. 除零错误

C. 使用了不正确的数字

D. 引用了非法单元格

38. 在自动分类汇总之前用户必须对数据清单进行________。

A. 筛选　　B. 排序　　C. 建立数据库　　D. 有效计算

第 6 章

PowerPoint 2016 的使用

本章导读

PowerPoint 2016 是微软公司推出的 Microsoft Office 2016 办公自动化软件中最重要的套件之一，是一个功能很强的演示文稿制作与播放的工具。PowerPoint 主要用于幻灯片的制作和演示，用于广告宣传、产品展示、汇报总结、课堂教学等，是信息社会中进行信息发布、学术交流、产品介绍等的重要工具。

教学目标

- 了解 PowerPoint 2016 的启动与退出的方法。
- 熟悉 PowerPoint 2016 的窗口组成。
- 掌握打开与关闭演示文稿的方法。
- 熟悉 PowerPoint 2016 的各种显示视图。
- 掌握创建演示文稿、编辑幻灯片文本的方法。
- 掌握选择、添加、移动、复制、删除幻灯片的方法。
- 掌握设置与应用幻灯片版式的方法。
- 掌握幻灯片主题与背景的应用方法。
- 掌握幻灯片母版的应用方法。
- 掌握在幻灯片中插入图片、形状、艺术字、表格等对象的方法。
- 掌握添加动画效果和幻灯片切换效果的方法。
- 掌握放映演示文稿、设置幻灯片放映方式的方法。
- 掌握保存和打印演示文稿的方法。
- 掌握演示文稿的打包与转换的方法。

考核目标

- 考点 1：演示文稿的打开、保存、关闭。
- 考点 2：幻灯片的新建、移动、复制与删除。
- 考点 3：幻灯片版式的更改。
- 考点 4：幻灯片文本格式的设置。
- 考点 5：插入图片、艺术字、表格等元素。

- 考点6:为幻灯片添加备注。
- 考点7:应用幻灯片主题。
- 考点8:设置幻灯片背景。
- 考点9:添加并设置动画效果。
- 考点10:添加并设置切换效果。
- 考点11:设置与编辑超链接。
- 考点12:设置放映方式。

6.1 PowerPoint 2016 的基础操作

知识技能目标

- 掌握 PowerPoint 2016 的启动与退出的方法。
- 熟悉 PowerPoint 2016 的界面组成。
- 掌握 PowerPoint 2016 演示文稿的新建、打开、保存、关闭等操作技术。
- 熟悉 PowerPoint 2016 的各种显示视图。

6.1.1 启动与退出 PowerPoint 2016

PowerPoint 2016 的启动与退出方法,与 Word 2016 和 Excel 2016 类似,且操作也大致相似。

1. 启动 PowerPoint 2016

要创建、编辑演示文稿,必须先启动 PowerPoint 2016,启动的方法有:

方法一:通过“开始”屏幕启动 PowerPoint 2016。

方法二:双击桌面上的 PowerPoint 2016 快捷图标。

方法三:通过“运行”命令,在打开的“运行”窗口的“打开”文本框中输入“POWERPNT.EXE”,单击“确定”按钮。

方法四:双击已经存在的演示文稿(扩展名为.pptx)。

2. 退出 PowerPoint 2016

当编辑好演示文稿后,如不再需要使用 PowerPoint 2016 了,就可以退出 PowerPoint 2016,退出的方法有:

方法一:单击工作窗口右上角的“关闭”按钮 X 。

方法二:直接双击工作窗口左上角的控制菜单图标 P 。

方法三:单击“文件”选项卡,然后单击左侧的“关闭”命令。

方法四:在标题栏的任意空白处右击鼠标,在弹出的快捷菜单中选择“关闭”命令。

方法五：直接在键盘上按下【Alt】+【F4】组合键。

提示

如在退出 PowerPoint 2016 时已对演示文稿进行修改但未保存，系统会弹出提示对话框，如图 6.1 所示，要求用户确认是否保存对演示文稿的编辑工作，可根据需要选择相对应的按钮，完成操作。选择“保存”，则存盘退出；选择“不保存”，则退出但不保存；选择“取消”，则返回演示文稿的编辑窗口，不退出软件。

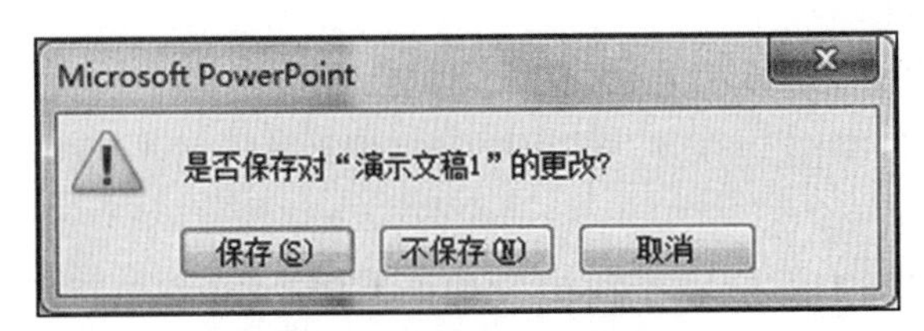

图 6.1　保存提示对话框

6.1.2　PowerPoint 2016 的窗口组成

启动 PowerPoint 2016 软件后，系统将自动打开一个默认名为“演示文稿 1. pptx”的文档，工作窗口如图 6.2 所示。PowerPoint 2016 演示文稿的工作窗口主要由标题栏、快速访问工具栏、“文件”按钮、功能选项卡、功能区、“大纲”和“幻灯片”窗格、幻灯片编辑窗格、备注窗格、状态栏、视图切换按钮、显示比例按钮等部分组成。

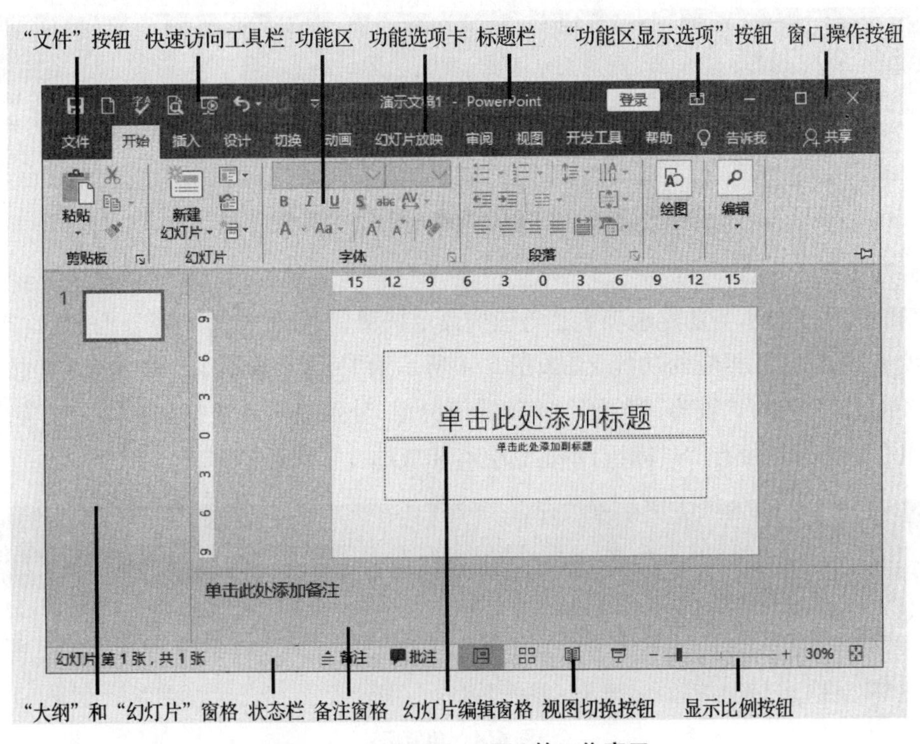

图 6.2　PowerPoint 2016 的工作窗口

1. 标题栏

标题栏位于工作界面的顶端,其中自左至右显示的是控制菜单图标、快速访问工具栏、当前正在编辑的文档名称、应用程序名称、“功能区显示选项”按钮、“最小化”按钮、“最大化/还原”按钮和“关闭”按钮。

2. “文件”按钮

位于标题栏的下方,单击“文件”按钮,即可打开对应的菜单,在菜单中可对文档进行新建、打开、保存、打印等相关操作。

3. 快速访问工具栏

快速访问工具栏位于标题栏左侧,把常用的命令按钮集中放在此处,便于快速访问和操作。通常有“保存”“撤消”“恢复”等按钮,可根据需要增加或删除。

4. 功能选项卡

功能选项卡位于标题栏下方,“文件”按钮的右侧,通常有“开始”“插入”等8个不同类别的选项卡,不同选项卡包含不同类别的命令按钮组。单击某个选项卡,将在功能区出现与该选项卡类别相对应的多组操作命令供选择。

提示

有的选项卡平时不出现,在某种特定条件下才会自动显示,提供该情况下的命令按钮。例如,在幻灯片中插入某一张图片,然后在选中该图片的情况下,功能选项卡中会显示“图片工具—格式”选项卡,如图6.3所示。

图6.3 “图片工具—格式”选项卡

5. 功能区

功能区用于显示与功能选项卡相对应的命令按钮,一般各种命令将分组显示。单击某个选项卡,可以打开相应的功能区,如图6.4所示为“开始”选项卡,其功能区将按“剪贴板”“幻灯片”“字体”“段落”“绘图”“编辑”等分组,分别显示各组操作命令。功能区操作命令组右下角有的带有“↘”标记,单击它会有相应的设置对话框弹出。

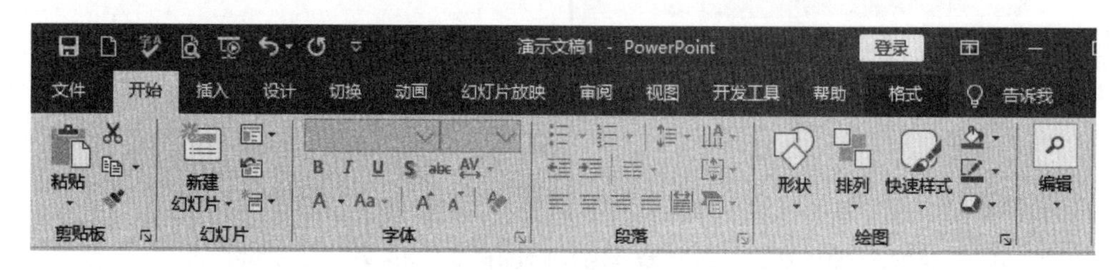

图6.4 功能区

6. 幻灯片编辑窗格

幻灯片编辑窗格是整个工作窗口中最核心的部分，显示幻灯片的内容，包括文本、图片、表格等各种对象。幻灯片编辑的所有操作都在该窗格中操作完成。

7. “大纲”和“幻灯片”窗格

“幻灯片”窗格可以显示各幻灯片的编号及缩略图，单击某幻灯片缩略图，可在幻灯片窗格中显示该幻灯片的内容。另外，通过此窗格可以对幻灯片进行插入、移动、复制、删除等操作。“大纲”窗格可显示各幻灯片的标题和正文信息。在幻灯片中编辑标题或正文信息时，“大纲”窗格中也同步变化。另外，通过此窗格也可以直接向幻灯片中输入文本内容。

8. 备注窗格

备注窗格用于向当前幻灯片输入一些必要的说明、注释等信息，如幻灯片展示内容的背景和细节等，便于辅助演讲。

9. 视图窗格

PowerPoint 2016 中提供了“普通”“大纲视图”“幻灯片浏览”“备注页”“阅读视图”五个视图按钮，用鼠标单击即可切换到对应的视图模式。

10. 状态栏

状态栏位于工作窗口的最下方，主要用于提供系统的状态信息，其内容随着操作的不同而有所不同。状态栏的左边显示了当前幻灯片的序号以及总幻灯片数，右边显示了视图切换按钮和“显示比例”按钮。

11. “显示比例”按钮

“显示比例”按钮位于视图按钮右侧，单击该按钮，可以在弹出的“显示比例”对话框中选择幻灯片的显示比例。或拖动其左侧的滑块，也可以调节显示比例。

12. “功能区显示选项”按钮

根据自身习惯，通过“功能区显示选项”按钮可在 PowerPoint 中定制个性化的操作环境。单击工作窗口右上角的 按钮，即可打开一个有“自动隐藏功能区”“显示选项卡”“显示选项卡和命令”三种状态可选的菜单。

6.1.3　演示文稿的基本操作

PowerPoint 2016 是一种非常好用的演示文稿制作工具，通过创建新演示文稿，在幻灯片中输入文本等内容，对幻灯片进行编辑并保存，就能快速制作出演示文稿。

1. 新建演示文稿

演示文稿的新建有多种方法，不同的方法能得到不同的效果，可根据实际需要选择使用。

除了按前面介绍的通过启动 PowerPoint 自动创建空白的演示文稿外，还可以在 PowerPoint 已经启动的情况下，随时创建空白演示文稿。

方法一：单击“文件”按钮，选择左侧的“新建”选项，在右侧的模板和主题中选择“空白演示文稿”选项,如图 6.5 所示,即可创建一个空白的演示文稿。

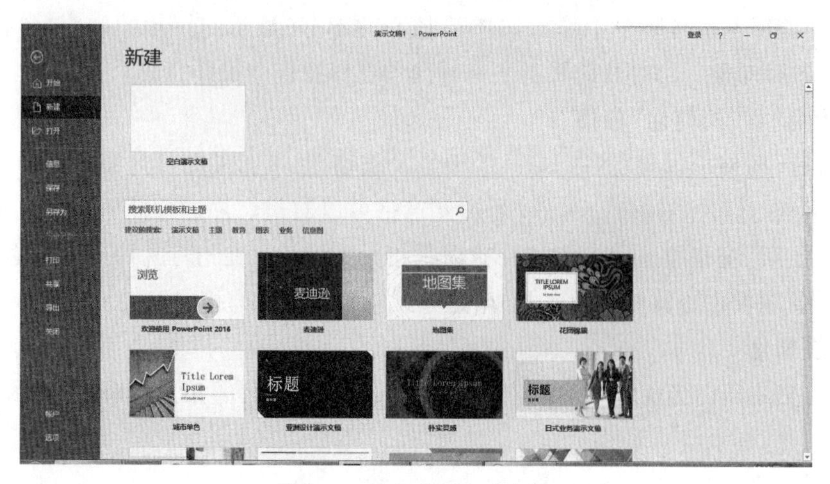

图 6.5 新建演示文稿窗口

方法二:直接在键盘上按下快捷键【Ctrl】+【N】,也可快速新建一个空白的演示文稿。

2. **打开演示文稿**

对已经创建好的演示文稿,若要再次进行修改和编辑,必须先打开它。打开已有 PowerPoint 演示文稿的方法有以下几种:

方法一:单击“文件”按钮,在打开的菜单中选择“打开”命令,或直接在键盘上按下快捷键【Ctrl】+【O】,在右侧窗口中,单击“最近”按钮,在最近访问文件列表窗格中选择需要打开的已有演示文稿。

方法二:单击“文件”按钮,在打开的菜单中选择“打开”命令,或直接在键盘上按下快捷键【Ctrl】+【O】,在右侧窗口中,单击“浏览”按钮或双击“这台电脑”按钮,如图 6.6 所示,在“打开”对话框中选择需要打开的已有演示文稿的位置,然后选中要打开的演示文稿,单击“打开”按钮即可。

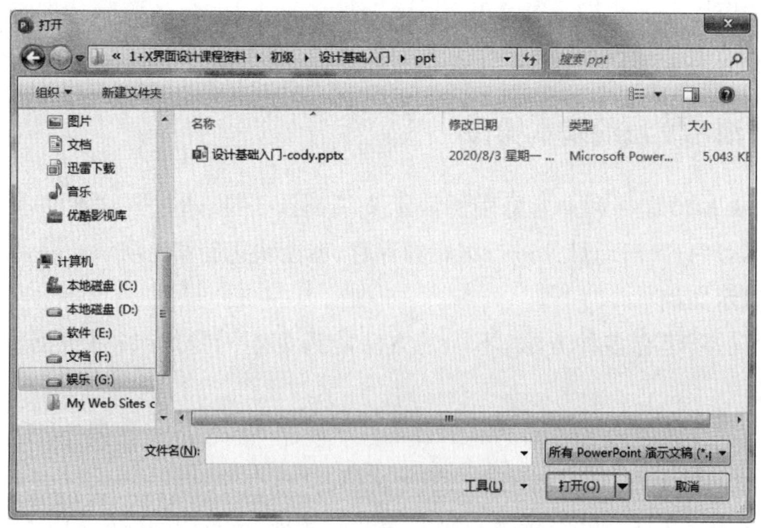

图 6.6 “打开”对话框

方法三:在计算机的存储设备中找到需要打开的演示文稿文件,双击该文档,即可直接打开。

3. **保存演示文稿**

在演示文稿制作完成后,应将其保存到磁盘中,以避免出现幻灯片内容丢失的情况。在实际操作中,可以根据演示文稿的状态或要求,选择不同的保存方式。在保存演示文稿时,PowerPoint 2016 提供了多种文件格式,最常用的有. pptx、. ppt、. potx、. ppsx 四种,其中. pptx是 PowerPoint 2016 演示文稿类型,也是 PowerPoint 2016 默认的文件保存类型;. ppt 是 PowerPoint 97-2003 的文件保存类型;. potx 是 PowerPoint 2016 中模板的文件格式;. ppsx 是可自动放映的文件格式。

(1) 直接保存新建的演示文稿

对一个新的演示文稿进行保存操作时,可以使用直接保存的方法,选择“文件”菜单中的“保存”命令或单击快速访问工具栏中的“保存”按钮或直接在键盘上按下【Ctrl】+【S】组合键进行保存。

提示

若不是第一次保存演示文稿,单击“保存”按钮,不会打开“另存为”对话框,只是将当前正在编辑和修改的演示文稿以原文件名保存在原位置。

(2) 保存在其他位置或换名保存

若是在原有演示文稿的基础上对内容进行了更改,想在保存更改后的内容的同时,又保留原有演示文稿的内容,可通过“另存为”命令将演示文稿保存到计算机中的其他位置或保存为新名称。

操作方法:单击“文件”按钮,在左侧打开的菜单中选择“另存为”命令,单击右侧窗口中的“浏览”按钮或双击“这台电脑”按钮,打开“另存为”对话框,选择文档保存的位置,输入文档名等。需要注意的是,如果对文档进行换名保存,则将重新生成一个该名字的文档,而原来打开的文档将被关闭,且对其内容不做修改。

4. **关闭演示文稿**

完成对演示文稿的编辑、保存或放映工作后,需要关闭演示文稿。常用的方法有以下几种:

方法一:单击“文件”按钮,在打开的菜单中选择“关闭”选项,关闭演示文稿,但不退出 PowerPoint 2016。

方法二:单击 PowerPoint 2016 窗口右上角的“关闭”按钮,则关闭演示文稿并退出 PowerPoint 2016。

方法三:右击任务栏上的 PowerPoint 图标,在弹出的快捷菜单中选择“关闭窗口”命令,则关闭演示文稿并退出 PowerPoint 2016。

方法四:直接在键盘上按下快捷键【Ctrl】+【W】。

6.1.4 PowerPoint 2016 的视图

为了在不同的情况下建立、编辑、浏览和放映幻灯片,PowerPoint 2016 提供了多种视图模式。幻灯片的不同视图模式可以利用状态栏右侧的视图按钮或“视图”选项卡中相应的命令按钮进行切换。

◎ 普通视图/大纲视图:它们是主要的编辑视图,可用于编辑或设计演示文稿。这两个视图有三个工作区域:左侧在普通视图下将显示幻灯片缩略图,在大纲视图下将显示幻灯片的大纲文字;右侧上部为幻灯片编辑窗格;右侧下部为备注窗格。在普遍视图中通过拖动窗格边框,可调整不同窗格的大小。

◎ 幻灯片浏览视图:在幻灯片浏览视图下,以缩略图的形式显示幻灯片,可以同时显示多张幻灯片。通过移动滚动条,可以浏览演示文稿中的所有幻灯片。在此视图下,可以方便地对幻灯片进行重新排列、添加、复制、移动、删除以及预览切换和动画效果。

◎ 备注页视图:备注页视图用于显示和编辑备注页,在该视图下,可在备注信息编辑文本区中输入文字信息,也可拖动编辑文本框四周的控制点来放大和缩小该区域。

◎ 阅读视图:阅读视图用于查看幻灯片的效果,加强幻灯片的阅读体验。可以通过右下角的视图按钮切换到其他视图模式。

◎ 幻灯片放映视图:幻灯片放映视图显示的是演示文稿的放映效果,可以看到图形、时间、影片、动画等元素及对象的动画效果、幻灯片的切换效果。

6.2 演示文稿的编辑

- 掌握 PowerPoint 2016 中文本的输入方法。
- 掌握 PowerPoint 2016 中文本的编辑(选择、修改、复制与移动、删除、查找、替换等)方法。
- 掌握 PowerPoint 2016 幻灯片的新建、移动、复制与删除方法。
- 掌握 PowerPoint 2016 幻灯片版式的更改方法。

6.2.1 幻灯片文本的编辑

普遍视图是编辑演示文稿最直观的视图模式,也是最常用的一种模式。在制作演示文稿时经常要输入文本内容,演示文稿有各种版式,其中与文本有关的主要有以下三种:

◎ 标题框:用于输入幻灯片的标题。

◎ 正文项目框：用于输入幻灯片的正文信息，正文前面都有一个项目符号。

◎ 文本框：用于用户另外添加的文本区域。

1. 输入文本

(1) 在占位符中输入文本

占位符是幻灯片中常见的对象，在占位符中输入文本可以快速地添加标题、副标题等。

◎ 文本占位符：用于放置标题、副标题、各级正文等文本内容，在幻灯片中表现为“单击此处添加文本”或“单击此处添加标题”等，如图 6.7 所示。在占位符中已经预设了文本的属性和样式，当输入文本后，文本将自动应用预设样式。

◎ 项目占位符：项目占位符不仅可以输入文本，还能插入表格、图表、SmartArt、图片、影片等各种对象。

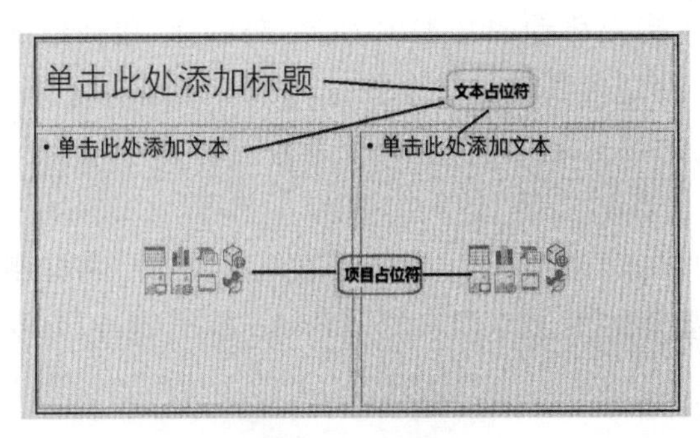

图 6.7　占位符

操作方法：按提示单击占位符处，将光标定位到占位符中，切换输入法，直接输入所需的文本即可。

(2) 通过文本框输入文本

使用文本框可以实现在幻灯片的任意位置添加文本信息。

操作方法：选择“插入”选项卡，单击“文本”组中的“文本框”按钮，在打开的下拉列表中选择“横排文本框”或“竖排文本框”选项，移动光标到幻灯片的编辑窗口，此时光标变为 ↓ 或 ← 形状，在幻灯片页面中单击鼠标或按住鼠标左键并进行拖动，绘制矩形框，松开鼠标即可完成文本框的插入操作。插入文本框后，将光标定位到文本框中，切换输入法，直接输入所需的文本。

提示

单击鼠标插入的文本框会随着文本内容的多少而自动改变大小。拖曳鼠标插入的文本框不具备这种功能，但文字会根据文本框的大小自动换行。

2. 编辑文本

在演示文稿中输入文本内容后，如发现输入的内容有错误或遗漏，就需要对文本内容进行编辑。

（1）选择文本

在编辑文本之前首先要选择文本。

操作方法：将光标定位到要选择的文本左侧，此时光标变为 I 形状，按住鼠标左键不放，拖动光标到要选择的文本结束位置，松开鼠标即可选择文本，被选择的文本将呈灰底显示。

（2）修改文本

操作方法：先删除错误文本，切换输入法，输入正确文本，或先选择错误文本，切换输入法，直接输入正确文本将其替换。

（3）复制与移动文本

在制作幻灯片时，若需要输入相同的文本内容，可以采用复制的方法；若要改变部分文本的内容，可以采用移动文本的方法。

操作方法：选择要复制或移动的文本内容，右击鼠标，在弹出的快捷菜单中选择“复制”或“剪切”命令，将光标定位到目标位置，右击鼠标，在弹出的快捷菜单中选择“粘贴选项”命令中的所需命令，即可完成文本内容的复制或移动。

（4）删除文本

如发现幻灯片中的文本不正确或不需要，可在选择文本后将其删除。

操作方法：先选择要删除的文本内容，按【Backspace】键或【Delete】键，即可删除所选文本。

（5）查找文本

操作方法：选择“开始”选项卡，单击“编辑”组中的“查找”按钮，打开“查找”对话框，在“查找内容”文本框中输入要查找的文本内容，单击“查找下一个”按钮，即可在幻灯片中查找文本，如图 6.8 所示。

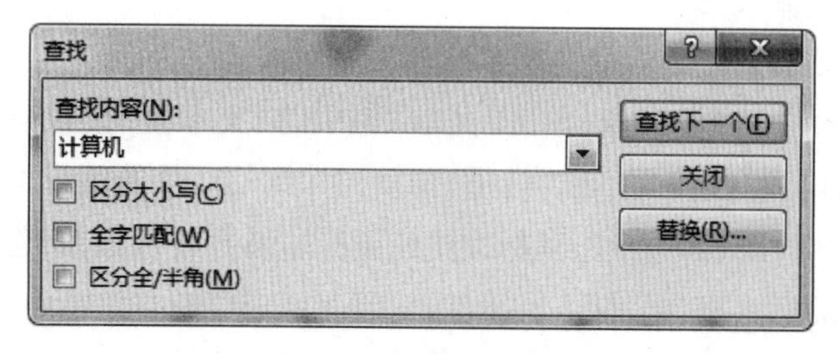

图 6.8 “查找”对话框

（6）替换文本内容

操作方法：选择“开始”选项卡，单击“编辑”组中的“替换”按钮，打开“替换”对话框，在“查找内容”文本框中输入要被替换的文本内容，在“替换为”文本框中输入替换的文本内容，单击“全部替换”按钮，即可替换文本。

 **提示**

“全部替换”能一次性地完成替换操作。“查找下一个”和“替换”结合使用能做到有选择地替换。

(7) 替换字体

如需要把演示文稿中的某一种字体格式全部替换成另一种字体格式,可使用“替换字体”来操作完成。

操作方法:选择“开始”选项卡,单击“编辑”组中的“替换”按钮右侧的下位列表按钮,在弹出的列表中选择“替换字体”命令,打开“替换字体”对话框,如图 6.9 所示,在“替换”下拉列表框中选择要被替换的字体格式,在“替换为”下拉列表框中选择替换的字体格式,单击“替换”按钮,即可替换演示文稿中要替换的字体格式。

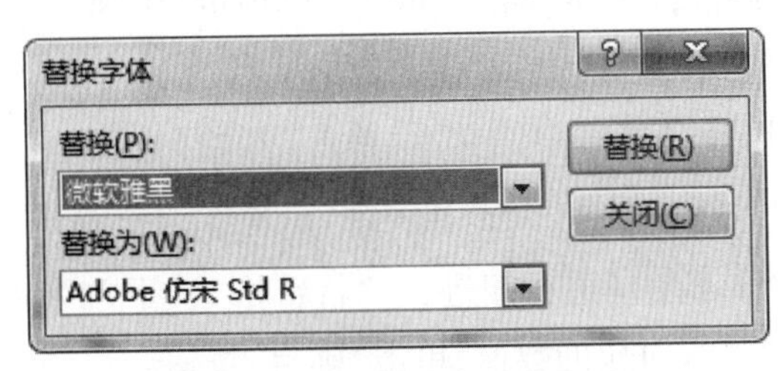

图 6.9 “替换字体”对话框

3. 格式化文本

在演示文稿中输入文本内容后,其文本格式均为默认格式,不一定达到要求,就要对文本格式进行美化。

(1) 设置文本格式

◎ 设置文本的字体、字号:选择要设置格式的文本,在“开始”选项卡的“字体”组中单击“字体”右侧的下拉列表按钮,在弹出的下拉列表中选择所需的字体,在“字号”下拉列表中选择字号大小,或直接输入字号数值,或单击“增大字号”或“减小字号”按钮,调整字体的大小。

◎ 设置文本的颜色:选择要设置格式的文本,在“开始”选项卡的“字体”组中单击“字体颜色”右侧的下拉列表按钮,在弹出的下拉列表中选择所需的字体颜色。如要自定义颜色,则选择“其他颜色”选项,在弹出的“颜色”对话框中选择“自定义”选项卡,在“红色”“绿色”“蓝色”数值框中分别输入数值,单击“确定”按钮,完成颜色的自定义设置。

◎ 设置文本的下划线、阴影、加粗、删除线和倾斜效果:选择要设置格式的文本,单击“开始”选项卡的“字体”组中对应的效果按钮,可设置文本的特殊效果。

◎ 设置文本的字符间距:选择要设置格式的文本,单击“开始”选项卡的“字体”组中的“字符间距”下拉列表按钮,在弹出的列表中选择间距类型。或单击“其他间距”选项,在弹出的“字体”对话框中选择“字符间距”选项卡,在“间距”列表框中选择所需类型,在“度量值”中输入数值。

(2) 设置段落格式

◎ 设置段落行距:选择文本框中的文本,单击“开始”选项卡的“段落”组中的“行距”按钮,在弹出的下拉列表中选择所需的行距数值。如没有所需的数值,可选择“行距选项”选项,打开“段落”对话框,选择“缩进和间距”选项卡,在“行距”下拉列表中选择行距设置的类型，在“设置值”数值框中输入对应的数值。

提示

选择文本，右击鼠标，在弹出的快捷菜单中选择“段落”命令，或单击“段落”组右下角的 按钮，均可打开“段落”对话框，进行相应的设置。

◎ 设置段落间距：选择文本框中的文本，单击“开始”选项卡的“段落”组中右下角的 按钮，打开“段落”对话框，选择“缩进和间距”选项卡，在“间距”栏的“段前”和“段后”数值框中输入对应的数值，单击“确定”按钮。

◎ 设置段落缩进：选择文本框中的文本，单击“开始”选项卡的“段落”组中右下角的 按钮，打开“段落”对话框，选择“缩进和间距”选项卡，在“缩进”栏的“文本之前”数值框中输入对应的数值，使文本整体进行缩进；在“特殊格式”下拉列表中选择文本缩进的类型，在“度量值”数值框中输入对应的数值，单击“确定”按钮。

◎ 设置段落的水平对齐方式：选择文本，单击“开始”选项卡的“段落”组中的对齐按钮，可设置段落的水平对齐方式，如图 6.10 所示。

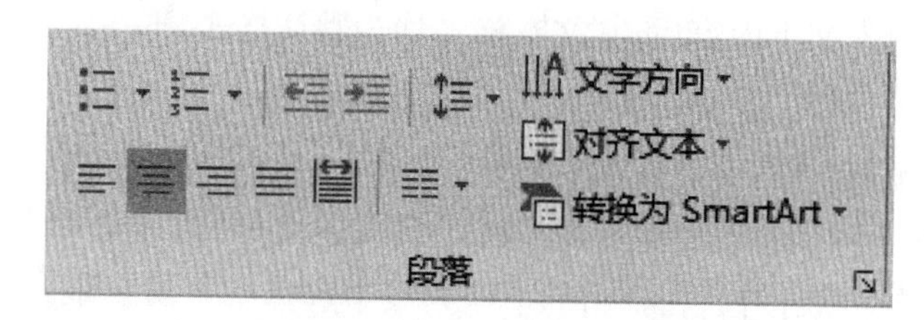

图 6.10　段落水平对齐按钮

◎ 设置段落的垂直对齐方式：选择文本，单击“开始”选项卡的“段落”组中的“对齐文本”按钮，在弹出的下拉列表中选择对齐的方式，或选择“其他选项”，打开“设置形状格式”窗格，在“文本框”栏中单击“垂直对齐方式”右侧的下拉列表按钮，在弹出的列表中，选择所需的对齐方式。

（3）设置项目符号和编号

◎ 设置项目符号：选择要设置项目符号或编号的文本，单击“开始”选项卡的“段落”组中的“项目符号”或“编号”按钮右侧的下拉按钮，在弹出的下拉列表中选择所要的项目符号或编号，或选择“项目符号和编号”选项，弹出“项目符号和编号”对话框，单击“自定义”按钮，弹出“符号”对话框，在“子集”下拉列表框中选择符号类型，单击“确定”按钮。

◎ 设置项目符号大小和颜色：在“项目符号和编号”对话框的“大小”数值框中输入数值，单击“颜色”右侧的下拉列表按钮，在打开的下拉列表中选择所需要的颜色，或选择“其他颜色”选项，弹出“颜色”对话框，单击“自定义”选项卡，在“红色”“绿色”“蓝色”数值框中输入数值，单击“确定”按钮。

◎ 设置图形项目符号：选择要设置图形项目符号的文本，单击“开始”选项卡的“段落”组中的“项目符号”按钮右侧的下拉按钮，在弹出的下拉列表中选择“项目符号和编号”选

项，弹出“项目符号和编号”对话框，单击“图片”按钮，弹出“插入图片”对话框，根据提示选项，可以插入计算机中已有的图片，也可以搜索网络中的图片，来作为项目符号的图片。

6.2.2　幻灯片的编辑

幻灯片是演示文稿的组成部分，一个演示文稿一般包含多张幻灯片。在编辑幻灯片的过程中，经常会根据需要添加或删除内容，从而导致幻灯片的数量或顺序不符合要求，此时就需要对幻灯片进行选择、新建、删除和移动等操作，以优化演示文稿结构。

1. 新建幻灯片

新建的空白演示文稿中，默认只有一张幻灯片，当一张幻灯片编辑完成后，就需要新建其他幻灯片。

◎ 通过命令按钮新建：在“幻灯片”窗格中选择某张幻灯片缩略图，选择“开始”选项卡，单击“幻灯片”组中的“新建幻灯片”按钮，即可在所选幻灯片后面添加一张幻灯片。

◎ 通过快捷菜单新建：在“幻灯片”窗格中右击某张幻灯片缩略图，在弹出的快捷菜单中选择“新建幻灯片”命令，即可在当前幻灯片后添加一张幻灯片。

◎ 通过快捷键新建：在“幻灯片”窗格中选择某张幻灯片缩略图，按【Enter】键，即可在所选幻灯片后面添加一张幻灯片。

2. 选择幻灯片

先选择后操作是计算机操作的默认规律，要操作幻灯片，必须要先进行选择操作。

◎ 选择单张幻灯片：在“幻灯片”窗格或“幻灯片浏览”视图或“大纲”窗格中，单击某张幻灯片的缩略图，即可选择该张幻灯片。

◎ 选择多张连续的幻灯片：在“幻灯片”窗格或“幻灯片浏览”视图或“大纲”窗格中，单击要连续选择的第 1 张幻灯片，按住【Shift】键不放，再单击需选择的最后一张幻灯片，松开【Shift】键后，两张幻灯片之间的所有幻灯片均被选择。

◎ 选择多张不连续的幻灯片：在“幻灯片”窗格或“幻灯片浏览”视图或“大纲”窗格中，单击要选择的第 1 张幻灯片，按住【Ctrl】键不放，再依次单击需选择的幻灯片。

◎ 选择全部幻灯片：在“大纲”和“幻灯片”窗格或“幻灯片浏览”视图中，按【Ctrl】+【A】组合键，选择当前演示文稿中的所有幻灯片。

3. 应用幻灯片版式

幻灯片版式是指由特定的占位符组成的各种样式，在占位符中可输入文本或插入对象。

◎ 通过命令按钮新建：在“幻灯片”窗格中选择需要应用版式的幻灯片，选择“开始”选项卡，单击“幻灯片”组中的“版式”按钮，在弹出的下拉列表中选择需要的版式选项即可，如图 6.11 所示。

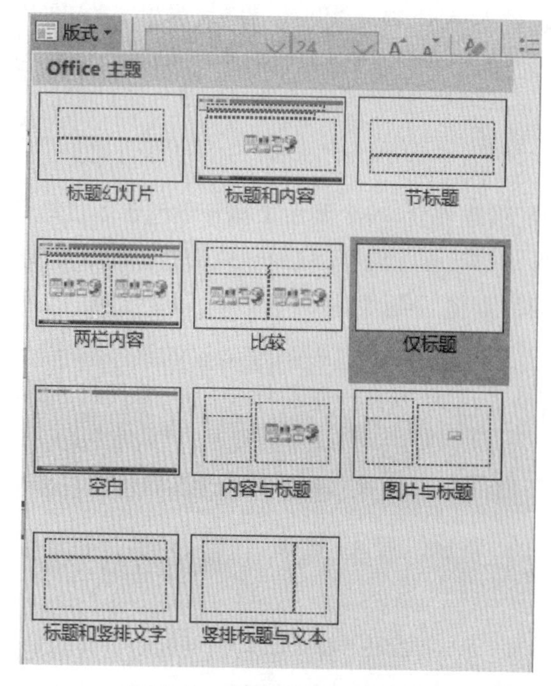

图 6.11 “幻灯片版式”列表

◎ 通过快捷菜单应用版式:在“幻灯片”窗格中,右击需要应用版式的幻灯片缩略图,在弹出的快捷菜单中选择“版式”命令,在弹出的子菜单中选择某种版式选项,即可更改当前幻灯片的版式。

◎ 通过新建幻灯片应用版式:在“幻灯片”窗格中选择某张幻灯片缩略图,选择“开始”选项卡,单击“幻灯片”组中的“新建幻灯片”按钮下方的下拉按钮,在弹出的下拉列表中选择需要的幻灯片版式选项,可使新建的幻灯片具有该版式效果。

4. 复制幻灯片

当发现要制作的幻灯片与已经制作完成的幻灯片内容相似时,可以复制已制作完成的幻灯片,然后在此基础上进行修改,可节省幻灯片的制作时间。

◎ 通过鼠标复制幻灯片:选择需要复制的幻灯片,在按住鼠标左键拖动的同时按住【Ctrl】键不放,此时光标旁将出现黑色的“+”,将幻灯片拖动到目标位置,松开鼠标,即可完成幻灯片的复制操作。

◎ 通过菜单命令复制幻灯片:选择需要复制的幻灯片,单击“开始”选项卡的“剪贴板”组中的“复制”按钮,定位到目标位置后再单击“剪贴板”组中的“粘贴”按钮,在打开的下拉列表中选择相应的选项,即可复制幻灯片,如图 6.12 所示。

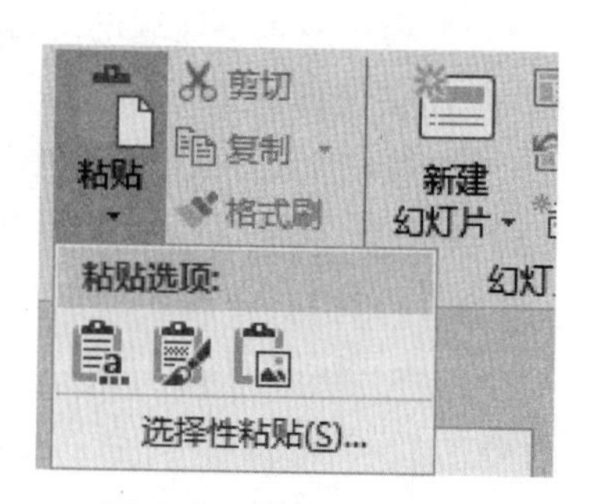

图 6.12 “粘贴”选项

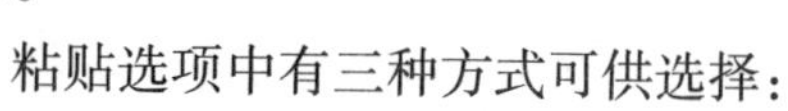
粘贴选项中有三种方式可供选择:

:保留源格式(字体、字号不变)。

:使用目标主题(字体、字号会变成默认的)。

:图片(内容变成图片)。

◎ 通过快捷菜单命令复制幻灯片:选择幻灯片,在幻灯片上右击鼠标,在弹出的快捷菜单中选择"复制"命令,将光标定位于目标位置,右击鼠标,在弹出的快捷菜单中选择"粘贴选项"命令中的所需选项,即可完成复制幻灯片的操作。

5. 移动幻灯片

在制作幻灯片的过程中,有时需要调整幻灯片的位置和顺序,可通过下列方式进行:

◎ 通过鼠标移动幻灯片:选择需要移动的幻灯片,按住鼠标左键不放,将其拖动到目标位置,松开鼠标左键,即可完成幻灯片的移动操作。

◎ 通过菜单命令移动幻灯片:选择需要移动的幻灯片,单击"开始"选项卡的"剪贴板"组中的"剪切"按钮,将光标定位到目标位置后再单击"剪贴板"组中的"粘贴"按钮,在打开的下拉列表中选择相应的选项,即可移动幻灯片。

◎ 通过快捷菜单命令移动幻灯片:选择幻灯片,在幻灯片上右击鼠标,在弹出的快捷菜单中选择"剪切"命令,将光标定位于目标位置,右击鼠标,在弹出的快捷菜单中选择"粘贴选项"命令中的所需选项,即可完成移动幻灯片的操作。

6. 删除幻灯片

在编辑幻灯片时,对于不需要的幻灯片,可以将其删除。

◎ 在"幻灯片"窗格或"大纲"窗格中选择要删除幻灯片的缩略图,按【Delete】键或【Backspace】键进行删除。

◎ 在"幻灯片"窗格或"大纲"窗格中,在要删除的幻灯片缩略图上右击鼠标,在弹出的快捷菜单中选择"删除幻灯片"命令。

PowerPoint 实训 1

1. 新建演示文稿,在第 1 张标题幻灯片的主标题处输入"数字媒体应用技术",设置其字体格式为楷体、63 磅、加粗、红色(自定义红色:245,绿色:0,蓝色:0)。在副标题处输入"计算机学院",设置其字体格式为仿宋、35 磅。

2. 插入第 2 张幻灯片,选择"标题和内容"版式,幻灯片标题为"目录",内容从上到下依次输入"专业简介""主干课程""就业方向"。

3. 插入第 3 张幻灯片,选择"标题和内容"版式,输入标题"专业简介",在文本占位符中输入专业简介的内容"本专业旨在培养具有良好的综合素质,能熟练掌握数字媒体应用技术和数字媒体艺术设计理论,并能运用各种数字媒体进行专业创作与应用,能够胜任影视、广告、排版、动漫等多媒体类行业的技术岗位,能够从事多媒体作品制作、摄影摄像、数字视频特效制作、动画绘制、印前制作、多媒体产品销售等岗位的熟练操作工和技术应用型人才。”，将段落格式设置为首行缩进2厘米，字体为华文楷体。

4. 将第3张幻灯片复制到第4张幻灯片，修改标题“专业课程”，删除文本框占位符中的内容，分别输入“Photoshop 平面设计”“Illustrator 平面设计”“CorelDRAW 平面设计”“影视剪辑(Premiere 基础)”“影视特效(After Effects)”等课程名称。

5. 将第4张幻灯片复制到第5张幻灯片，修改标题为“基础课程”，删除文本框占位符中的内容，分别输入“素描基础”“色彩基础”“平面构成”“摄像构图”“数码摄影与摄像”“Flash 网络广告设计与创意”“版式设计”“CAD 设计”等课程名称，并将内容分为两栏。

6. 将第4张和第5张幻灯片进行交换。

7. 插入第6张幻灯片，选择“标题和内容”版式，输入标题“就业面向”，在文本框占位符中输入专业简介的内容“主要面向计算机平面设计产业(公司)、广告公司、新闻出版业、印刷及包装行业、婚纱影楼及国家机关等企事业单位，主要从事计算机平面广告设计、VI设计、包装设计、图形图像处理、商业摄影、数码照片、数字媒体后期处理等工作，也可从事与计算机信息技术、计算机平面设计技术相关行业的服务和管理工作。”，设置其字体为华文楷体。

8. 插入第7张幻灯片，选择“仅标题”版式，标题为“发展方向”。

9. 插入第8张幻灯片，选择“空白”版式，输入“谢谢观看”，设置字体为华文新魏，字号为80号，颜色为红色。

10. 删除第7张幻灯片。

11. 将演示文稿保存到“D:\PPTX 实训”文件夹，文件名为“专业介绍.pptx”。最后关闭 PowerPoint 2016。

6.3 演示文稿的修饰

知识技能目标

- 掌握 PowerPoint 2016 幻灯片主题的设置方法。
- 掌握 PowerPoint 2016 幻灯片背景的设置方法。
- 了解 PowerPoint 2016 演示文稿母版的概念。
- 掌握 PowerPoint 2016 母版的编辑方法。
- 掌握 PowerPoint 2016 的幻灯片页眉/页脚的设置方法。

为了使演示文稿在播放时更能吸引观众，可以针对不同的演示内容和不同的观众对象设置不同风格的幻灯片外观。PowerPoint 2016 提供了多种可以控制演示文稿外观的途径。

6.3.1　设置幻灯片的主题

在 PowerPoint 2016 中,控制演示文稿的外观,较快捷的方法就是应用设计主题,主题是由专业设计人员精心设计的,每个主题都包含一种配色方案和一组母版。对当前的演示文稿,用户可以根据需要重新选择新的主题,主题的改变将引起主体颜色的变化。

1. 应用主题

为幻灯片应用主题效果有两种情况:一种是为整个演示文稿应用主题,另一种是为演示文稿中的部分幻灯片应用主题。

◎ 为演示文稿应用主题:选择“设计”选项卡,单击“主题”组中的下拉列表按钮,在弹开的下拉列表中选择某个需要的主题选项,如图 6.13 所示,为演示文稿中所有的幻灯片应用选定的主题。如没有自己需要的主题,可单击下拉列表下方的“浏览主题”选项,选择本机上的其他主题。

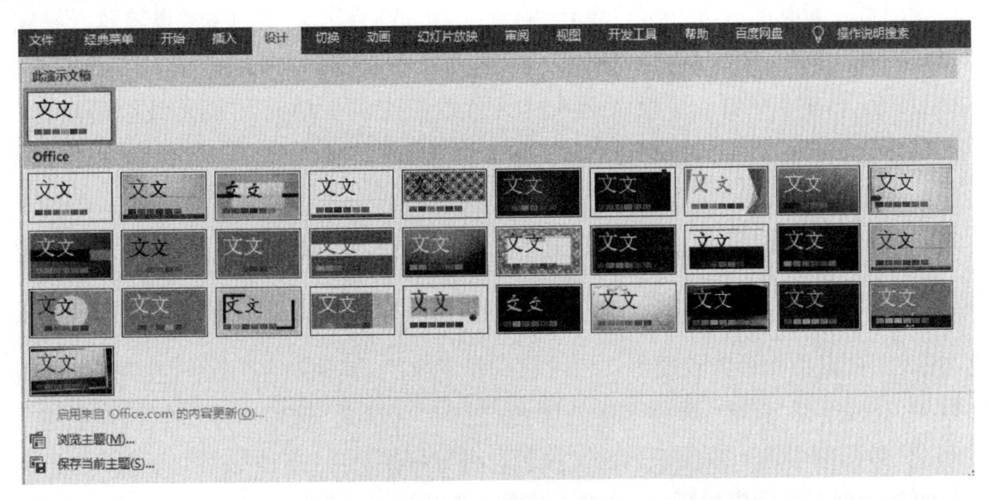

图 6.13　“主题”列表

◎ 为部分幻灯片应用主题:选择一张或多张幻灯片,选择“设计”选项卡,单击“主题”组中的下拉列表按钮,在弹出的下拉列表中某个需要的主题选项上右击鼠标,在弹出的快捷菜单中选择“应用于选定幻灯片”命令,如图 6.14 所示。

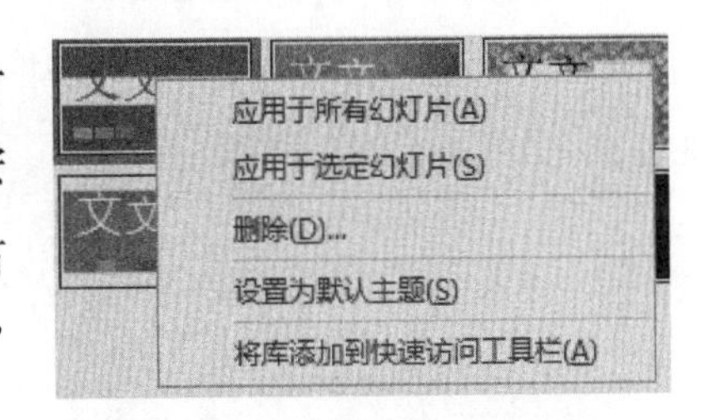

图 6.14　主题应用范围选项

2. 更改主题

幻灯片主题包含了预设的样式、颜色、字体和效果等属性,但有时在选择了一个主题后,可能会对该主题的配色方案或者字体样式等不满意,可以进行更改。

方法:为演示文稿或幻灯片应用主题后,单击“设计”选项卡的“变体”组中的下拉列表按钮,在弹出的下拉列表中选择需要设置的选项。

◎ 更改主题颜色:单击“变体”列表中的“颜色”按钮,在弹出的下拉列表中选择需要的配色方案。

◎ 更改主题字体:单击“变体”列表中的“字体”按钮,在弹出的下拉列表中选择需要的字体格式。

◎ 更改主题效果:单击“变体”列表中的“效果”按钮,在弹出的下拉列表中选择需要的效果。

◎ 更改背景样式:单击“变体”列表中的“背景样式”按钮,在弹出的下拉列表中选择需要的背景样式。

6.3.2 设置幻灯片的背景

幻灯片的背景是每张幻灯片底层的色彩和图案,在背景之上,可以放置其他的图片或对象。对幻灯片背景的调整,会改变整张幻灯片的视觉效果。

设置幻灯片背景的方法:选择“设计”选项卡,单击“自定义”组中的“设置背景格式”按钮,在窗口右侧出现一个“设置背景格式”窗格,如图 6.15 所示。

在“填充”栏中主要有 4 个设置选项:“纯色填充”“渐变填充”“图片或纹理填充”“图案填充”,可选择任一种背景效果进行设置。

1. 纯色填充

进入“设置背景格式”窗格,默认为选中“纯色填充”单选按钮,单击“颜色”右侧的“填充颜色”按钮,在弹出的下拉列表(图 6.16)中可以直接单击选择“主题颜色”或“标准色”列表中的颜色作为背景颜色。也可以选择下方的“其他颜色”命令,在弹出的“颜色”对话框中,直接选择“标准”选项卡中的颜色;或在“自定义”选项卡中,通过在“红色”“绿色”“蓝色”数值框中输入数值来自定义颜色。设置好颜色后,拖动“透明度”滑块可调整背景颜色的透明度。设置完成后,若直接关闭“设置背景格式”窗格,则只设置了当前选中的幻灯片的背景。如需要设置所有幻灯片的背景颜色,则单击“应用到全部”按钮。

图 6.15 “设置背景格式”窗格

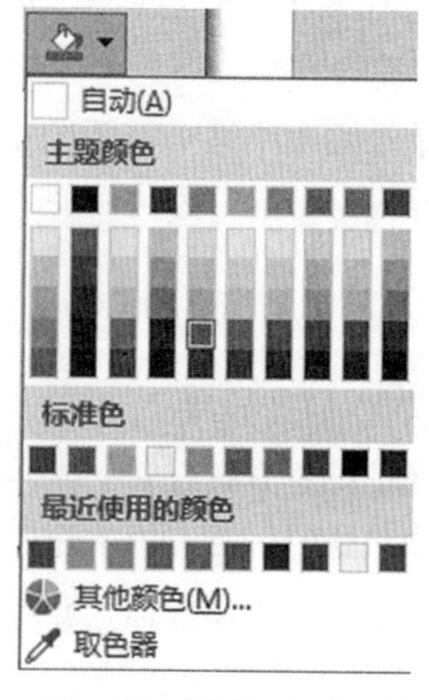

图 6.16 “颜色”设置列表

2. 渐变填充

渐变填充是运用多种颜色按一定的方式进行填充。进入“设置背景格式”窗格，选中“渐变填充”单选按钮，出现设置选项。

◎ “预设渐变”按钮：单击此下拉列表按钮，选择一种预设好的渐变效果。

◎ “类型”按钮：单击此下拉列表按钮，在打开的下拉列表中选择渐变的类型，类型有“线性”渐变、“射线”渐变、“矩形”渐变、“路径”渐变、“标题的阴影”渐变等。

◎ “方向”按钮：单击此按钮，在弹出的下拉列表中选择渐变方向，不同的渐变类型对应的渐变方向也不相同。

◎ “角度”数值框：可在数值框中输入渐变的角度。

◎ “渐变光圈”编辑栏：可自行设置渐变的颜色、位置、亮度和透明度。选择某个滑块，可在下方设置对应的属性。也可在“渐变光圈”编辑栏中增加和删除颜色滑块，并设置相应的属性。在编辑栏中需要增加颜色滑块的位置，单击即可，如需要删除，可直接将滑块移出编辑栏。

3. 图片或纹理填充

也可以将计算机中的图片或系统自带的图片纹理设置为幻灯片的背景。进入“设置背景格式”窗格，选中“图片或纹理填充”单选按钮。

如要将图片设置为背景，则单击“文件”按钮，打开“插入图片”对话框，从计算机中选择图片。如要插入的是复制到剪贴板中的图片，则可单击“剪贴板”按钮，将剪贴板中的图片设置为背景图片。

如要设置纹理为背景，单击“纹理”右侧的“纹理”按钮，在弹出的下拉列表中选择需要的纹理选项。

将图片或纹理设置为背景后，可以在下方设置纹理或图片的各项参数。

4. 图案填充

还可以将计算机系统自带的图案设置为幻灯片的背景。

进入“设置背景格式”窗格，选中“图案填充”单选按钮，出现设置选项。

在“图案”列表中选择需要的图案后，单击下方的“前景”和“背景”按钮来改变图案的颜色。前景色显示图案中圆点条纹等的颜色，背景色则用来调整图案的墙面颜色。

设置好背景后，单击“设置背景格式”窗格下方的“应用全部”按钮，将把背景设置应用到所有的幻灯片中。若对背景设置不满意，可单击“重置背景”按钮，取消刚才的所有设置。

6.3.3　设计幻灯片的母版

幻灯片母版是存储模板信息的幻灯片，这些模板信息包括字体、字号、占位符大小和位置、背景设计和配色方案等。

1. 幻灯片母版的类型

在 PowerPoint 2016 中有三种母版：幻灯片母版、讲义母版和备注母版。

（1）幻灯片母版

选择“视图”选项卡，单击“母版视图”组中的“幻灯片母版”按钮，即可进入幻灯片母版视图。在幻灯片母版视图中，左侧为幻灯片版式选择窗格，右侧为幻灯片母版编辑窗格。选择相应的幻灯片版式后，可在右侧对幻灯片的标题、文本样式、背景效果等进行设置，在母版中更改和设置的内容将应用于同一演示文稿中所有应用了该版式的幻灯片。

（2）讲义母版

选择“视图”选项卡，单击“母版视图”组中的“讲义母版”按钮，即可进入讲义母版视图。在讲义母版视图中，可查看页面上显示的多张幻灯片，设置页眉和页脚的内容以及改变幻灯片的放置方向等。

◎ 页面设置：设置讲义的方向、幻灯片的大小和方向、每页幻灯片的数量等。

◎ 占位符：设置是否在讲义中显示页眉、页脚、页码和日期等。

◎ 编辑主题：修改讲义幻灯片的主题和颜色等。

◎ 背景：设置讲义的背景。

（3）备注母版

选择“视图”选项卡，单击“母版视图”组中的“备注母版”按钮，即可进入备注母版视图。备注母版主要用于对幻灯片备注窗格中的内容格式进行设置，选择各级标题文本后，即可对其字体格式等进行设置。

2. 编辑幻灯片母版

在幻灯片母版中可以对幻灯片的整体风格和大小进行设计，制作出风格统一的演示文稿。编辑幻灯片母版与编辑幻灯片的方法非常类似，在幻灯片母版中也可以添加图片、声音、文本等对象，但通常只添加通用对象，即只添加在大部分幻灯片中都需要使用的对象。完成母版样式的编辑后，单击“关闭母版视图”按钮，即可退出母版。

（1）修改母版版式

如果在母版版式中找不到符合要求的版式，则可修改母版版式，使其适合幻灯片内容的现有版式。

◎ 在“幻灯片母版”视图中单击不需要的默认占位符的边框，直接按【Delete】键删除。

◎ 在“幻灯片母版”视图中单击“幻灯片母版”选项卡的“母版版式”组中的“插入占位符”右侧的下拉按钮，在弹出的下拉列表中选择一种占位符类型，在幻灯片中拖动鼠标绘制占位符，即可在幻灯片中添加新的占位符。

◎ 在“幻灯片母版”视图中选择标题或文本占位符，在“开始”选项卡的“字体”组中可按要求设置字体、段落等的格式。

经修改或者添加占位符后的母版版式将出现在普通视图标准的内置版式的列表中。

（2）设置母版背景

在制作幻灯片时，有时需要为某演示文稿中所有幻灯片设置相同的背景，设置母版背景就是最简单、快捷的方法。

在“幻灯片母版”视图中，单击“幻灯片母版”选项卡的“背景”组右下角的“展开”按

钮，打开“设置背景格式”窗格，在窗格中即可设置母版背景为纯色、纹理、图案、图片或渐变色等。

6.3.4　幻灯片页眉/页脚设置

在 PowerPoint 2016 中，设置是否显示页眉和页脚及其内容，可以在“页眉和页脚”对话框中完成。

在幻灯片普通视图模式下，单击“插入”选项卡的“文本”组中的“页眉和页脚”选项，打开“页眉和页脚”对话框，如图 6.17 所示，在该对话框中可根据需要设置页眉和页脚中的日期、时间、编号和页码等各项内容。

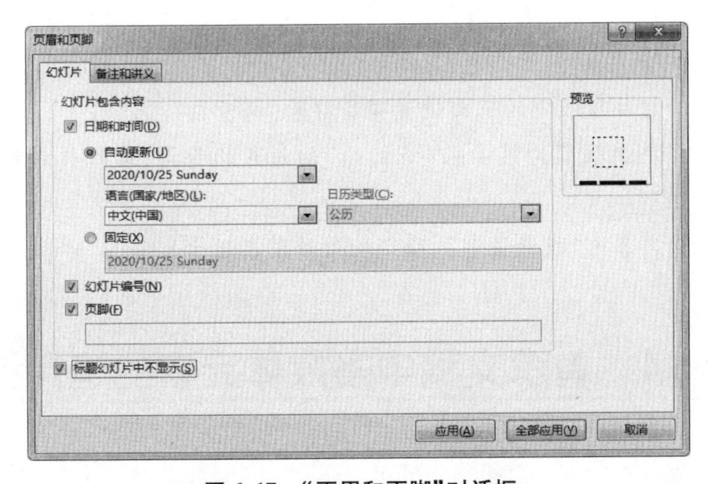

图 6.17　“页眉和页脚”对话框

◎“日期和时间”复选框：选中此复选框，表示日期和时间生效，可以进行相关的设置。

◎“自动更新”单选按钮：选中此单选按钮，时间域的时间会随着日期和时间的变化而变化。同时也可设置时间的显示格式、显示的国家或地区等。

◎“固定”单选按钮：选中此单选按钮，可自行输入一个固定的日期或时间。

◎“幻灯片编号”复选框：在“数字区”自动加上一个幻灯片数字编码。

◎“页脚”复选框：选中此复选框，可在下面的文本框中输入内容，作为每页的注释。

◎“标题幻灯片中不显示”复选框：选中此复选框，表示在标题幻灯片中不显示页眉和页脚的内容。

PowerPoint 实训 2

1. 打开“PowerPoint 素材\中国传统节日”文件夹中名为“中国传统节日.pptx”的演示文稿，进行编辑和保存，要求如下：

(1) 将所有幻灯片的主题设置为“丝状”。

(2) 在第 1 张幻灯片前插入一版式为“标题幻灯片”的新幻灯片，在主标题处输入“中

国传统节日”,在副标题处输入“春节”。设置主标题格式为隶书、72 磅、加粗、黄色,副标题格式为华文隶书、60 磅、黑色。

(3) 设置第 1 张幻灯片的背景为文件夹中的“背景图片”,且隐藏背景图形。

(4) 设置第 3 张幻灯片的背景为“熊熊火焰”。

2. 打开“PowerPoint 素材\投资策划书”文件夹中名为“投资策划书. pptx”的演示文稿,对幻灯片母版进行设置和保存,要求如下:

(1) 进入幻灯片母版,将“城市”和“心形”图片分别设置为标题幻灯片和内容幻灯片的背景。

(2) 设置标题幻灯片母版中的标题文本颜色为“浅蓝色”,为矩形设置“彩色轮廓-鲜绿,强调颜色 3”的形状样式,设置内容幻灯片母版中的标题文本颜色为“蓝色”,并设置正文文本行距为 1.5 倍。

(3) 为内容幻灯片母版中的正文设置项目符号(符号自行选择)。

(4) 将“城市”图片设置为第 4 张“节标题”幻灯片的背景,文本样式和形状样式的格式自行设置。

(5) 设置页脚内容为“投资策划”,标题幻灯片中不显示。

6.4 演示文稿中多媒体元素的运用

知识技能目标

- 掌握 PowerPoint 2016 中图片的插入与编辑。
- 掌握 PowerPoint 2016 中艺术字的插入与编辑。
- 掌握 PowerPoint 2016 中表格的插入与编辑。
- 掌握 PowerPoint 2016 中音频与视频的插入与设置。
- 掌握 PowerPoint 2016 中 SmartArt 图形的插入与编辑。

6.4.1 图片的应用

图片是 PowerPoint 中非常重要的一种元素,不仅可以提高幻灯片的美观度,还可以更好地衬托文字,达到图文并茂的效果。在幻灯片中可插入计算机中保存的图片且能够对插入的图片对象进行各种编辑与美化操作。

1. 插入图片

(1) 通过功能区创建

◎ 插入图片:选中需要插入图片的幻灯片,选择“插入”选项卡,单击“图像”组中的

"图片"按钮,打开"插入图片"对话框,在对话框左侧导航窗格中选择图片存放的位置,在右侧列表框中双击需要插入的图片,即可完成图片的插入。

◎ 插入联机图片:选中需要插入联机图片的幻灯片,选择"插入"选项卡,单击"图像"组中的"联机图片"按钮,打开"插入图片"搜索框,如图 6.18 所示,在搜索框中输入要搜索的素材名称,单击"搜索"按钮,显示出搜索的结果,如图 6.19 所示,选择要插入的图片,单击"插入"按钮。

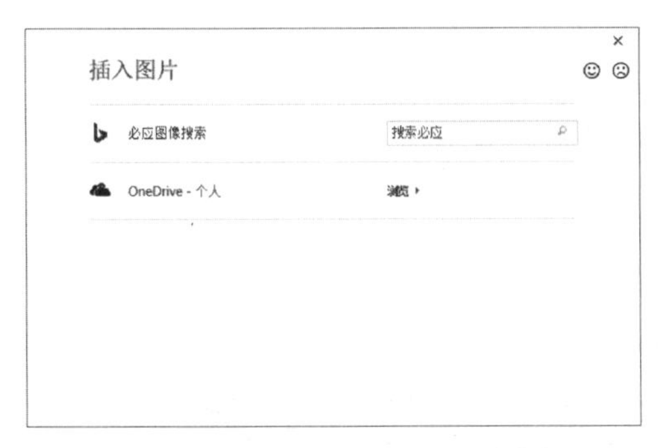

图 6.18　"插入图片"搜索框

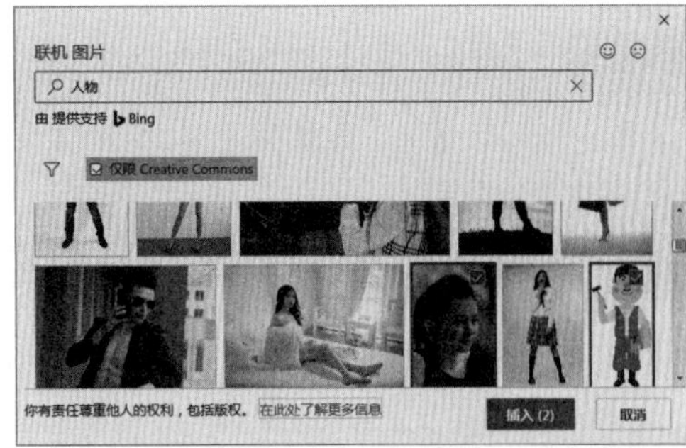

图 6.19　搜索的结果

(2) 通过项目占位符创建

若幻灯片中包含有项目占位符,则可直接单击该占位符中的"图片"或"联机图片"按钮,按上述操作方法插入。

将图片插入幻灯片后,将自动启动"图片工具—格式"选项卡。"调整"组可设置图片的背景、亮度、对比度及压缩图片等;"图片样式"组可设置图片的形状、边框、效果、版式等;"排列"组可设置图片的叠放次序、对齐方式等;"大小"组可裁剪图片、设置图片的大小和位置等。

2. 设置图片的大小、位置与角度

图片被插入后,可根据实际需要对图片进行大小、位置等的编辑操作。

(1) 使用鼠标进行设置

用鼠标单击选中图片,图片四周将出现控制点,可快速调整图片的大小、位置和角度。

◎ 调整大小:拖曳图片四周的控制点,可调整图片的大小。其中,4 个角上的控制点可以同时改变图片的宽度和高度,4 个边中心的控制点只能单独改变图片的宽度或高度。

◎ 调整位置:直接用鼠标拖曳图片,即可移动图片在幻灯片中的位置。

◎ 调整角度:拖动图片上方的绿色控制点,即可旋转图片,改变图片的角度。

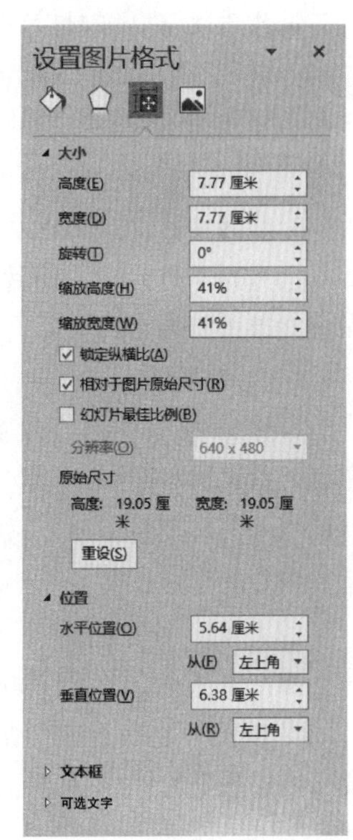

图 6.20　"设置图片格式"窗格

(2) 使用对话框进行设置

若需要精确对图片的大小、位置和角度进行设置,可通过“设置图片格式”窗格进行设置。

选中幻灯片中的图片对象,单击“图片工具—格式”选项卡的“大小”组右下角的“展开”按钮,打开“设置图片格式”窗格,如图 6.20 所示,在“大小”栏中可设置图片的高度、宽度和旋转角度等;在“位置”栏中可设置图片在幻灯片中的水平位置和垂直位置。

提示

若“锁定纵横比”复选框处于选中状态,则调整高度时,宽度的参数会自动按比例进行调整。

3. 应用图片样式

为了方便、快速地对图片进行美化,PowerPoint 2016 预设了多种效果精美的图片样式。

选中幻灯片中的图片对象,单击“图片工具—格式”选项卡中“图片样式”组右下角的下拉按钮  ,在弹出的“图片样式”列表框中选择某种图片样式。

4. 设置图片边框、效果和版式

可以根据需要给图片添加边框,并能设置边框的颜色、线形、粗细等,还可添加图片的特殊效果,改变图片的版式。

操作方法:选中幻灯片中的图片对象,单击“图片工具—格式”选项卡的“图片样式”组中的“图片边框”下拉按钮或“图片效果”下拉按钮或“图片版式”下拉按钮,在弹出的下拉列表中根据需要选择各项参数。

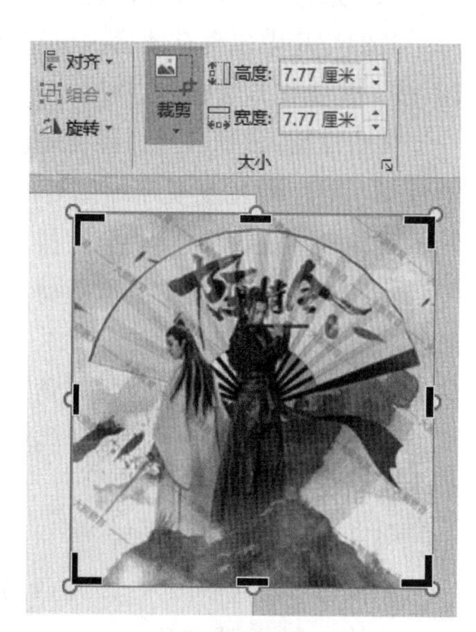

图 6.21　图片剪裁

5. 剪裁图片

插入到幻灯片中的图片对象,有时需要根据实际情况对其进行修剪。

(1) 裁剪图片

操作方法:选中幻灯片中的图片对象,单击“图片工具—格式”选项卡的“大小”组中的“裁剪”按钮,图片的四周出现黑色控制点,如图 6.21 所示。将光标移动到图片的黑色控制点上拖动鼠标到合适位置后松开鼠标,即可完成图片的裁剪。

(2) 按比例裁剪图片

操作方法:选中幻灯片中的图片对象,单击“图片工具—格式”选项卡的“大小”组中的“裁剪”按钮下方的下拉按钮,在打开的下拉列表中选择“纵横比”选项,在弹出的列表中选择所需的裁剪比例。

（3）裁剪为其他形状

操作方法：选中幻灯片中的图片对象，单击“图片工具—格式”选项卡的“大小”组中的“裁剪”按钮下方的下拉按钮，在打开的下拉列表中选择“裁剪为形状”选项，在弹出的列表中选择所需的裁剪形状。

6. 编辑图片

在一张幻灯片中有时会插入多张图片，这时就要对多张图片的对齐方式、排列方式等进行设置。

（1）对齐图片

操作方法：选中幻灯片中的多张图片对象，单击“图片工具—格式”选项卡的“排列”组中的“对齐”按钮，在打开的下拉列表中选择图片的对齐方式。

◎ 对齐幻灯片：以幻灯片边界为对齐基准线。

◎ 对齐所选对象：以所选的多个对象中最边界的对象为对齐基准线。

（2）旋转图片

操作方法：选中幻灯片中的图片对象，单击“图片工具—格式”选项卡的“排列”组中的“旋转”按钮，在打开的下拉列表中选择图片的旋转方式。

（3）排列图片

在幻灯片中插入多张图片后，有时要根据情况调整图片的叠放次序或前后关系。

操作方法：选中幻灯片中的图片对象，根据实际需要，单击“图片工具—格式”选项卡的“排列”组中的“上移一层”或“下移一层”按钮，实现图片上移或下移的效果，如图 6.22 所示。也可单击“上移一层”或“下移一层”按钮下方的下拉按钮，在弹出的列表中选择命令。

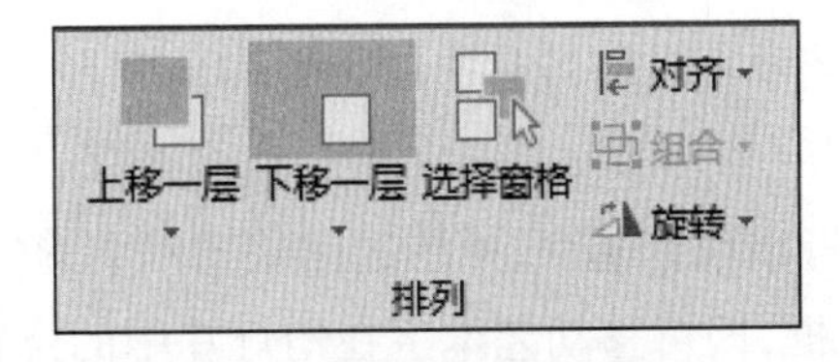

图 6.22　“图片排列”选项命令

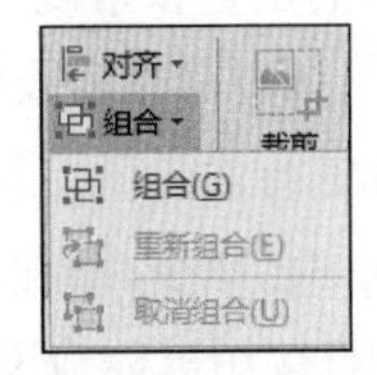

图 6.23　“图片组合”选项列表

（4）组合图片

对插入幻灯片中的多张图片设置好位置、大小后，为了方便对图片进行同时操作，可将图片进行必要的组合。

操作方法：选中幻灯片中要组合的图片对象，单击“图片工具—格式”选项卡的“排列”组中的“组合”右侧的下拉按钮，在打开的下拉列表中选择“组合”选项，如图 6.23 所示。

提示

图片组合完成后，如需取消组合，则可单击“组合”按钮右侧的下拉按钮，在打开的下拉列表中选择“取消组合”选项。

6.4.2 艺术字的应用

在制作演示文稿的过程中,我们会觉得输入的字体都是一些比较常规的,而往往有时幻灯片中需要比较绚丽的字体来提升整体的美观度。这样就涉及艺术字的使用与美化。艺术字是一种图形化的文本对象,它兼有文本和图形对象的属性。

1. 创建艺术字

在 PowerPoint 2016 中,艺术字的制作有两种方法:

方法一:选择要插入艺术字的幻灯片,单击“插入”选项卡的“文本”组中的“艺术字”按钮,在弹出的下拉列表中选择某种样式,在幻灯片中将按选择的样式创建艺术字占位符,占位符中的文本“请在此放置您的文字”默认呈选择状态,直接输入所需要的文本内容即可。

方法二:在幻灯片中选择需要转换为艺术字的文本,单击“插入”选项卡的“文本”组中的“艺术字”按钮,在弹出的下拉列表中选择某种样式即可。

插入艺术字后,将自动启动“绘图工具—格式”选项卡。“形状样式”组可设置艺术字的形状样式、填充、轮廓、效果等;“艺术字样式”组可设置文本的样式、填充、轮廓、效果等;“排列”组可设置艺术字的叠放次序、对齐方式等;“大小”组可设置艺术字的大小和位置等。

2. 设置艺术字的字体、字号

插入的艺术字的字体、字号等都是默认的格式,可根据实际需要进行设置。

操作方法:选中要设置格式的艺术字,单击“开始”选项卡的“字体”组中的“字体”“字号”等选项进行设置。

3. 调整艺术字的位置和角度

插入艺术字后,可以根据需要调整艺术字在幻灯片中的位置和角度。

(1) 使用鼠标进行设置

用鼠标单击选中艺术字,图片四周将出现控制点,可快速调整艺术字的位置和角度。

◎ 调整位置:直接用鼠标拖曳其边框,即可移动艺术字在幻灯片中的位置。

◎ 调整角度:拖动其边框上方的绿色控制点,即可旋转艺术字,改变艺术字的角度。

(2) 使用“设置形状格式”窗格进行设置

如需要对艺术字的位置和角度进行精确设置,可通过“设置形状格式”窗格进行设置。

操作方法:选中幻灯片中的艺术字对象,单击“绘图工具—格式”选项卡的“大小”组右下角的展开按钮,打开“设置形状格式”窗格,在“大小”栏中设置艺术字的高度、宽度和旋转角度等,在“位置”栏中设置艺术字在幻灯片中的水平位置和垂直位置。

4. 设置艺术字样式

插入艺术字后,还可以根据需要对其格式进行设置。

操作方法:选中幻灯片中的艺术字对象,单击“绘图工具—格式”选项卡,根据实际需要,分别在“形状样式”组和“艺术字样式”组中进行设置即可。

6.4.3　表格的应用

在 PowerPoint 2016 中可以插入表格，通过表格可以方便地引用、分析幻灯片中的其他内容。同时也可以对插入的表格进行编辑和美化。

1. 插入表格

在 PowerPoint 2016 中，可以通过“表格”命令和占位符来完成表格的插入。

（1）通过“表格”命令插入表格

方法一：选择要插入表格的幻灯片，单击“插入”选项卡的“表格”组中的“表格”按钮，在打开的下拉列表中选择“插入表格”选项，弹出“插入表格”对话框，如图 6.24 所示，在“列数”“行数”数值框中输入表格所需的列数和行数，单击“确定”按钮，即可在当前幻灯片中插入所需的表格。

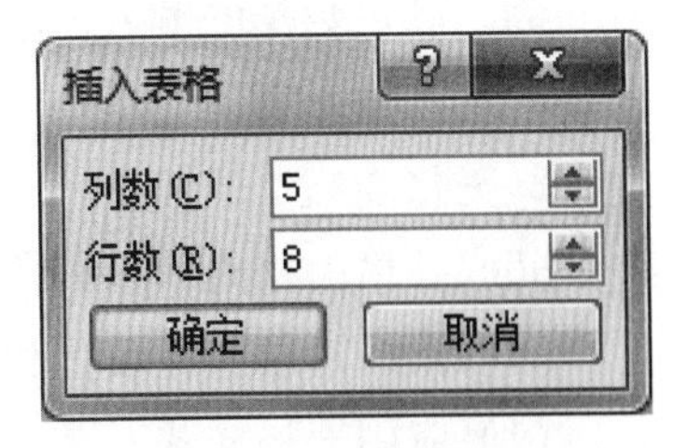

图 6.24　“插入表格”对话框

方法二：选择要插入表格的幻灯片，单击“插入”选项卡的“表格”组中的“表格”按钮，在打开的下拉列表中的网格中移动鼠标，同时显示列数×行数，并在幻灯片中会显示表格的效果，当表格的列数和行数达到所需时，单击鼠标，即可在当前幻灯片中插入表格。

（2）通过占位符插入表格

若幻灯片中包含项目占位符，则可直接单击该占位符中的“插入表格”按钮，弹出“插入表格”对话框，在“列数”“行数”数值框中输入表格所需的列数和行数，单击“确定”按钮，即可在当前幻灯片中插入表格。

2. 编辑表格

插入新表格后，表格中没有任何内容，且表格的相关参数都是默认的。根据实际需要，对表格要进行适当的调整。

（1）选择表格元素

在对表格进行编辑操作前，必须先选择表格对应的元素。

（2）输入文本

表格是一种用于表现数据信息的常用工具，通过表格，不仅可以将数据显示出来，还能对数据进行分析和计算。

操作方法：用鼠标单击需输入文本或数据的单元格，将光标定位其中，即可输入所需的文本或数据。在一个单元格中输入完成后，再重新将光标定位到其他单元格中或按【Tab】键移到下一个单元格中。

（3）设置表格的大小和位置

在幻灯片中插入的表格的大小和位置都是默认的，并不一定符合我们的要求，需要根据内容对表格的大小和位置进行调整。

（4）设置表格的行高和列宽

因为在幻灯片中插入的表格的行高和列宽一般都是固定的，所以要根据输入的内容对表格的行高和列宽进行调整。

（5）增加或删除行或列

表格设计好后，在实际运用中，随时要根据变化增加或删除数据，这就涉及在表格中如何增加或删除行或列。

（6）合并与拆分单元格

为了满足数据的输入需求，就需要对表格增加或删除某个单元格，可通过合并或拆分单元格的方法来实现。

3. 美化表格

完成表格的基本编辑后，有时为了让表格更符合幻灯片的风格或用户的要求，还要进一步对表格的外观进行设置和完善。

（1）应用表格样式

在 PowerPoint 2016 中，提供了很多设计好的表格样式供用户快速应用。在应用了表格样式后，相应的单元格即会自动应用该样式的填充颜色、边框效果等。

操作方法：选中整个表格，选择“表格工具—设计”选项卡，在“表格样式”组中单击“表格样式”右侧的下拉列表按钮，在打开的“表格样式”下拉列表框中选择所需的表格样式。

（2）设置文本的格式

在表格中输入的文字的格式一般都是默认的，为了使其醒目突出，用户可以对其格式进行设置。

6.4.4 音频与视频的应用

为了突出重点，同时使演示文稿更具说服力，可以在其中插入音频和视频，以增强幻灯片的放映效果。

1. 插入视频

使用 PowerPoint 2016 可以将来自文件的视频直接嵌入演示文稿中。如果需要播放 . mov、. mp4、. swf 文件，可以安装 QuickTime 和 Adobe Flash 播放器。

操作方法：选择要插入视频的幻灯片，单击“插入”选项卡的“媒体”组中的“视频”下拉列表按钮，在打开的下拉列表中单击“PC 上的视频”选项，弹出“插入视频文件”对话框，在“查找范围”下拉列表中设置视频文件所在的位置，在其列表框中单击需要的视频文件，单击“插入”按钮即可。

对插入幻灯片中的视频，可以调整其大小、角度和位置，设置其视频样式，添加边框等特殊效果，还可以通过编辑视频文件的播放效果，让视频根据设置的选项需求进行播放。

2. 插入音频

(1) 插入音频

操作方法:选择要插入音频的幻灯片,单击“插入”选项卡的“媒体”组中的“音频”下拉列表按钮,在打开的下拉列表中单击“PC 上的音频”选项,如图 6.25所示,弹出“插入音频”对话框,在“查找范围”下拉列表中设置音频文件所在的位置,在其列表框中单击需要的音频文件,单击“插入”按钮。经过操作后,在所选的幻灯片中插入了选择的音频文件,并显示喇叭图标。

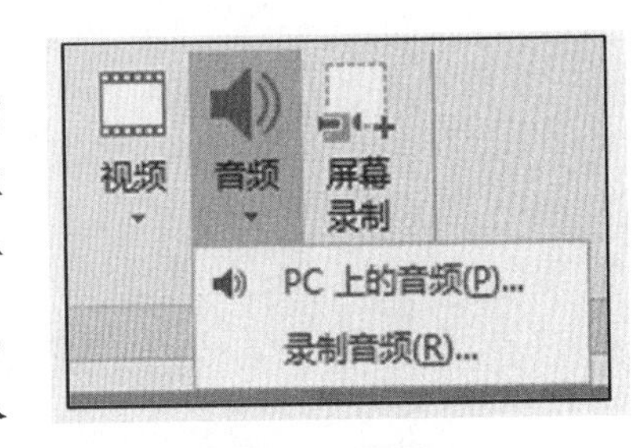

图 6.25　插入音频

在幻灯片中插入音频后,将自动启动“音频工具—格式”和“音频工具—播放”选项卡。

(2) 编辑音频文件的播放效果

通过编辑音频文件的播放效果,可以让音频根据设置的选项需求进行播放。

操作方法:选中幻灯片中的音频文件,选择“音频工具—播放”选项卡,在“音频选项”组中根据需要勾选需要的选项。各选项的作用如下:

◎ 跨幻灯片播放:表示切换到下一页,音乐继续播放。

◎ 放映时隐藏:播放音频时,喇叭图标在幻灯片中不显示。

◎ 循环播放,直到停止:不断播放音频直到将其停止。

◎ 播完返回开头:播放完音频剪辑即停止,且指针返回开头。

6.4.5　SmartArt 图形的应用

制作演示文稿时,有时需要制作各种示意图或流程图,SmartArt 图形提供了许多不同效果和结构的组织布局,供用户选择使用,能够快速、有效、准确地传达演讲者所要表达的意思。

1. 插入 SmartArt 图形

PowerPoint 2016 中提供了丰富的 SmartArt 图形,并对 SmartArt 图形进行了分类,方便用户进行选择。

选择需要插入 SmartArt 图形的幻灯片,单击“插入”选项卡的“插图”组中的“SmartArt”按钮,打开 “选择 SmartArt 图形”对话框,如图 6.26 所示,选择需要的 SmartArt 图形,单击“确定”按钮。

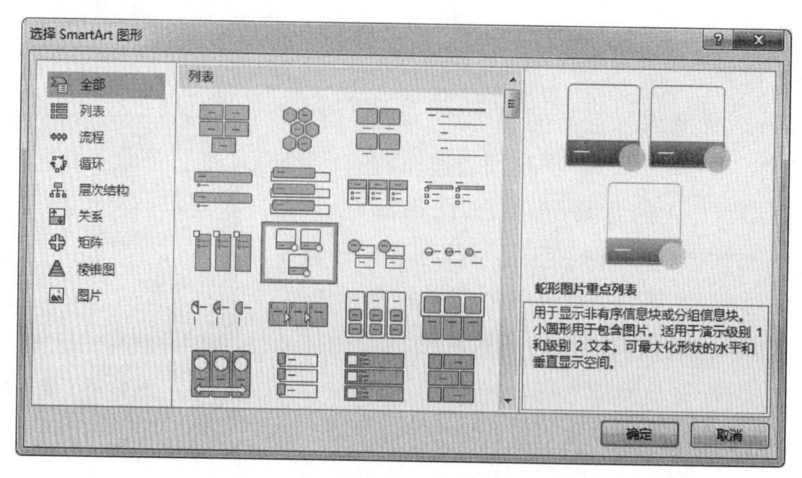

图 6.26 “选择 SmartArt 图形”对话框

在幻灯片中插入 SmartArt 图形后，将自动启动“SmartArt 图形—设计”和“SmartArt 图形—格式”选项卡。

2. 输入文本

插入 SmartArt 图形后，可以根据需要在对应的形状中输入相应的文本内容，表明它们之间的关系结构。

(1) 在文本框中输入文本

操作方法：选中幻灯片中的 SmartArt 图形，单击需要添加文本的形状，将光标定位于文本框中，然后输入相应的文字。

(2) 在文本窗格中输入文本

操作方法：选中幻灯片中的 SmartArt 图形，在其左侧将出现一个 [<] 按钮，单击它，将展开文本窗格。将光标定位于需要输入文本的位置并输入文本即可。

3. 调整 SmartArt 图形的版式

在幻灯片中添加 SmartArt 图形后，如发现图形类型有误，可对图形的版式进行更改。

操作方法：选中幻灯片中的 SmartArt 图形，选择“SmartArt 工具—设计”选项卡，如图 6.27所示，单击“版式”组右下角的下拉按钮，在打开的布局列表框中选择所需的图形选项。

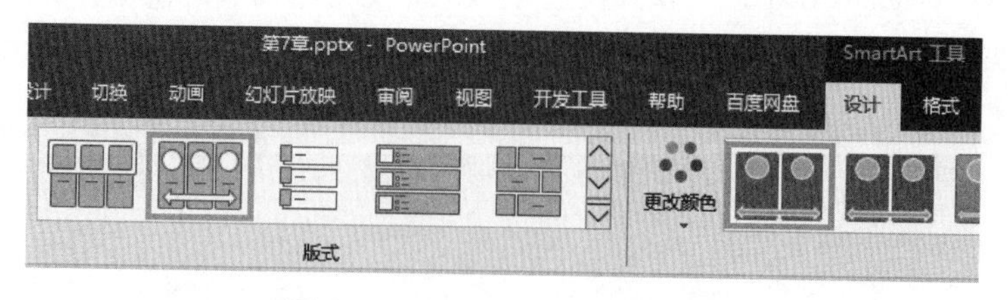

图 6.27 SmartArt 图形的版式

4. 调整 SmartArt 图形的大小和位置

在幻灯片中添加 SmartArt 图形后，可根据制作需求对 SmartArt 图形的大小和位置进行

调整。

（1）调整大小

◎ 调整 SmartArt 图形的大小：选中幻灯片中的 SmartArt 图形，在图形周围出现一个边框，用鼠标拖曳边框上的控制点，即可调整其大小。

◎ 调整 SmartArt 图形中单个形状的大小：选中 SmartArt 图形中的单个形状，在形状周围出现一个边框，用鼠标拖曳边框上的控制点，即可调整其大小。

（2）调整位置

◎ 调整 SmartArt 图形的位置：选中幻灯片中的 SmartArt 图形，在图形周围出现一个边框，将光标移到边框上，按住鼠标拖动，即可改变图形的位置。

◎ 调整 SmartArt 图形中单个形状的位置：选中 SmartArt 图形中的单个形状，在形状周围出现一个边框，将光标移到边框上，按住鼠标拖动，即可改变形状的位置。

5. 添加和更改形状

在幻灯片中插入的 SmartArt 图形的形状数量和形状样式通常都是默认的，有时不一定能满足需要，此时可以根据需要添加形状。

6. 调整形状级别和位置

在编辑 SmartArt 图形时，如形状之间的级别不正确，可以根据需要对各形状的级别进行调整，还可以对形状的前后位置进行调整。

7. 美化 SmartArt 图形

插入的 SmartArt 图形的格式都是默认的，为了让 SmartArt 图形更符合演示文稿的风格，一般情况下要对其进行美化。

（1）设置 SmartArt 图形的样式

默认插入的 SmartArt 图形是没有应用任何样式的，通过应用 PowerPoint 2016 预设的样式，可以美化 SmartArt 图形。

◎ 设置 SmartArt 图形的样式：选中幻灯片中的 SmartArt 图形，选择“SmartArt 工具—设计”选项卡，单击“SmartArt 样式”组右下角的下拉按钮，在打开的下拉列表框中选择所需的 SmartArt 样式，如图 6.28 所示。

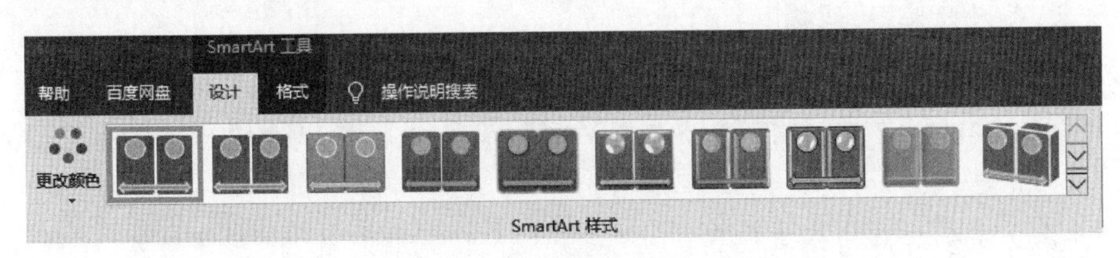

图 6.28　选择 SmartArt 样式

◎ 设置 SmartArt 图形中单个形状的样式：选中 SmartArt 图形中的某个形状，选择“SmartArt 工具—格式”选项卡，单击“形状样式”组右下角的下拉按钮，在打开的下拉列表框中选择所需的形状样式。

（2）设置 SmartArt 图形的颜色

在幻灯片中插入的 SmartArt 图形，PowerPoint 2016 会根据幻灯片自身的主题颜色，自动为 SmartArt 图形设置与之相符的颜色，如不满意，可以更改颜色。

PowerPoint 实训 3

新建一个名为“公司宣传片”的演示文稿，效果如图 6.29 所示，将其保存到指定文件夹，要求如下：

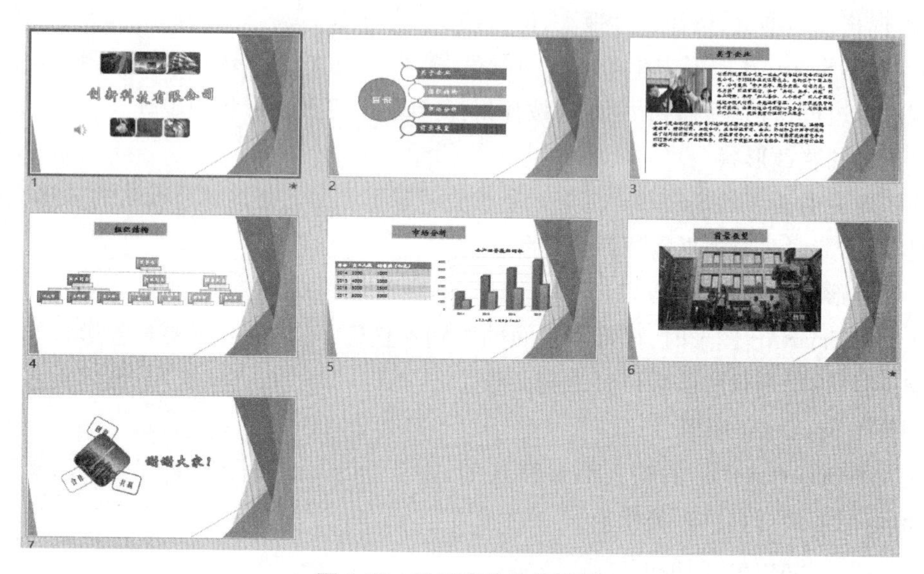

图 6.29　公司宣传片效果图

1. 将“公司宣传片”演示文稿的主题设置为“平面”。

2. 更改第 1 张幻灯片的版式为“空白”。

3. 在第 1 张幻灯片中合适的位置插入“封面图片 1”和“封面图片 2”，分别设置“封面图片 1”的高度和宽度为 3 厘米和 12.62 厘米、“封面图片 2”的高度和宽度为 2.5 厘米和 10.12 厘米，参考效果图，调整图片的位置。

4. 在第 1 张幻灯片中插入第 3 行第 4 列的艺术字，文字为“创新科技有限公司”。设置艺术字的“文本效果”为“转换”中的“正 V 形”，参考效果图，调整艺术字的位置。

5. 插入第 2 张幻灯片，版式为“空白”。

6. 在第 2 张幻灯片的合适位置插入“椭圆”形状，形状样式为“彩色填充-鲜绿，强调颜色 3”，并在椭圆形状中输入文字“目录”，设置字体格式为方正隶书、40 磅。

7. 插入“垂直曲形列表”SmartArt 图形，参考效果图，对 SmartArt 图形的结构进行修改，并调整其大小和位置。在对应文本框中分别输入“关于企业”“组织结构”“市场分析”“前景展望”。最后修改 SmartArt 图形的颜色为“彩色-个性色”。

8. 插入第 3 张幻灯片，版式为“空白”。

9. 插入标题文字“关于企业”，字体格式为宋体、32 磅、居中并加粗。文本框的“形状填充”为“绿色，个性色 1”、“形状效果”为“发光”中的第 3 行第 1 列样式。参考效果图，调整文本框的位置。

10. 插入水平和垂直的两条直线，直线的颜色为蓝色、粗细为 2.25 磅。插入“公司介绍”图片。参考效果图，调整直线和图片的大小和位置。

11. 插入两个文本框，将“公司介绍.txt”中的两段文字分别复制到文本框中，并设置文字颜色为黑色、字体为华文楷体、字号为 18 磅。参考效果图，调整文本框的大小和位置。

12. 插入第 4 张幻灯片，版式为“空白”。插入标题文字“组织结构”，格式同第 3 张幻灯片中的“关于企业”。

13. 插入“层次结构”中的“姓名和职务组织结构图”SmartArt 图形，SmartArt 图形样式为“嵌入”。参考效果图，对 SmartArt 图形进行修改，并在对应位置输入文字内容，适当调整各文本框的大小和位置。

14. 插入第 5 张幻灯片，版式为“空白”。插入标题文字“市场分析”，格式同第 3 张幻灯片中的“关于企业”。

15. 插入一个 5 行 3 列的表格，表格样式为“中度样式 2-强调 4”。将“市场分析.txt”中的数据填入对应单元格，并调整表格的大小和位置。

16. 插入一个“三维簇状柱形图”，图表数据在“市场分析.txt”中，图表样式为“样式 5”。在图表上方添加图表标题“企业经营数据图表”，在底部显示图例。参考效果图，调整图表的大小和位置。

17. 插入第 6 张幻灯片，版式为“空白”。插入标题文字“前景展望”，格式同第 3 张幻灯片中的“关于企业”。

18. 插入“前景展望.wmv”视频，自动播放，播放时全屏。参考效果图，调整视频的大小和位置。

19. 插入第 7 张幻灯片，版式为“空白”。插入一个圆角矩形形状，高度和宽度均为 5.5 厘米，旋转 45°，并填充“高楼”图片。参考效果图，调整形状的大小和位置。

20. 插入一个圆角矩形形状，高度为 2.6 厘米、宽度为 3.3 厘米，无填充颜色。再复制两个圆角矩形，分别输入“创新”“合作”“共赢”，文字格式为黑色、方正姚体、28 磅。“创新”圆角矩形的轮廓颜色为绿色，顺时针旋转 30°；“合作”圆角矩形的轮廓颜色为自定义颜色“R230、G180、B70”，逆时针旋转 30°；“共赢”圆角矩形的轮廓颜色为红色，顺时针旋转 15°。参考效果图，调整形状的位置。

21. 插入第 4 行第 2 列的艺术字，输入文字“谢谢大家！”。参考效果图，调整艺术字的大小和位置。

22. 在第 1 张幻灯片中插入“背景音乐.mp3”音频文件。背景音乐自动播放，播放时隐藏声音图标。

6.5 幻灯片动画设置

知识技能目标

- 掌握 PowerPoint 2016 中对象动画的添加与设置方法。
- 掌握 PowerPoint 2016 中幻灯片切换的设置方法。
- 掌握 PowerPoint 2016 中超链接的插入与编辑方法。

6.5.1 设计动画效果

幻灯片的动画效果是指在播放幻灯片时,幻灯片中的不同对象的动态显示效果、各对象显示的先后顺序以及对象出现时的声音效果等。能让观看者将注意力集中在要点上以及提高观看者对演示文稿的兴趣,吸引观看者的视线。在制作幻灯片时,可以为幻灯片中的文本、图片、形状、表格和 SmartArt 图形等设置动画效果。

1. 动画类型介绍

在制作幻灯片时,可根据需要为元素自定义动画效果,PowerPoint 2016 中提供了"进入""强调""退出""动作路径"四种类型的动画形式。

◎ 进入动画:对象在特定时间或特定操作下进入幻灯片相应的位置。

◎ 强调动画:对象在特定时间或特定操作下颜色或形状发生变化,进一步强调对象。

◎ 退出动画:对象在特定时间或特定操作下消失。

◎ 动作路径动画:对象沿着指定的路径进入幻灯片相应的位置。

2. 添加动画效果

PowerPoint 2016 为幻灯片提供了多种预设的动画方案,只需要先选择设置动画的对象,然后选择一种动画方案即可。

操作方法:选择幻灯片中需要添加动画效果的一个或多个对象,单击"动画"选项卡的"动画"组右侧的"其他"下拉按钮,在弹出的下拉列表框中选择某个动画效果选项,如图 6-30 所示。

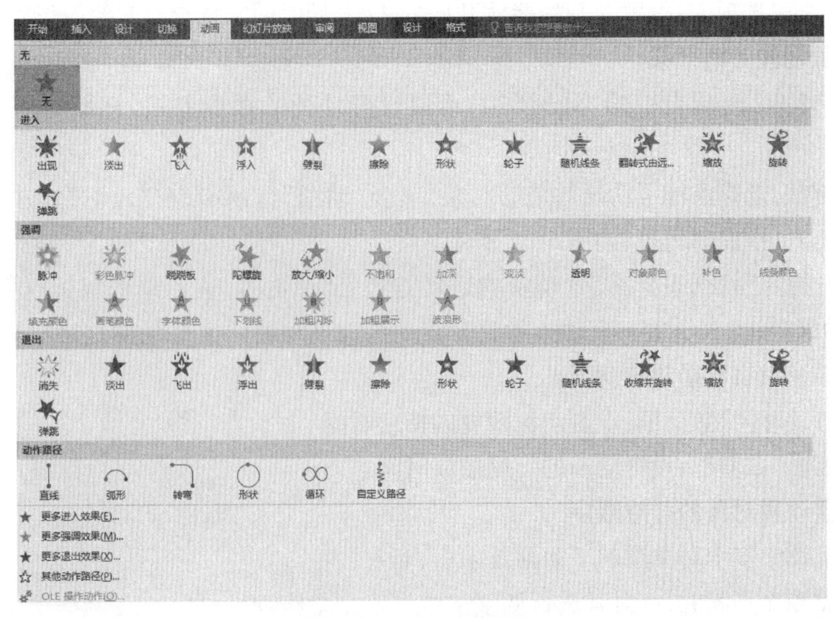

图 6.30　动画效果选项

提示

选择“动画”选项卡，单击“高级动画”组中的“添加动画”下拉按钮，在打开的下拉列表框中选择某个动画效果选项，可为同一对象同时添加多个动画效果。

3. 设置动画效果

为对象添加动画效果，其动画效果选项参数是默认的，可根据设计需要自行对动画效果进行参数设置，使其符合实际需要。不同的动画效果对应的参数选项也不相同。

操作方法：选择添加了动画效果（如浮入）的对象，选择“动画”选项卡，单击“动画”组右下角的“显示其他效果选项”按钮，在弹出的对话框中选择所需的选项，如图 6.31 所示。

图 6.31　动画效果选项对话框

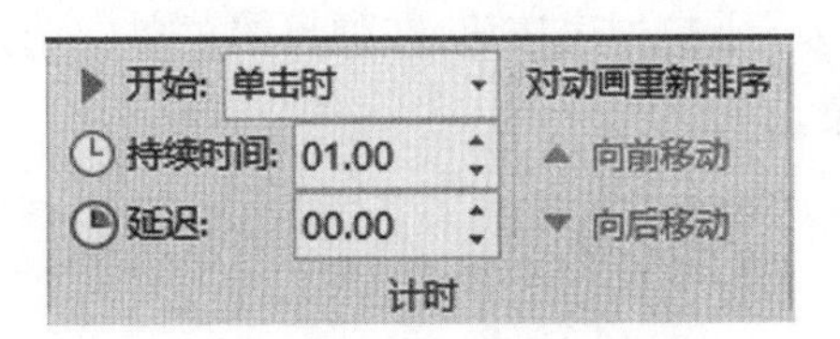

图 6.32　动画计时功能区

◎“效果”选项卡：设置动画的播放方向和动画的增强效果。

◎“计时”选项卡:设置动画的播放开始方式、开始时间和持续时间等效果。

4. 设置动画计时效果

使用“动画”选项卡中的“计时”组,可以设置动画的播放方式、开始时间和持续时间等。

操作方法:选择添加了动画效果的对象,单击“动画”选项卡,在“计时”组中可设置动画的启动方式、播放时间等,如图6.32所示。

◎“开始”下拉列表框:设置动画的启动方式。“单击时”表示单击鼠标时播放动画;“与上一动画同时”表示上一个动画播放时自动播放该动画;“上一动画之后”表示上一个动画播放结束后自动播放该动画。

◎“持续时间”数值框:设置动画播放的持续时间。

◎“延迟”数值框:设置动画的延迟播放时间。

5. 调整动画对象的播放顺序

为幻灯片中多个对象添加了动画效果后,若对对象的播放顺序不满意,可对其进行调整。

操作方法:选中需要调整动画播放顺序的幻灯片,选择“动画”选项卡,单击“高级动画”组中的“动画窗格”按钮,在打开的动画窗格中调整对象的播放顺序,如图6.33所示。

图6.33　动画窗格

◎ 调整顺序:在动画窗格中选择需要调整的动画对象,将其拖到需要播放的位置,或单击动画窗格下方的“上移”或“下移”按钮,或单击“计时”组的“对动画重新排序”下方的“向前移动”或“向后移动”按钮。

◎ 预览动画:单击“播放”按钮,可预览对象的动画效果。

◎ 删除动画:选择某个要删除动画效果的对象,按【Delete】键可删除动画效果。

6. 触发动画

触发用于设置动画的触发范围或触发时机。触发动画是指在放映幻灯片时,通过单击某个对象,来触发某个指定对象的动画效果。

操作方法:选中某个应用了动画效果的对象,选择“动画”选项卡,单击“高级动画”组中的“触发”下拉列表按钮,在弹出的菜单中选择“单击”选项,在打开的列表中选择需要触发的对象。

提示

触发动画也可以通过“动画窗格”来设置。在“动画窗格”中右击应用了动画效果的对象，在弹出的快捷菜单中选择“计时”命令，在打开的对话框的“计时”选项卡中单击“触发器”按钮，单击选中“单击下列对象时启动效果”单选按钮，在右侧的下拉列表中选择触发的对象，设置完成后单击“确定”按钮。

7. 路径动画

PowerPoint 2016 提供了一种特殊的动作路径动画效果，它是幻灯片自定义动画的一种表现形式，可以使用预定义的动作路径，也可以自行绘制路径。

（1）预设动作路径

为对象设置预设的动作路径的操作方法：选中幻灯片中要设置动画的对象，选择“动画”选项卡，单击“动画”组右侧的“其他”下拉按钮，在弹出的下拉列表框中选择“其他动作路径”选项，打开“更改动作路径”对话框，在对话框中选择某个路径，单击“确定”按钮。在“预览”组中单击“预览”按钮，可预览动画的效果。

对动画的动作路径也可以自行调整，操作方法：选中设置了动作路径的对象，在“动画”组中单击“效果选项”下拉列表按钮，在打开的列表中选择“路径”中的“编辑顶点”选项，此时幻灯片编辑区中的动作路径呈可编辑状态，动作路径的每个顶点有一个黑色的小方块，选中要编辑的顶点上的小方块，拖动它到需要改变的位置即可。

（2）自定义动作路径

在编辑动画的动作路径时，可根据动画的需要自行绘制动作路径，操作方法：选中幻灯片中需要设置动作路径的对象，选择“动画”选项卡，单击“动画”组右侧的“其他”下拉按钮，在弹出的下拉列表框中选择“自定义路径”选项，鼠标变成“＋”形状，拖动鼠标绘制所需的路径，双击鼠标可结束路径绘制。

8. 动画刷的使用

动画刷可实现快速为不同对象应用相同动画效果的目的，从而提高动画设置的操作效率。

操作方法：选中某个应用了动画效果的对象，选择“动画”选项卡，单击“高级动画”组中的“动画刷”按钮，在需要应用此动画效果的对象上单击鼠标，即可复制动画效果。

6.5.2　设计切换效果

幻灯片切换效果是指在放映演示文稿时，上一张幻灯片到下一张幻灯片之间的过渡效果，它可以让幻灯片在进入屏幕或离开屏幕时以动画效果显示，使幻灯片之间产生动态效果，使演示文稿的放映变得更有趣、更生动、更具吸引力。

1. 添加切换效果

操作方法：选中要添加切换效果的幻灯片，选择“切换”选项卡，单击“切换到此幻灯片”组中的“其他”下拉列表按钮，在弹出的下拉列表框中选择需要的效果选项，如图 6.34 所示，就为选中的幻灯片添加了切换效果。若想为所有幻灯片添加相同的切换效果，单击“计时”组中的“全部应用”按钮即可。

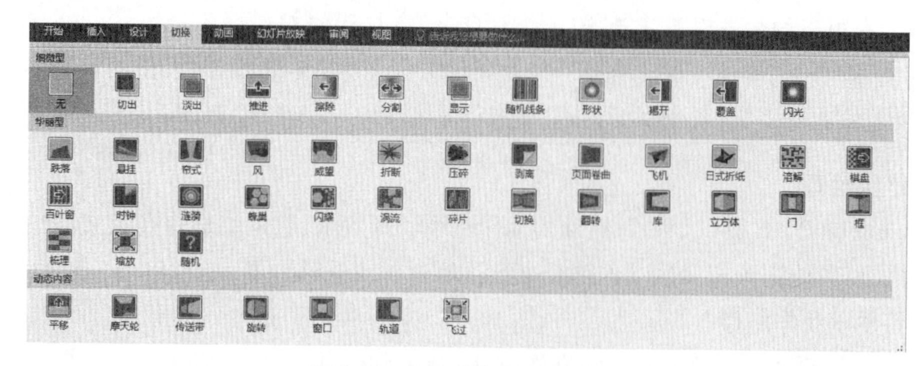

图 6.34　幻灯片切换效果列表

提示

幻灯片应用了某种切换效果后，其缩略图序号下方将显示图标 。

2. 设置切换效果

添加了切换效果后，可根据放映的实际需要对切换效果进行适当的调整和设置，如切换速度、音效等，以达到更好的切换效果。

（1）设置切换效果选项

操作方法：选中添加了切换效果（如碎片）的幻灯片，选择“切换”选项卡，单击“切换到此幻灯片”组中的“效果选项”按钮，在弹出的下拉列表中选择需要的效果选项，如图 6.35 所示。

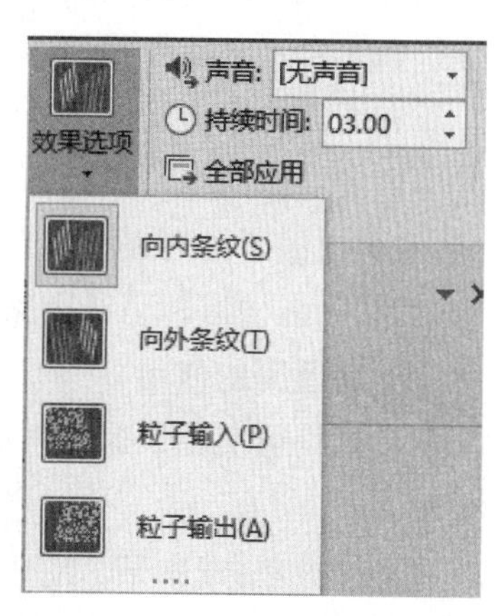

图 6.35　切换效果选项列表

（2）设置计时选项

对添加的切换效果，可根据需要设置切换声音、切换持续时间、触发切换效果等参数。

操作方法：选中添加了切换效果的幻灯片，选择“切换”选项卡，在“计时”组中根据要求进行相关参数的设置，如图 6.36 所示。

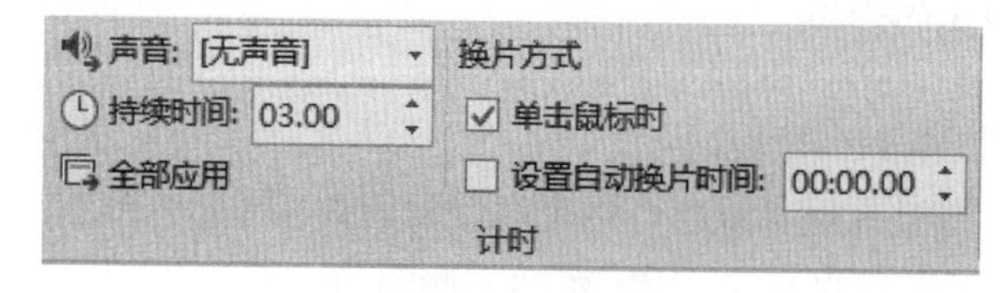

图 6.36　切换计时

◎“声音”下拉列表框：设置幻灯片切换时产生的声音效果。

◎ “持续时间”数值框：设置幻灯片切换效果的持续时间。

◎ “全部应用”按钮：单击该按钮，可快速将设置的效果应用到所有幻灯片中。

◎ “单击鼠标时”复选框：选中该复选框后，表示需要通过单击鼠标才能触发幻灯片的切换操作。

◎ “设置自动换片时间”复选框：选中该复选框后，表示幻灯片切换时将根据右侧数值框中设置的时间来自动触发幻灯片的切换操作。

3. 删除切换效果

如果对设置的幻灯片切换效果不满意或不需要切换效果，可以将其删除。操作方法：选择要删除切换效果的幻灯片，单击“切换”选项卡的“切换到此幻灯片”组中的“其他”下拉列表按钮，在弹出的下列列表框中选择“无”选项，可删除该幻灯片的切换效果。

6.5.3　设计交互功能

有些演示文稿因内容较多，信息量很大，通常在演示文稿的前面会设计一个目录页，用于排列内容大纲，可为其设置超链接，能够快速实现内容的跳转，即从一张幻灯片到另一张幻灯片的跳转。

1. 通过对象创建超链接

在 PowerPoint 2016 中，可为幻灯片中的文本、图像、形状等对象创建超链接，其创建的方法基本相同。

操作方法：选中目标内容（文本、图像、形状），选择“插入”选项卡，单击“链接”组中的“超链接”按钮，或右击鼠标，在弹出的快捷菜单中选择“超链接”命令，打开“插入超链接”对话框，如图 6.37 所示，在“链接到”列表框中单击“本文档中的位置”选项，在“请选择文档中的位置”列表框中选择链接到的幻灯片，单击“确定”按钮。

返回幻灯片，即可看到添加超链接后的效果，若是为文本设置超链接，会发现文本的颜色发生了改变。

下面对“插入超链接”对话框中的各参数进行简要说明。

◎ 现有文件或网页：设置链接到现有的某个文件或网页。

◎ 新建文档：用于新建文档，并链接到该文档。

◎ 电子邮件地址：用于链接到邮箱地址。

◎ 要显示的文字：用于显示设置超链接的文本内容。

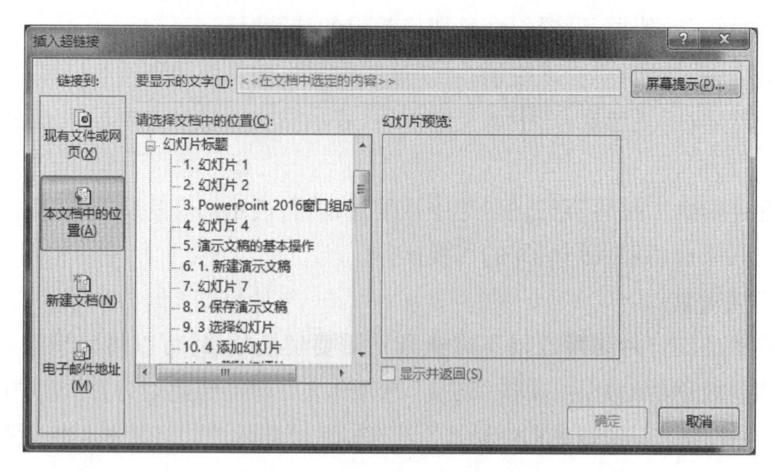

图 6.37 “插入超链接”对话框

2. 通过动作创建超链接

在幻灯片中通过创建动作也可实现添加超链接的目的,且创建动作比超链接能实现的跳转和控制功能更多。

操作方法:选中目标内容(文本、图像、形状),选择“插入”选项卡,单击“链接”组中的“动作”按钮,打开“操作设置”对话框,如图 6.38 所示,选择“单击鼠标”选项卡,选中“超链接到”单选按钮,单击下方列表框右侧的下拉按钮,在弹出的列表框中根据需要选择链接的目标。如需要链接到文档中的某张幻灯片,可在列表中选择“幻灯片”选项,打开“超链接到幻灯片”对话框,如图 6.39 所示,在“幻灯片标题”列表框中选择要链接到的幻灯片,单击“确定”按钮,在返回的“操作设置”对话框中单击“确定”按钮。

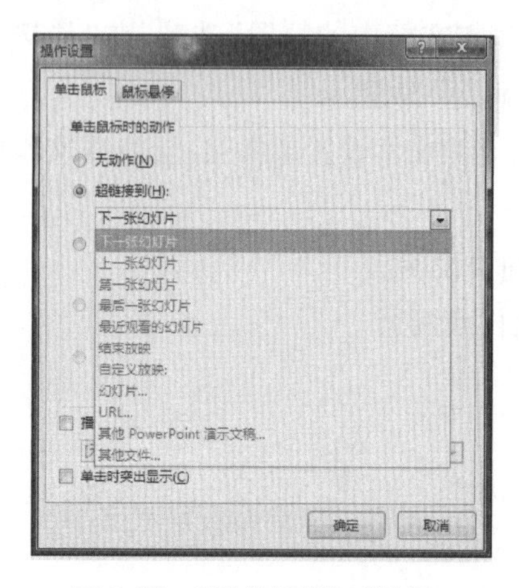

图 6.38 “操作设置”对话框

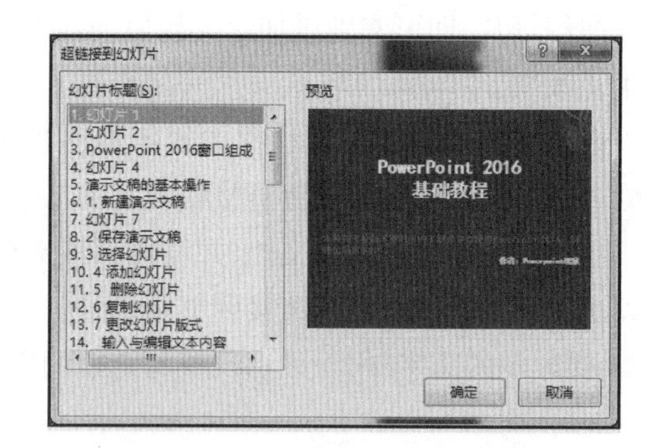

图 6.39 “超链接到幻灯片”对话框

下面对“操作设置”对话框中的各参数进行简要说明。

◎ “无动作”单选按钮:表示不创建任何动作,选中要创建动作的对象,打开“操作设置”对话框,单击选中该单选按钮,可取消创建的动作链接。

◎ “超链接到”下拉列表框:提供了多种选择,可根据需要选择相应的选项进行设置。

◎“播放声音”复选框:用于设置单击超链接时的音效。

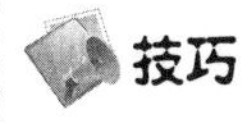
技巧

“单击鼠标”选项卡是指设置超链接后单击鼠标即可跳转到目标。“鼠标悬停”选项卡是指设置超链接后,当光标停在超链接内容上时即可跳转到目标。

3. 通过动作按钮创建超链接

除了为幻灯片中的对象创建超链接和动作实现交互功能外,还可自行绘制动作按钮,来实现幻灯片的交互功能,同时还能扩充幻灯片的内容。通过动作按钮实现交互的设置与动作的设置类似,只是动作按钮实现交互的对象是绘制的按钮。

操作方法:选中需要添加动作按钮的幻灯片,选择“插入”选项卡,单击“插图”组中的“形状”下拉按钮,在打开的下拉列表框的“动作按钮”组中选择所需的形状,此时光标呈十字形状,拖动光标在幻灯片中绘制动作按钮,绘制完成并释放鼠标后,将打开“操作设置”对话框,单击“超链接到”下方列表框右侧的下拉按钮,在弹出的列表框中根据需要选择链接的目标。

4. 更改文本超链接默认显示颜色

将文本内容设置为超链接后,单击前后链接的颜色都是默认值,该颜色可能无法与幻灯片的整体效果融合,无法突出内容,可更改文本超链接的颜色,使其更清晰地显示在幻灯片中。

操作方法:选择“设计”选项卡,单击“变体”组中的“其他”下拉按钮,在打开的下拉列表中选择“颜色”→“自定义颜色”命令,打开“新建主题颜色”对话框,分别单击“超链接”和“已访问的超链接”栏中的颜色按钮,在打开的颜色下拉列表中选择所需的颜色选项,在“名称”文本框中输入新建主题的名称,单击“保存”按钮。设置好后,演示文稿中的所有文本超链接的默认颜色都将发生改变。

5. 编辑超链接

播放演示文稿时,有可能某些对象的超链接有误或不需要超链接,就需要对此重新进行编辑操作。

(1) 删除超链接

操作方法:在有超链接的对象上右击鼠标,在弹出的快捷菜单中选择“取消超链接”选项,即可删除超链接。

(2) 编辑超链接

操作方法:在有超链接的对象上右击鼠标,在弹出的快捷菜单中选择“编辑超链接”选项,打开“编辑超链接”对话框,在“请选择文档中的位置”列表框中重新选择链接目标,单击“确定”按钮。

PowerPoint 实训 4

打开“PowerPoint 素材\公司宣传片动画”文件夹下的“公司宣传片动画.pptx”演示文稿，按下列要求完成相关操作和设置，完成后保存文件。

1. 为所有幻灯片设置切换效果：“分割”→“中央向左右展开”，“持续时间”为 1.5 s，“换片方式”为单击鼠标时，“声音”为微风。

2. 为第 1 张幻灯片设置动画效果：“上一动画之后”开始，并调整为动画的第 1 项。设置“封面图片 1”的动画效果为“飞入”→“自左侧”、“上一动画之后”开始、持续时间 1 s。设置“封面图片 2”的动画效果为“飞入”→“自右侧”、“与上一动画同时”开始，持续时间 1 s。设置艺术字的动画效果为“缩放”、“上一动画之后”开始、持续时间 1.5 s。同时为“封面图片 1”、“封面图片 2”和艺术字设置退出动画效果：“缩放”→“对象中心”，“封面图片 1”为“单击时”开始，“封面图片 2”和艺术字为“与上一动画同时”开始，“持续时间”均为 1 s。

3. 为第 2 张幻灯片设置动画效果：“目录”形状的动画效果为“形状”、方向“缩小”、形状“圆”、“单击时”开始、持续时间 2 s；SmartArt 图形的动画效果为“擦除”、方向“自顶部”、序列“逐个”、“上一动画之后”开始、持续时间 0.5 s。

4. 为第 3 张幻灯片设置动画效果：“公司介绍”文本框的动画效果为“随机线条”、方向“垂直”、“与上一动画同时”开始、持续时间 1 s；水平直线的动画效果为“擦除”、方向“自左侧”、“单击时”开始、持续时间 1 s；垂直直线的动画效果为“擦除”、方向“自底部”、“与上一动画同时”开始、持续时间 1 s；图片的动画效果为“形状”、方向“放大”、形状“方框”、“上一动画之后”开始、持续时间 2 s；第 1 个文本框的动画效果为“随机线条”、方向“水平”、“上一动画之后”开始、持续时间 2 s；第 2 个文本框的动画效果同上设置。

5. 为第 4 张幻灯片中的 SmartArt 图形设置动画效果：“飞入”、方向“自左侧”、序列“一次级别”。

6. 为第 5 张幻灯片设置动画效果：表格的动画效果为“轮子”、“4 轮辐图案”、“单击时”开始、持续时间 2 s；图表的动画效果为“翻转式由远及近”、“按系列”、“单击时”开始、持续时间 2 s。

7. 为第 7 张幻灯片设置动画效果：图片的动画效果为“翻转式由远及近”、“上一动画之后”开始、持续时间 1 s；“创新”圆角矩形的动画效果为“弹跳”、“上一动画之后”开始、持续时间 2 s；“合作”圆角矩形的动画效果为“弹跳”、“上一动画之后”开始、持续时间 2 s；“共赢”圆角矩形的动画效果为“弹跳”、“上一动画之后”开始、持续时间 2 s；艺术字的动画效果为“轮子”、“上一动画之后”开始、持续时间 2 s。

8. 为第 2 张幻灯片中的目录文字建立超链接，分别指向对应的幻灯片。

9. 分别为第 3、4、5、6 张幻灯片添加“动作按钮”中的第 5 个按钮，并链接到第 2 张幻灯片。

6.6 演示文稿的放映、打包与打印

知识技能目标

- 掌握 PowerPoint 2016 中演示文稿的放映方法。
- 掌握 PowerPoint 2016 中演示文稿的打包方法。
- 掌握 PowerPoint 2016 中演示文稿的转换方法。
- 掌握 PowerPoint 2016 中演示文稿的打印方法。

使用 PowerPoint 制作演示文稿的最终目的就是要将幻灯片的效果展示给观众,即放映幻灯片。同时,幻灯片的音频效果、视频效果、动画效果都需要通过放映功能进行展示。

6.6.1 演示文稿的放映

演示文稿完成后要放映给观众看,但在放映前还需要做一些设置,使其更符合放映的场合,因为不同的场合对演示文稿的放映要求会有所不同。

1. 演示文稿放映方式的设置

打开要设置放映方式的演示文稿,选择“幻灯片放映”选项卡,单击“设置”组中的“设置幻灯片放映”按钮,在打开的“设置放映方式”对话框中根据放映需要设置参数。

(1) 放映类型

◎ 演讲者放映(全屏幕):此类型为 PowerPoint 2016 默认的放映类型,放映时幻灯片呈全屏显示。在整个放映过程中,具有全部控制权,可以采用手动或自动的方式切换幻灯片和动画,还可对幻灯片中的内容做标记和录制旁白。

◎ 观众自行浏览(窗口):可让观众自行观看幻灯片的放映类型。在标准窗口中显示幻灯片的放映情况,可以通过提供的菜单进行翻页、打印、浏览,但不能单击鼠标进行放映,只能自动放映或利用滚动条进行放映。

◎ 在展台浏览(全屏幕):以全屏显示幻灯片,与演讲者放映类型显示的界面相同,但在放映过程中,除了保留鼠标光标用于选择屏幕对象进行放映外,其他功能将全部失效,终止放映只能使用【Esc】键。

(2) 放映选项

◎ “循环放映,按 ESC 键终止”复选框:表示反复放映演示文稿中的幻灯片。

◎ “放映时不加旁白”复选框:表示在放映幻灯片时不播放嵌入的解说。

◎ “放映时不加动画”复选框:表示在放映幻灯片时不播放嵌入的动画。

◎ “绘图笔颜色”下拉列表框:选择绘图笔的颜色。在放映幻灯片时,可使用该颜色的

绘图笔在幻灯片上写字或标记。

◎“激光笔颜色”下拉列表框:选择激光笔的颜色。主要是在不影响幻灯片内容的情况下,让观众的注意力快速集中到需要演讲的位置。

(3)放映幻灯片

◎ 放映全部幻灯片:表示依次放映演示文稿中所有的幻灯片。

◎ 放映一组幻灯片:表示在数值框中输入放映开始和结束的幻灯片对应编号。

◎ 自定义放映:表示可设置需要放映的幻灯片。连续状态使用“-”符号,不连续状态使用英文状态下的“,”分隔。

(4)换片方式

◎ 手动换片:表示在演示过程中将通过单击鼠标等方法切换幻灯片及动画效果。

◎ 自动换片:如果存在排练时间,则使用它,表示演示文稿将按照幻灯片的排练时间自动切换幻灯片和动画效果。

2. 演示文稿的放映

演示文稿的放映主要包括开始放映、放映切换和结束放映几个方面。

(1)演示文稿的放映

◎“从头开始”放映:从演示文稿的第1张幻灯片开始放映。

◎“从当前幻灯片开始”放映:从演示文稿当前所选中的幻灯片开始放映。

操作方法:选择“幻灯片放映”选项卡,单击“开始放映幻灯片”组中的“从头开始”或“从当前幻灯片开始”按钮,放映幻灯片。

提示

按【F5】键从头开始放映幻灯片,按【Shift】+【F5】组合键从当前幻灯片开始放映,或者单击PowerPoint编辑窗口右下角的视图功能区中的“幻灯片放映”按钮,也可从当前幻灯片开始放映。

(2)演示文稿的放映控制

放映幻灯片的过程中,可根据需要随时切换和控制幻灯片。

在放映幻灯片的过程中,单击鼠标右键,在弹出的快捷菜单中可选择命令来切换放映。选择“下一张”命令,切换到下一张幻灯片;选择“上一张”命令,切换到上一张幻灯片;选择“查看所有幻灯片”命令,则显示所有幻灯片的缩略图,可在其中快速单击某张幻灯片进行放映。

(3)结束放映

当演示文稿放映结束后,系统会在屏幕的正上方提示“放映结束,单击鼠标退出”,此时单击鼠标便可结束放映。此外,在放映过程中也可按【Esc】键随时结束放映。

3. 自定义放映

自定义放映是指根据需要选择演示文稿中的某些幻灯片进行放映,实现有选择性地放

映幻灯片,而不是全部放映。

操作方法:选择“幻灯片放映”选项卡,单击“开始放映幻灯片”组中的“自定义幻灯片放映”按钮,在弹出的下拉列表中选择“自定义放映”选项,打开“自定义放映”对话框,单击“新建”按钮,打开“定义自定义放映”对话框,在“幻灯片放映名称”文本框中可为要放映的幻灯片设置名称,在“在演示文稿中的幻灯片”列表框中选择需要放映的幻灯片,单击“添加”按钮,将其添加到右侧的“在自定义放映中的幻灯片”列表框中,如有不需要放映的幻灯片,可选中后,单击“删除”按钮,将其从自定义放映幻灯片中移去,自定义好要放映的幻灯片后,单击“确定”按钮,返回“自定义放映”对话框,单击“关闭”按钮。

如要放映自定义的幻灯片,可选择“幻灯片放映”选项卡,单击“开始放映幻灯片”组中的“自定义幻灯片放映”按钮,在弹出的下拉列表中选择自定义的演示文稿,即可放映幻灯片。

4. 隐藏幻灯片

在放映幻灯片时,有时有些幻灯片不需要放映,则可使用隐藏幻灯片功能将不需要放映的幻灯片隐藏起来,不显示。

操作方法:选中需要隐藏的幻灯片,可选择“幻灯片放映”选项卡,单击“设置”组中的“隐藏幻灯片”按钮,或右击鼠标,在弹出的快捷菜单中选择“隐藏幻灯片”命令,此时幻灯片的编号中间会有一斜线,且幻灯片整体颜色变浅,说明该幻灯片已经被设置为隐藏。放映演示文稿时,将不会显示被设置为隐藏的幻灯片。

如要取消设置隐藏的幻灯片,只需要选中该幻灯片,再次单击“隐藏幻灯片”按钮即可。

6.6.2 演示文稿的打包

打包演示文稿是指将演示文稿和与之链接的文件复制到指定的文件夹或 CD 光盘中,但它并不等同于一般的复制操作,复制后的文件夹中还包含 PowerPoint Viewer 软件,应用该软件可以实现在无 PowerPoint 的环境下放映演示文稿的目的。

操作方法:选择“文件”选项卡,单击“导出”选项,然后选择右侧的“将演示文稿打包成 CD”选项,并单击“打包成 CD”按钮,弹出“打包成 CD”对话框,可对 CD 进行命名,添加、删除演示文稿等,最后单击“复制到文件夹”按钮,弹出“复制到文件夹”对话框,在“文件夹名称”文本框中输入文件夹名称,单击“浏览”按钮,选择打包位置,单击“确定”按钮,即可完成打包。

6.6.3 演示文稿的转换

除了打包外,也可以通过将演示文稿转换成放映格式,在没有安装 PowerPoint 的计算机上放映。

操作方法:选择“文件”选项卡,单击“另存为”选项,在弹出的“另存为”对话框的左侧导航窗格中选择保存的位置,在“文件名”下拉列表框中输入文件名,在“保存类型”下拉列表框中选择“PowerPoint 放映(*.ppsx)”选项,单击“保存”按钮,即可完成转换操作。

6.6.4 演示文稿的打印

PowerPoint 2016 允许用户选择以彩色、灰度或黑白方式来打印演示文稿的幻灯片、观众讲义或备注页。PowerPoint 2016 文件打印前要先进行页面设置,页面设置是演示文稿显示、打印的基础。

1. 页面设置

选择“设计”选项卡,单击“自定义”组中的“幻灯片大小”下拉列表按钮,在打开的下拉列表中选择“自定义幻灯片大小”命令,弹出“幻灯片大小”对话框。对话框中各选项的作用如下:

◎ “幻灯片大小”下拉列表框:选择幻灯片的标准尺寸,或在“宽度”和“高度”数值框中输入幻灯片的尺寸大小。

◎ “幻灯片编号起始值”数值框:设置幻灯片编号的起始值。

◎ “方向”选项:设置打印方向。

2. 打印演示文稿

单击“文件”按钮,在打开的窗口中选择“打印”命令,将弹出“打印”窗格。在“打印机”栏的下拉列表框中选择打印机,单击“打印机属性”,在弹出的“打印机属性”对话框中选择打印时使用的纸张大小等。

PowerPoint 实训 5

打开“PowerPoint 素材\紫洋葱拌花生米”文件夹下的“紫洋葱拌花生米.pptx”演示文稿,按下列要求完成相关操作和设置,完成后保存文件。

1. 在第 1 张幻灯片前插入 4 张新幻灯片,第 1 张幻灯片的页脚内容为“D”,第 2 张幻灯片的页脚内容为“C”,第 3 张幻灯片的页脚内容为“B”,第 4 张幻灯片的页脚内容为“A”。

2. 为整个演示文稿应用“离子”主题,放映方式为“观众自行浏览”。将幻灯片大小设置为“A3 纸张(297 ×420 毫米)”,按各幻灯片页脚内容的字母顺序重新排列所有幻灯片的顺序。

3. 设置第 1 张幻灯片的版式为“空白”,并在位置(水平:4.58 厘米,自:左上角;垂直:11.54厘米,自:左上角)插入样式为“填充-深红,着色 1,阴影”的艺术字“紫洋葱拌花生米”,艺术字宽度为 27.2 厘米,高度为 3.57 厘米。设置艺术字的文字效果为“转换”→“弯曲”→“倒 V 形”。设置艺术字的动画效果为“强调”→“陀螺旋”,效果选项为“旋转两周”。将第 1 张幻灯片的背景样式设置为“样式 4”。

4. 设置第 2 张幻灯片的版式为“比较”,主标题为“洋葱和花生是良好的搭配”,将“PowerPoint 素材\紫洋葱拌花生米”文件夹下的“SC.docx”文档的第 4 段文本“洋葱和花

生……威力。”插入左侧内容区，将“PowerPoint 素材\紫洋葱拌花生米”文件夹下的图片文件“ppt3. jpg”插入右侧内容区。

5. 设置第 3 张幻灯片的版式为“图片与标题”，标题为“花生利于补充抗氧化物质”，将第 5 张幻灯片左侧内容区的全部文本移到第 3 张幻灯片标题区下半部的文本区，将“PowerPoint 素材\紫洋葱拌花生米”文件夹下的图片文件“PPT2. jpg”插入图片区。

6. 设置第 4 张幻灯片的版式为“两栏内容”，标题为“洋葱营养丰富”，将“PowerPoint 素材\紫洋葱拌花生米”文件夹下的图片“ppt1. jpg”插入右侧内容区，将“PowerPoint 素材\紫洋葱拌花生米”文件夹下的“SC. docx”文档的第 1 段和第 2 段文本“洋葱是……黄洋葱。”插入左侧内容区。设置图片的样式为“棱台透视”，图片效果为“棱台”→“柔圆”。设置图片的动画效果为“强调”→“跷跷板”，从“上一动画之后”开始。设置左侧文字的动画效果为“进入”→“曲线向上”。动画顺序是先文字后图片。

7. 设置第 5 张幻灯片的版式为“标题和内容”，标题为“紫洋葱拌花生米的制作方法”，字号为 53 磅。将“PowerPoint 素材\紫洋葱拌花生米”文件夹下的“SC. docx”文档最后三段文本“主料……可以食用。”插入内容区。在备注区插入备注：本款小菜适用于高血脂、高血压、动脉硬化、冠心病、糖尿病患者及亚健康人士食用。

8. 设置第 1 张幻灯片的切换方式为“缩放”，效果选项为“切出”；其余幻灯片的切换方式为“库”，效果选项为“自左侧”。

9. 所有操作完成后，保存演示文稿。将演示文稿打包至 D 盘的“紫洋葱拌花生米”文件夹中。

6.7 PowerPoint 综合实训

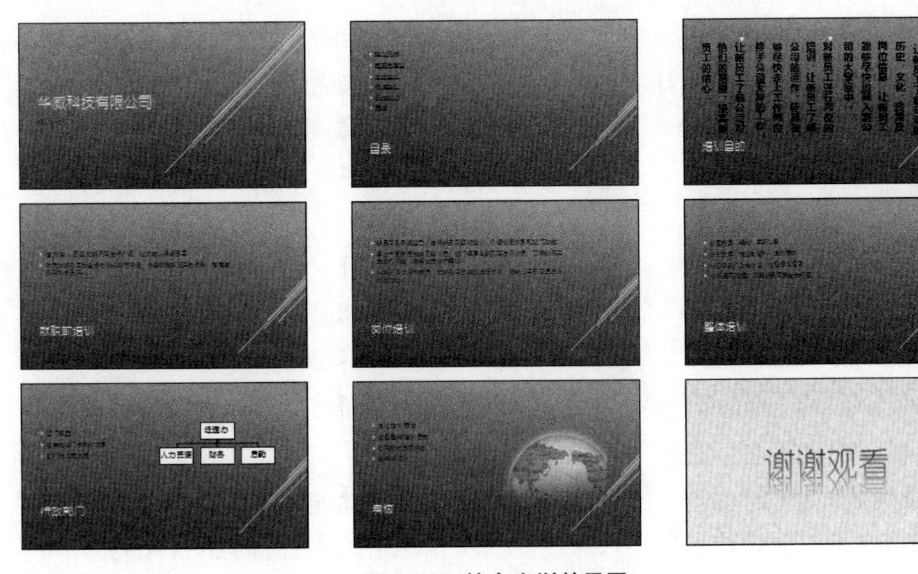

图 6.40 综合实训效果图

打开“PowerPoint 素材\培训计划”文件夹下的“培训计划.pptx”演示文稿，参照效果图（图 6.40），按照下列要求完成操作并保存。

（1）为整个演示文稿应用“切片”主题；设置全体幻灯片切换方式为“覆盖”，效果选项为“从左上部”，每张幻灯片的自动切换时间是 5 s；设置幻灯片的大小为“宽屏（16:9）”，放映方式为“观众自行浏览（窗口）”。

（2）将第 2 张幻灯片文本框中的文字设置为微软雅黑、加粗、24 磅，文字颜色设置为深蓝色（标准色），行距设置为“1.5 倍行距”。

（3）在第 1 张幻灯片后面插入一张新幻灯片，版式为“标题和内容”，在标题处输入文字“目录”，在文本框中按顺序输入第 3 张到第 8 张幻灯片的标题，并且超链接到相应幻灯片。

（4）将第 7 张幻灯片的版式改为“两栏内容”，在右侧栏插入如图 6.41 所示的组织结构图，设置该结构图的颜色为“彩色轮廓-个性色 1”。

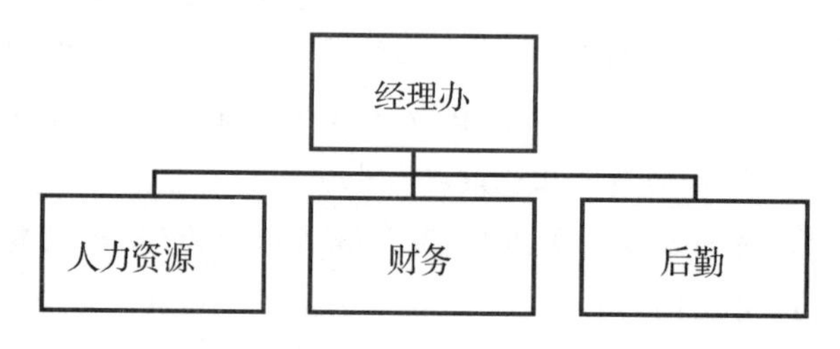

图 6.41　组织结构图

（5）为第 7 张幻灯片的结构图设置动画效果“浮入”，效果选项为“下浮”，序列为“逐个级别”；为左侧文字设置动画效果“出现”；动画顺序是先文字后结构图。

（6）在第 8 张幻灯片中插入一张图片，设置图片“高度”为 7 厘米，锁定纵横比，位置为“水平位置 13 厘米”“垂直位置 4 厘米”，均为“从左上角”；并为图片设置动画效果“强调”→“跷跷板”。

（7）在最后一张幻灯片后面插入一张新幻灯片，版式为“空白”，设置第 9 张幻灯片的背景为“羊皮纸”的预设颜色，插入样式为“渐变填充-橙色，主题色 5，映像”的艺术字，文字内容为“谢谢观看”，文字大小为 80 磅，文本效果为“半映像，4PT 偏移量”，并设置为“左右居中”和“上下居中”。

课后习题

1. 在 PowerPoint 2016 中，新建演示文稿已选定“大都市”设计主题，在文稿中插入一张新幻灯片时，新幻灯片的主题将________。

A. 采用默认型设计主题　　　　B. 采用已选定设计主题

C. 随机选择任意设计主题　　　D. 采用用户另外指定的设计主题

2. 在演示文稿中，将某张幻灯片版式更改为“标题和内容”，应选择________选项卡。

A. “设计”　　B. “视图”　　C. “开始”　　D. “插入”

3. 在演示文稿中，备注页视图中的备注信息在文稿放映时________。

A. 会显示　　B. 不会显示　　C. 显示一部分　　D. 显示标题

4. 在幻灯片浏览视图中要选定多张幻灯片时，先按住________键，再逐个单击要选定的幻灯片。

A. 【Ctrl】　　B. 【Enter】　　C. 【Shift】　　D. 【Alt】

5. 插入的幻灯片总是插在当前幻灯片________。

A. 备注中　　B. 之前　　C. 标题栏中　　D. 之后

6. 为了使一份演示文稿的所有幻灯片具有公共的对象，则应使用________。

A. 自动版式　　B. 母版　　C. 备注幻灯片　　D. 大纲视图

7. 对于演示文稿中不准备放映的幻灯片可以用________选项卡中的“隐藏幻灯片”命令隐藏。

A. “开始”　　B. “幻灯片放映”　　C. “视图”　　D. “切换”

8. 如果要终止幻灯片的放映，可以直接按________键。

A. 【Alt】+【F4】组合　　B. 【Ctrl】+【X】组合

C. 【Esc】　　D. 【End】

9. 如果要设置从一张幻灯片“擦除”切换到下一张幻灯片，应使用________命令来进行设置。

A. 动作设置　　B. 预设动画　　C. 幻灯片切换　　D. 自定义动画

10. 在 PowerPoint 2016 中，关于幻灯片母版中的页眉/页脚，下列说法错误的是________。

A. 页眉/页脚是加在演示文稿中的注释性内容

B. 典型的页眉/页脚内容是日期、时间以及幻灯片编号

C. 在打印演示文稿的幻灯片时，页眉/页脚的内容也可以打印出来

D. 不能设置页眉/页脚的文本格式

11. 在 PowerPoint 2016 中，演示文稿可以使用________命令，使其可在其他未安装 PowerPoint 2016 的计算机上放映。

A. 发送　　B. 另存为　　C. 打包　　D. 保存

12. 在 PowerPoint 2016 中，在浏览视图下，按住【Ctrl】键并拖动某幻灯片，可以完成________操作。

A. 移动幻灯片　　B. 复制幻灯片　　C. 删除幻灯片　　D. 选定幻灯片

13. PowerPoint 2016 演示文稿的扩展名是________。

A. .htmx　　B. .pptx　　C. .ppsx　　D. .potx

14. 以下各项属于 PowerPoint 特点的是________。

A. 提供了大量专业化的模板及剪辑艺术库

B. 复杂难学

C. 编辑能力一般,创作能力差

D. 不能与其他应用程序共享数据

15. 下列关于配色方案的说法错误的是________。

A. 幻灯片配色方案是指在 PowerPoint 中各种颜色设定了其特定用途

B. 一组幻灯片中可以采用多种配色方案

C. 用户可以自定义或更改某种配色方案

D. 配色方案是模板中自带的,用户不能更改

16. 幻灯片中声音素材的来源不包括________。

A. 卡拉 OK 伴奏音频　　B. 文件中的音频

C. PC 上的音频　　D. 录制音频

17. 在 PowerPoint 2016 中,利用________可以轻松地按顺序组织幻灯片,进行插入、删除和移动等操作。

A. 备注页视图　　B. 幻灯片浏览视图

C. 幻灯片放映视图　　D. 黑白视图

18. 在 PowerPoint 2016 中,插入图表后,将会出现一个"图表工具"选项卡,并弹出一个________窗口用于编辑数据表。

A. PowerPoint　　B. Word　　C. SharePoint　　D. Excel

19. 在 PowerPoint 2016 中,若为幻灯片中的对象设置放映时的动画效果"飞入",应选择的选项卡是________。

A. 动画　　B. 设计　　C. 开始　　D. 切换